"十二五"普通高等教育本科国家级规划教材

名 家 通 识 讲 座 书 系

科学史
十五讲（第二版）

□ 江晓原 主编

北京大学出版社
PEKING UNIVERSITY PRESS

图书在版编目（CIP）数据

科学史十五讲/江晓原主编．—2 版．—北京：北京大学出版社，2016.8
（名家通识讲座书系）
ISBN 978－7－301－27493－4

Ⅰ.①科…　Ⅱ.①江…　Ⅲ.①自然科学史—世界②社会科学—历史—世界　Ⅳ.①N091②C091

中国版本图书馆 CIP 数据核字（2016）第 205413 号

书　　　名	科学史十五讲（第二版）
	KEXUESHI SHIWU JIANG
著作责任者	江晓原　主编
责任编辑	艾　英
标准书号	ISBN 978－7－301－27493－4
出版发行	北京大学出版社
地　　　址	北京市海淀区成府路 205 号　100871
网　　　址	http://www.pup.cn　　　新浪微博：@北京大学出版社
电子邮箱	编辑部 wsz@pup.cn　　　总编室 zpup@pup.cn
电　　　话	邮购部 62752015　发行部 62750672　编辑部 62756467
印　刷　者	北京中科印刷有限公司
经　销　者	新华书店
	965 毫米 × 1300 毫米　16 开本　23.5 印张　373 千字
	2006 年 11 月第 1 版
	2016 年 8 月第 2 版　2024 年 7 月第 6 次印刷
定　　　价	69.00 元

"名家通识讲座书系"
编审委员会

"名家通识讲座书系"总序

本书系编审委员会

"名家通识讲座书系"是由北京大学发起,全国十多所重点大学和一些科研单位协作编写的一套大型多学科普及读物。全套书系计划出版 100 种,涵盖文、史、哲、艺术、社会科学、自然科学等各个主要学科领域,第一、二批近 50 种将在 2004 年内出齐。北京大学校长许智宏院士出任这套书系的编审委员会主任,北大中文系主任温儒敏教授任执行主编,来自全国一大批各学科领域的权威专家主持各书的撰写。到目前为止,这是同类普及性读物和教材中学科覆盖面最广、规模最大、编撰阵容最强的丛书之一。

本书系的定位是"通识",是高品位的学科普及读物,能够满足社会上各类读者获取知识与提高素养的要求,同时也是配合高校推进素质教育而设计的讲座类书系,可以作为大学本科生通识课(通选课)的教材和课外读物。

素质教育正在成为当今大学教育和社会公民教育的趋势。为培养学生健全的人格,拓展与完善学生的知识结构,造就更多有创新潜能的复合型人才,目前全国许多大学都在调整课程,推行学分制改革,改变本科教学以往比较单纯的专业培养模式。多数大学的本科教学计划中,都已经规定和设计了通识课(通选课)的内容和学分比例,要求学生在完成本专业课程之外,选修一定比例的外专业课程,包括供全校选修的通识课(通选课)。但是,从调查的情况看,许多学校虽然在努力建设通识课,也还存在一些困难和问题:主要是缺少统一的规划,到底应当有哪些基本的通识课,可能通盘考虑不够;课程不正规,往往因人设课;课量不足,学生缺少选择的空间;更普遍的问题是,很少有真正适合通识课教学的教材,有时只好用专业课教材替代,影响了教学效果。一般来说,综合性大学这方面情况稍好,其他普通的大学,特别是理、工、医、农类学校因为相对缺少这方面的教学资源,加上很少有可供选择的教材,开设通识课的困难就更大。

这些年来,各地也陆续出版过一些面向素质教育的丛书或教材,但无论数量还是质量,都还远远不能满足需要。到底应当如何建设好通识课,使之能真正纳入正常的教学系统,并达到较好的教学效果?这是许多学校师生普遍关心的问题。从 2000 年开始,由北大中文系主任温儒敏教授发起,联合了本校和一些兄弟院校的老师,经过广泛的调查,并征求许多院校通识课主讲教师的意见,提出要策划一套大型的多学科的青年普及读物,同时又是大学素质教育通识课系列教材。这项建议得到北京大学校长许智宏院士的支持,并由他牵头,组成了一个在学术界和教育界都有相当影响力的编审委员会,实际上也就是有效地联合了许多重点大学,协力同心来做成这套大型的书系。北京大学出版社历来以出版高质量的大学教科书闻名,由北大出版社承担这样一套多学科的大型书系的出版任务,也顺理成章。

编写出版这套书的目标是明确的,那就是:充分整合和利用全国各相关学科的教学资源,通过本书系的编写、出版和推广,将素质教育的理念贯彻到通识课知识体系和教学方式中,使这一类课程的学科搭配结构更合理,更正规,更具有系统性和开放性,从而也更方便全国各大学设计和安排这一类课程。

2001 年底,本书系的第一批课题确定。选题的确定,主要是考虑大学生素质教育和知识结构的需要,也参考了一些重点大学的相关课程安排。课题的酝酿和作者的聘请反复征求过各学科专家以及教育部各学科教学指导委员会的意见,并直接得到许多大学和科研机构的支持。第一批选题的作者当中,有一部分就是由各大学推荐的,他们已经在所属学校成功地开设过相关的通识课程。令人感动的是,虽然受聘的作者大都是各学科领域的顶尖学者,不少还是学科带头人,科研与教学工作本来就很忙,但多数作者还是非常乐于接受聘请,宁可先放下其他工作,也要挤时间保证这套书的完成。学者们如此关心和积极参与素质教育之大业,应当对他们表示崇高的敬意。

本书系的内容设计充分照顾到社会上一般青年读者的阅读选择,适合自学;同时又能满足大学通识课教学的需要。每一种书都有一定的知识系统,有相对独立的学科范围和专业性,但又不同于专业教科书,不是专业课的压缩或简化。重要的是能适合本专业之外的一般大学生和读者,深入浅出地传授相关学科的知识,扩展学术的胸襟和眼光,进而增进学生的人格素养。本书系每一种选题都在努力做到入乎其内,出乎其外,把学问真正做活了,并能加以普及,因此对这套书的作者要求很高。我们所邀请的大都是那些真正有学术建树,有良好的教学经验,又能将学问深入浅出地传达出来的重量级学者,是请"大家"来讲"通识",所以命名为"名家通识讲座书系"。其意图就是精选名校名牌课程,实现大学教学资源共享,让更多的学子能够通过这套书,亲炙名家名师课堂。

本书系由不同的作者撰写,这些作者有不同的治学风格,但又都有共同的追求,既注意知识的相对稳定性,重点突出,通俗易懂,又能适当接触学科前沿,引发跨学科的思考和学习的兴趣。

本书系大都采用学术讲座的风格,有意保留讲课的口气和生动的文风,有"讲"的现场感,比较亲切、有趣。

本书系的拟想读者主要是青年,适合社会上一般读者作为提高文化素养的普及性读物;如果用作大学通识课教材,教员上课时可以参照其框架和基本内容,再加补充发挥;或者预先指定学生阅读某些章节,上课时组织学生讨论;也可以把本书系作为参考教材。

本书系每一本都是"十五讲",主要是要求在较少的篇幅内讲清楚某一学科领域的通识,而选为教材,十五讲又正好讲一个学期,符合一般通识课的课时要求。同时这也有意形成一种系列出版物的鲜明特色,一个图书品牌。

我们希望这套书的出版既能满足社会上读者的需要,又能有效地促进全国各大学的素质教育和通识课的建设,从而联合更多学界同仁,一起来努力营造一项宏大的文化教育工程。

目　录

三 量子力学/307

导　论

科学史的意义

一　"无用"的科学史

学习科学史有什么用?

许多科学史研究者非常不愿意面对这一问题,因为他们觉得不能"理直气壮"地说出科学史的"用处"来。

从那些急功近利的角度来看,科学史确实没什么用。就一般情况而言,它既无助于获取国外大学的奖学金(科学史在西方也是相当冷门的行当),也不能靠它向外企老板争取高薪(除非这家外企是一个专业的科学史网站)。

那么作为一个科学家或工程师,学习科学史有没有用呢?

坦率地说,没有多少直接的用处。在那些诺贝尔奖获得者中,没有谁是先研究了科学史才做出伟大科学成就的。相反,不少著名科学家到了晚年倒是对科学史表现出浓厚兴趣——不过此时他们在科学上的创造力通常已经衰竭。

这么说来,科学史是不是很像一种供科学家晚年聊以自慰或是供某些学者自娱自乐的消闲学问?

在早期,科学史可能曾经是这样一门学问——但随着时代的发展,现在已经不是这样了。

二　科学史学科的确立与萨顿的贡献

从某种意义上说,在约两千年前就出现了科学史的萌芽,比如古希腊时代的某些著作。在科学著作中追溯有关的历史人物、著作或事件，一直是西方许多学者的喜好。在中国古代，也有一些即使在今天看起来也称得上科学史研究的工作。而出现严格意义上的科学史研究，通常被认为要晚得多。18 世纪出现了一批以各门学科为对象的专科史著作，到 19 世纪则有了最初的综合性科学通史。

但是，科学史作为一门现代的、专业化的学科，建立起自身的价值标准和研究目的，开始在社会上产生足够的影响，并且得到社会承认（通俗地说，就是被人们承认为一门"学问"），则是 20 世纪初的事情。

在科学史专业学科地位的确立过程中，著名科学史家乔治·萨顿（George Sarton）的贡献被公认为是最重要的。

萨顿 1884 年生于比利时一个富裕家庭中。上大学最初学的是哲学，但是很快就对这门学科感到厌倦，于是改学化学和数学，27 岁那年（1911 年）以题为《牛顿力学原理》的论文获得博士学位。他青年时代就对科学史有浓厚兴趣，立志要为此献身——因为"物理科学和数学科学活生生的历史、热情洋溢的历史正有待写出"。

1912 年萨顿创办了一份科学史杂志——ISIS，次年正式出版。该杂志持续出版直至今日，每年四期，外加一期索引，成为国际上最权威的科学史杂志。1915 年，萨顿来到美国（ISIS 也随之带到美国出版），此后他主要在哈佛大学讲授科学史。1924 年美国历史协会为了支持萨顿在科学史方面的努力，成立了科学史学会，1926 年 ISIS 成为该学会的机关刊物。从 1936 年起，萨顿又主持出版了 ISIS 的姊妹刊物——专门刊登长篇研究论文的 OSIRIS（不定期专刊）。[①]

萨顿于 1955 年去世。终其一生，总共完成专著 15 部、论文及札记 300 余篇。为了广泛阅读科学史料，他掌握了 14 种语言——包括汉语和阿拉伯语！他的《科学史引论》3 卷，论述从荷马到 14 世纪的科学历史，在 1927—1947 年间出版。但是他晚年的宏大计划是写作 1900 年之前的全部科学史，全书 9 卷，他生前仅来得及完成了前两卷：《希腊黄金时代的古代科学》

---

① Isis 本是古埃及神话中的丰饶女神、水与风之女神、航海女神，又是女性与忠贞的象征，并被视为法老之母，艳丽异常，魔法无边。Osiris 则是其兄兼丈夫，是自然界生力之神，亦为丰饶之神，又是冥王，乃阴间审判者。萨顿取此二神作为刊物之名，当然有多重寓意。

（1952 年出版）和《希腊化时期的科学与文化》（1959 年出版）。

在萨顿身后，科学史已经成为一个得到公认的学科。萨顿则被公认为科学史这一学科的奠基人，也经常被称为"科学史之父"。国际科学史界的最高荣誉"萨顿奖章"就是以他的名字命名的——事实上，该奖章的第一位获得者就是萨顿本人。这些在他确实都是当之无愧的。

三　科学史的诸种功能

关于科学史的各种功能，有一种深思熟虑的论述：

> 我们可以较有把握地认同的科学史的功能大致分四类：
>
> 其一，是在帮助人们理解科学本身和认识应如何应用科学方面的功能，也就是说，科学史可以带来对于科学本身以及与其内外相关因素更全面、更深刻的认识；
>
> 其二，是对于作为其他相关人文学科之基础的功能，也即作为诸如像科学哲学、科学社会学等相关学科的知识背景、研究基础，或者说认识平台；
>
> 其三，是科学史的教育功能，特别是其在一般普及性教育方面的功能，包括对人类自身的认识和对两种文化（江按：指自然科学与人文学术）之分裂的弥合，而科学史在科学教育中的功能，相对来说还一直存在有较多的争议；
>
> 其四，就是作为科学决策之基础的功能，在这方面，国外近年来逐渐兴起的科技政策史的研究尤为值得我们关注。①

在上述分类中，功能一、三其实可以合并，功能四当然很重要。但是特别值得重视的是功能二。

现代文明的高速发展，使得自然科学与人文科学之间的距离越来越遥远。昔日亚里士多德那样博学的天才大师，如今已成天方夜谭。这当然并非好事，只是人类为获得现代文明而被迫付出的代价罢了。有识之士很早

---

① 刘兵：《科学史的功能与生存策略》，见《驻守边缘》，青岛出版社，2000 年，第 48—49 页。

就在为此担忧。还在 20 世纪初,当时的哈佛大学校长康奈特(J. B. Co-nant)建议用"科学与学术"的提法来兼顾两者,就已经受到热烈欢迎。那时,萨顿正在大声疾呼,要在人文学者和自然科学家之间建立一座桥梁,他选定的这座桥梁不是别的,正是科学史;他认为"建造这座桥梁是我们这个时代的主要文化需要"。

然而半个多世纪过去,萨顿所呼唤的桥梁不仅没有建成通车,两岸的距离倒变得更加遥远。不过对于这个问题,与我们国内的情况相比,西方学者给予了更多的关注。斯诺(Charles Percy Snow——当然不是那个去延安的记者)1959 年在剑桥大学的著名演讲《两种文化·再谈两种文化》①,深刻讨论了当代社会中自然科学与人文科学日益疏远的状况及其带来的困境,在当时能够激起国际性的热烈反响和讨论,就是一个明显的例证。

而在国内,如果说萨顿所呼唤的桥梁也已经建造了一小部分的话,那么这一小部分却完全被看做是自然科学那一岸上的附属建筑物,大多数的旁人几乎不理解,许多造桥人自己也没有萨顿沟通两岸的一片婆心。

四 科学史的教育功能——以美国的情形为例

在教育中发挥作用,是科学史最重要的功能之一。关于这一功能,我们可以看看美国教育中的一些情况。

在美国自然科学基金会资助下,有哈佛大学科学史教授霍尔顿(G. Holton)等人参加的"哈佛物理教学改革计划",其成果是 1970 出版的一套中学物理教材《改革物理学教程》(中译本名《中学物理教程》,共 12 册,由文化教育出版社出版)。这是一部大量利用科学史内容,因而具有明显的人文取向的物理学教材,此后成为美国最有影响的物理学教材之一,并被广泛使用。

当然,这样一部教材还不足以说明多少问题,我们应该看一些更为权威的文件。

1989 年"美国促进科学协会"发表题为《普及科学——美国 2061 计划》

---

① C. P. 斯诺:《两种文化》,纪树立译,三联书店,1994 年。

的总报告。报告建议,在教育中加入科学史内容,原因是:其一,"离开了具体事例谈科学发展就会很空泛";其二,"一些科学进展为人类文化遗产作出过卓越贡献……这些历史篇章为西方文明中各种思潮的发展树立了里程碑"。入选的进展包括:

伽利略的理论

牛顿定律

达尔文的进化论

赖尔核实了地球的漫长历史

巴斯德证实了微生物引起传染病

在"2061 计划"之后,1994 年美国"国家研究委员会"通过了《国家科学教育标准》,这是一份内容详尽的报告。其中有"科学的历史与本质"这一部分,将科学史的教育贯穿在从小学到高中的教育过程中。其要点有:

逐步理解科学是一种人类的努力;

逐步理解科学的本质,和科学史的一些内容。

这些科学史的内容中有三点值得注意:

一、许多个人对科学传统作出的贡献。对这些个人中某些人的研究——大致相当于国内科学史研究中的"人物研究",要达到的目的当然与国内传统的目的不尽相同,《国家科学教育标准》要求通过对科学家个人的研究,增进四方面的认识:科学的探索、作为一种人类努力的科学、科学的本质、科学与社会的相互作用。

二、历史上,科学是由不同文化中不同的个人来从事的。

三、通过追溯科学史可以表明,科学的革新者们要打破当时已被人们广泛接受的观点,并得出我们今天看来是理所当然的结论,曾经是多么困难的事情。①

上面所举美国教育中的一些情况,只是说明,科学史在美国的教育中,扮演了一个重要角色。而科学史的这一角色,在我国的基础教育体系中基本上还未引入(最近京沪两地才开始有类似美国"2061 计划"的尝试)。因

---

① 以上内容主要依据刘兵的论文《基础科学教育改革与科学史》,收入其论文集《触摸科学》,福建教育出版社,2000 年。

此,当我们的高中毕业生进入大学时,和美国大学生相比,可以说就缺了科学史这门课。

五　关于"真实的历史"

这里我们难以避免某些历史学的基本理论问题。国内几十年前"以论带史"还是"论从史出"的陈旧争论早已被时代抛弃,国外各种史学理论则或多或少被介绍进来。"真实的历史"初听起来——或者说只是在我们的下意识里——似乎仍然是一个天经地义应该追求的目标,实际上却是难以达到的境界。有人说,如今在美国,谁要是宣称他自己能够获得"真实的历史",那就将因理论上的陈旧落伍而失去在大学教书的资格。这或许是一种夸张的说法,不过在比较深入的思考之下,"真实的历史"确实已经成为一个难圆之梦。

科学史是跨越科学和历史两大领域的交叉学科,它真正的现代形态直到 20 世纪方才确立。如今在国内,科学史研究者主要是依附在"科学"的阵营中。例如:作为国内科学史研究"正统"所在、也是中国科学技术史学会挂靠单位的自然科学史研究所,就属中国科学院管辖;而散布在全国高校中的数学史、物理史、化学史等方面的研究者,通常也都相应在数学系、物理系、化学系任教。这种局面,与国外许多科学史研究者常依附于大学历史系有很大不同。

科学史研究需要专业的科学知识。例如研究天文学史通常要求研究者受过正规的天文学专业训练,研究物理学史则要求有物理学的训练,其他学科基本上也都是如此,这使科学史研究者与一般的历史学家相比显得远不是同一类人,而与本行的科学家似乎更亲近一些。这种亲近感和所受的专业训练,当然也使科学史研究者在感情上更愿意接受"真实的历史"。①

然而就研究的本质而言,科学史与历史学的亲缘关系显然要近得多。

---

① 当然这种亲近也要付出令人尴尬的代价:前沿的科学家们通常都看不起那些热衷于和自己攀亲戚的科学史研究者,因为他们普遍认为,只有那些无力进行前沿工作的人才不得不去从事科学史研究。而他们到老年时创造力衰退,却往往宣称自己对本学科的历史"很感兴趣",愿意作为票友来玩玩。

将科学史视为历史学的一个分支,在理论上是可行的,在实践中也是有益的。

上面这些问题,以往国内科学史界通常是不考虑的,历史学界也很少考虑。许多论文(包括我自己先前的在内)都想当然地相信自己正在给出"真实的历史"。当然,从另外一个角度看问题的也一直大有人在,例如,思想一向非常活跃的李志超教授曾发表的论述中,有如下的话:

> 科学史学不无主观性,这已是事实了……科学史作为一门科学,必须力争其成为"信史",这是"真"的评价。做到这点也是个过程,不是苛求立成的。大家公认这是努力的目标,也就行了。

> 史而无情,不知其可也! 歌颂也好,批判也好,不可无理,更不可无情。……一般史学处理的史事,有善有恶,有成有败,有歌颂也有鞭笞。而科学史处理的史事则主要是善而有成的,因而是歌颂性的。中国科学史至少对中国人是要为后代垂风立范,作为一种道德教材流行于世。……仅仅搜罗发掘史料也不是科学史的最终目标,史料要用之于教。对于文学性的虚拟不必绝对排斥,只要保护史料不受破坏。①

这里"真实的历史"也已被推到似乎是可望而不可即的远处,而套用古人成语的"史而无情,不知其可也",确实可以成为一句极精彩的名言——当然这也要看从什么角度去理解。然而要将科学史做成"道德教材",我想如今必定已有越来越多的人不敢苟同了——除非此话别有深意?在这个问题上,重温顾颉刚将近七十年前的论述是有益的,顾颉刚说:

> 一件事实的美丑善恶同我们没有关系,我们的职务不过说明这一件事实而已。但是政治家要发扬民族精神,教育家要改良风俗,都可以从我们这里取材料去,由他们别择了应用。②

"必须力争其成为信史"与"说明这一件事实"本是相通的,况且科学史所处理的史事也远不都是善而有成的。

---

① 李志超:《天人古义——中国科学史论纲》,河南教育出版社,1995年,第9页。
② 顾颉刚:《谜史》序,见钱南扬《谜史》,上海文艺出版社,1986年,第8页。

六　科学与正确之关系

（一）问题的提出

"试论托勒密的天文学说是不是科学？"这样的考题在上海交通大学科学史系的研究生入学考试中，不止一次出现过。面对这道考题，大部分考生都答错了。这些考生中，学理科、工科、文科出身的都有，但是答案的正误看起来与学什么出身没有关系。这就表明，他们中间的大部分人，都未能正确认识：怎样的学说具有被当做科学的资格？

首先请注意，从字面上就可以知道，这是一道论述题，而不是简单的"是"或"否"的选择题。正像有些评论者正确地指出的那样，题中的"正确""科学""托勒密天文学说"等概念，都可以有不同的界定，而该题要考察的方面之一，就是考生能否注意到概念的界定问题。他们可以自行给出不同的界定，由此展开自己的见解。

在今天中国的十几亿人口中，能够报考研究生的，应该也算是受过良好教育的少数佼佼者了。既然他们中间也有不少人对此问题不甚了了，似乎值得专门来谈一谈。

为什么托勒密的《至大论》《地理学》这样的伟大著作，会被认为不是科学？许多考生陈述的重要理由，是因为托勒密天文学说中的内容是"不正确的"——我们知道地球不是宇宙的中心。

然而，如果我们同意这个理由，将托勒密天文学说逐出科学的殿堂，那么这个理由同样会使哥白尼、开普勒甚至牛顿都被逐出科学的殿堂！因为我们今天还知道：太阳同样不是宇宙的中心；行星的轨道也不是精确的椭圆；牛顿力学中的"绝对时空"也是不存在的……难道你敢认为哥白尼日心说和牛顿力学也不是科学吗？

我们知道，考生们绝对不敢。因为在他们从小受的教育中，哥白尼和牛顿是"科学伟人"，而托勒密似乎是一个微不足道的人，一个近似于"坏人"的人。

(二)托勒密天文学说为什么是科学

关于托勒密,国内有一些曾经广泛流传、使人误入歧途的说法,其中比较重要的一种,是将托勒密与亚里士多德两人不同的宇宙体系混为一谈,进而视之为阻碍天文学发展的历史罪人。在当代科学史著述中,以李约瑟"亚里士多德和托勒密僵硬的同心水晶球概念,曾束缚欧洲天文学思想一千多年"的说法[1]为代表,这一说法至今仍在许多中文著作中被反复援引。而它其实明显违背了历史事实。亚里士多德确实主张一种同心叠套的水晶球宇宙体系,但托勒密在他的著作中完全没有采纳这种体系,他也从未表示赞同这种体系。[2] 另一方面,亚里士多德学说直到13世纪仍被罗马教会视为异端,多次被禁止在大学里讲授。因此,无论是托勒密还是亚里士多德,都根本不可能"束缚欧洲天文学思想一千多年"。至1323年,教皇宣布托马斯·阿奎那(T. Aquinas)为"圣徒",阿奎那庞大的经院哲学体系被教会官方认可,成为钦定学说。这套学说是阿奎那与其师大阿尔伯图斯(Albertus Magnus)将亚里士多德学说与基督教神学全盘结合而成。因此亚里士多德的水晶球宇宙体至多只能束缚欧洲天文学思想约二三百年,而且这也无法构成托勒密的任何罪状。[3]

但是,即使洗刷了托勒密的恶名,考生们的问题仍未解决——难道"不正确的"结论也可以是科学?

是的,真的是这样!因为科学是一个不断进步的阶梯,今天"正确的"结论,随时都可能成为"不正确的"。我们判断一种学说是不是科学,不是依据它的结论在今天正确与否,而是依据它所用的方法、它所遵循的程序。

西方天文学发展的根本思路是:在已有的实测资料基础上,以数学方法

---

① 李约瑟:《中国科学技术史》第四卷,科学出版社,1975年,第643—646页。

② 在《至大论》中,托勒密没有陈述任何水晶球的观念。他在全书一开头就表明,他以下的研究将用几何表示(geometrical demonstrations)之法进行。在开始讨论行星运动时他说得更明白:"我们的问题是表示五大行星和日、月的所有视差数——用规则的圆周运动所生成。"他把本轮、偏心圆等视为几何表示,或称为"圆周假说的方式"。显然,他心目中并无任何实体天球,而只是一些假想的空中轨迹。见 Ptolemy, *Almagest*, *IX*2, *Great-Books Of the Western World*, Encyclopaedia Britannica, 1980, 16, p. 270.

③ 详细的论证参见江晓原:《天文学史上的水晶球体系》,《天文学报》第28卷第4期(1987)。

构造模型,再用演绎方法从模型中预言新的天象;如预言的天象被新的观测证实,就表明模型成功,否则就修改模型。在现代天体力学、天体物理学兴起之前,模型都是几何模型——从这个意义上说,托勒密、哥白尼、第谷(Tycho Brahe)乃至创立行星运动三定律的开普勒,都无不同。后来则主要是物理模型,但总的思路仍无不同,直至今日还是如此。这个思路,就是最基本的科学方法。当代著名天文学家当容(A. Danjon)对此说得非常透彻:"自古希腊的希巴恰斯(Hipparchus)以来两千多年,天文学的方法并没有什么改变。"①

如果考虑到上述思路正是确立于古希腊,并且正是托勒密的《至大论》第一次完整、全面、成功地展示了这种思路的结构和应用,那么,托勒密天文学说的"科学资格"不仅是毫无疑问的,而且它在科学史上的地位绝对应该在哥白尼之上——因为事实上哥白尼和历史上许许多多天文学家一样,都是吮吸着托勒密《至大论》的乳汁长大的。

(三) 从理论上说哥白尼学说要到很晚才能获胜

多年来一些非学术宣传品给公众造成了这样的错觉:似乎当时除了哥白尼、伽利略、开普勒等几人之外,欧洲就没有其他值得一提的天文学家了。而实际上,当时欧洲还有许多天文学家,其中名声大、地位高者大有其人,正是这些天文学家、天文学教授组成了当时的欧洲天文学界。其中有不少是教会人士——哥白尼本人也是神职人员。

哥白尼《天体运行论》(De Revolutionibus) 发表于 1543 年,今天我们从历史的角度来评价它,谓之先进,固无问题,但 16、17 世纪的欧洲学术界,对它是否也作如是观? 事实上,古希腊阿利斯塔克即已提出日心地动之说,但始终存在两条重大反对理由——哥白尼本人也未能驳倒这两条反对理由。

第一条,观测不到恒星的周年视差(地球如确实在绕日公转,则从其椭圆轨道之此端运行至彼端,在此两端观测远处恒星,方位应有所改变),这就无法证实地球是在绕日公转。哥白尼在《天体运行论》中只能强调恒星非常遥远,因而周年视差非常微小,无法观测到。这在当时确实是事实。但

---

① 当容:《球面天文学和天体力学引论》,李珩译,科学出版社,1980 年,第 3 页。

要驳倒这条反对理由,只有将恒星周年视差观测出来,而这要到 19 世纪才由 F. W. 贝塞尔(Friedrich Wilhelm Bessel)办到——1838 年他公布了对恒星天鹅座 61 观测到的周年视差。J. 布拉德雷(James Bradlley)发现恒星的周年光行差,作为地球绕日公转的证据,和恒星周年视差同样有力①,但那也是 1728 年的事了——罗马教廷终于在 1757 年取消了对哥白尼学说的禁令。

第二条理由被用来反对地球自转,认为如果地球自转,则垂直上抛物体的落地点应该偏西,而事实上并不如此。这也要等到 17 世纪伽利略阐明运动相对性原理以及有了速度的矢量合成之后才被驳倒。

注意到上述这些事实之后,我们对一些历史现象就可以有比较合理的解释。比如,当 17 世纪来华耶稣会士为大明王朝修撰《崇祯历书》时(1629—1634),因为哥白尼学说并未在理论上获得胜利,当时欧洲天文学界的大部分人士对这一学说持怀疑态度,所以耶稣会士们选择了稍晚于哥白尼学说问世的第谷地心体系(1588 年),作为《崇祯历书》的理论基础,也是情理之中的事。

还有一个判据,也是天文学家最为重视的判据,即"推算出来的天象与实测的吻合程度"。在今天我们熟悉的语境中,这个判据应该是最接近"正确"概念的。然而恰恰是这一最为重要的判据,对哥白尼体系大为不利,而对第谷体系极为有利。

那时欧洲天文学家通常根据自己所采用的体系编算并出版星历表。这种表给出日、月和五大行星在各个时刻的位置,以及其他一些天象的时刻和方位。天文学界同行可以用自己的实际观测来检验这些表的精确程度,从而评价各表所依据之宇宙体系的优劣。哥白尼的原始星历表由莱茵霍尔德(E. Reinhold)加以修订增补之后出版,即《普鲁士星表》(*Tabulae Prutenicae*, 1551),虽较前人之表有所改进,但精度还达不到角分的数量级——事实上,哥白尼对精度的要求是很低的,他曾对弟子赖蒂库斯(Rheticus)表示,理论值与实测值之间的误差只要不大于 10′,他即满意。②

而第谷生前即以擅长观测享有盛誉,其精度前无古人,达到前望远镜时

① 参见米歇尔·霍金斯:《剑桥插图天文学史》,江晓原等译,山东画报出版社,2003 年,第 201—202 页。

② 一个典型的例子可见 A. Berry, *A Short History of Astronomy*, New York, 1961, p. 128。

代观测精度的巅峰。例如,他推算火星位置,黄经误差小于 2′;他的太阳运动表误差不超过 20″,而此前各星历表(包括哥白尼的在内)的误差皆有 15′—20′之多。行星方面误差更严重,直到 1600 年左右,根据哥白尼理论编算的行星运动表仍有 4°—5°的巨大误差,故从"密"这一判据来看,第谷体系明显优于哥白尼体系,这正是当时不少欧洲学者赞成第谷体系的原因。

第谷在哥白尼之后提出自己的新宇宙体系 (*De Mundi* ,1588),试图折衷日心与地心两家。① 尽管伽利略、开普勒不赞成其说,但在当时和此后一段时间里该体系还是获得了相当一部分天文学家的支持。比如雷默(N. Reymers)的著作 (*Ursi Dithmarsi Fundamentum Astronomicum* ,1588),其中的宇宙体系几乎和第谷的一样,第谷还为此与他产生了发明权之争。又如丹麦宫廷的"首席数学教授"、哥本哈根大学教授朗高蒙田纳斯(K. S. Longomontanus)的著作《丹麦天文学》(*Astronomia Danica* ,1622)也是采用第谷体系的。直到雷乔里(J. B. Riccioli)雄心勃勃的巨著《新至大论》(*New Almagest* ,1651),仍主张第谷学说优于哥白尼学说。该书封面画因生动反映了作者这一观点而流传甚广:司天女神正手执天秤衡量第谷与哥白尼体系——天秤的倾斜表明第谷体系更重,而托勒密体系则已被委弃于脚下。

第谷体系当然不是他闭门造车杜撰出来的,而是他根据多年的天文观测精心构造出来的。这一体系力求能够解释以往所有的实测天象,又能通过数学演绎预言未来天象,并且能够经得起实测检验。事实上,此前的托勒密、哥白尼,此后的开普勒乃至牛顿的体系,全都是根据上述原则构造出来的。而且,这一原则依旧指导着今天的天文学。今天的天文学,其基本方法仍是通过实测建立模型——在古希腊是几何的,牛顿以后则是物理的;也不限于宇宙模型,比如还有恒星演化模型等。然后用这模型演绎出未来天象,再以实测检验之。合则暂时认为模型成功,不合则修改模型,如此重复不已,直至成功。

(四)哥白尼学说不是靠"正确"而获胜的

哥白尼革命的对象,就是他自己精神上的乳母——托勒密宇宙模型。

---

① 第谷的地心宇宙体系让日、月围绕地球旋转,而五大行星则围绕着太阳旋转。

但是革命的理由,如前所述,却不是精确性的提高。然而革命总要有思想资源,既然精确性并无提高,那么当时哥白尼又靠什么来发动他的革命呢?托马斯·库恩(Thomas Kuhn)在他的力作《哥白尼革命》中指出,哥白尼革命的思想资源,是哲学上的"新柏拉图主义"。①

出现在公元3世纪的新柏拉图主义,是带有某种神秘主义色彩的哲学派别,"只承认一个超验的实在",他们"从一个可变的、易腐败的日常生活世界,立即跳跃到一个纯粹精神的永恒世界里",而他们对数学的偏好则经常被追溯到相信"万物皆数"的毕达哥拉斯学派。当时哥白尼、伽利略、开普勒等人,从人文主义那里得到了两个信念:一、相信在自然界发现简单的算术和几何规则的可能性和重要性;二、将太阳视为宇宙中一切活力和力量的来源。

革命本来就暗含着"造反"的因素,即不讲原来大家都承认的那个道理了,要改讲一种新的道理,而这种新道理是不可能从原来的道理中演绎出来的——那样的话就不是革命了。科学革命当然不必如政治革命那样动乱流血,但道理是一样的。仅仅是精确性的提高,并不足以让人们放弃一种已经相信了千年以上的宇宙图像,而改信一种新的宇宙图像,更何况哥白尼体系并不很精确。

如果说,满足于在常规范式下工作的天文学家们,只能等待布拉德雷发现恒星周年光行差,或贝塞尔发现恒星周年视差之后,才会完全接受哥白尼日心体系的范式,这并不符合历史事实。因为在此之前,哥白尼体系实际上已经被越来越多的学者所接受。因此哥白尼革命的胜利,明显提示我们:科学革命实际上需要借助科学以外的思想资源。

开普勒就是一个非常有说服力的例子。他在伽利略作出望远镜新发现之前,就已经勇敢地接受了哥白尼学说(有他1597年10月13日致伽利略的信件为证②),而当时,反对哥白尼学说的理由还一条也未被驳倒,支持哥

---

① 托马斯·库恩:《哥白尼革命——西方思想发展中的行星天文学》,吴国盛等译,北京大学出版社,2003年,第125—126页。

② 开普勒在这封热情洋溢的信中,鼓动伽利略加入公开支持哥白尼学说的阵营:"在断定地球转动不再被视为新鲜的东西后,齐心合力将转动的马车拉到目的地不是更好吗?"见《文艺复兴书信集》,李瑜译,学林出版社,2002年,第135—137页。我们已经知道,伽利略出于害怕,并未响应开普勒这封信中的号召——即使如此他最终仍然未能躲过罗马教廷的惩罚。

白尼学说的发现还一项也未被作出！况且，开普勒"宇宙和谐"的信念，显然也是与新柏拉图主义一脉相承的。

（五）不能将"科学"与"正确"等同起来

关于"有些今天已经知道是不正确的学说（比如托勒密的地心学说、哥白尼的日心学说等等）仍然可以是科学"的见解，从 2003 年起就引发了不少争论。此事与科学史和科学哲学两方面都有关系。

在争议中，针对许多公众仍然存在着将"科学"与"正确"等同的观念（比如本文开头提到的那些答错考研题目的考生就是如此），北京大学刘华杰教授给出了一个听起来似乎离经叛道的陈述——"正确对于科学既不充分也非必要"①，此语虽然大胆，其实是一个完全正确的陈述。这一陈述中的"正确"，当然是指我们今天所认为的正确——"正确"在不同的时代有不同的内容。

不妨仍以托勒密的天文学说为例，稍作说明：在托勒密及其以后一千多年的时代里，人们要求天文学家提供任意时刻的日、月和五大行星位置数据，托勒密的天文学体系可以提供这样的位置数据，其数值能够符合当时的天文仪器所能达到的观测精度，它在当时就被认为是"正确"的。后来观测精度提高了，托勒密的值就不那么"正确"了，取而代之的是第谷提供的计算值，再往后是牛顿的计算值、拉普拉斯的计算值……如此等等，这个过程直到今天仍在继续之中——这就是天文学。在其他许多科学门类中（比如物理学），同样的过程也一直在继续之中——这就是科学。

争论中有人提出，所有今天已经知道是不正确的东西，都应该被排除在"科学"之外，甚至认为"理论物理每年发表的无数的论文中有各种各样的模型，这些模型中绝大多数自然是错的，这些错的模型虽然常常是研究中必不可少的过程，它们不会被称为科学"。这种说法在逻辑上是荒谬的——这将导致科学完全失去自身的历史。

在科学发展的过程中，没有哪一种模型（以及方案、数据、结论等等）是永恒的，今天被认为"正确"的模型，随时都可能被新的、更"正确"的模型所

---

① 刘华杰：《再说"反科学"》，《科学对社会的影响》2003 年第 2 期。

取代,就如托勒密模型被哥白尼模型所取代,哥白尼模型被开普勒模型所取代一样。如果一种模型一旦被取代,就要从科学殿堂中被踢出去,那科学就将永远只能存在于此时一瞬,它就将完全失去自身的历史。而我们都知道,科学有着两千多年的历史(从古希腊算起),它有着成长、发展的过程,它取得了巨大的成就,但它是在不断纠正错误的过程中发展起来的。

所以我们可以明确地说:科学中必然包括许多在今天看来已经不正确的内容。这些后来被证明不正确的内容,好比学生作业中做错的习题,题虽做错了,你却不能说那不是作业的一部分;模型(以及方案、数据、结论等等)虽被放弃了,你同样不能说那不是科学的一部分。所以我要强调"我们判断一种学说是不是科学,不是依据它的结论,而是依据它所用的方法、它所遵循的程序"。

我们还可以明确地说:有许多正确的东西,特别是永远正确的东西,却分明不是科学。比如"公元2003年5月15日中午江晓原吃了饺子",这无疑是一个正确的陈述,而且是一个"永远正确"的陈述,但谁也不会认为这是科学。

因此结论是:我们不能将"科学"与"正确"等同起来。

科学又是可以而且应该被理解的,同时也是可以而且应该被讨论的——归根结底它是由人创造出来、发展起来的。那种将今日的科学神化为天启真理,不容对它进行任何讨论,不容谈论它的有效疆界(因为认定科学可以解决世间一切问题),都是和"公众理解科学"这一当代社会活动的根本宗旨相违背的。因为对于一个已经被认定的天启真理,理解就是不必要的——既然是真理,你照办就是。当年"文革"中"理解的要执行,不理解的也要执行,在执行中加深理解"的名言,隐含的就是这样的逻辑。

七 科学史的三种研究方法

思考不免使人回忆起往事。1986年在山东烟台召开的一次科学史理论研讨会上,本书作者之一江晓原曾发表题为《爱国主义教育不应成为科技史研究的目的》的大会报告,大意是说,如果"主题先行",以对群众进行爱国主义教育为预先设定的目标,就会妨碍科学史研究之求真——江那时还是"真实的历史"的朴素信仰者。① 报告在会上引起了剧烈争论,致使会议主持人不得不多次吁请与会者不要因为这场争论而妨碍其他议题的讨论。对于这一论点,会上明显分成了两派:反对或持保留态度的,多半是较为年长的科学史研究者;而青年学者们则热情支持并勇敢为之辩护。如果说上述观点当时还显得非常激进的话,那么在十年后的今天,这样的观点对于许多学者来说早已是非常容易接受的了。其实这种观点在本质上与上引顾颉刚七十年前的说法并无不同。

搞科学史研究,越是思考基本的理论问题,"烦恼"也就越多。本来,如果坚信"真实的历史"是可望可即的境界,那就很容易做到理直气壮;或者,一开始就以进行某种道德教育为目的,那虽然不能提供真实的历史,却也完全可以问心无愧(如果再考虑到"真实的历史"本来就可望不可即,就更加问心无愧)。

然而要是你既不信"真实的历史"为可即,又不愿将进行道德教育预设为自己研究的目的,那科学史到底如何搞法?

其实倒也不必过于烦恼,出路还是有的,而且不止一条。

科学史研究,与其他学术活动一样,是一种智力活动,有它自己的"游戏规则";按照学术规则运作,这就是科学史研究应有的"搞法",同时也就使科学史研究具有了意义(什么意义,可以因人而异,见仁见智)。而所谓"搞法"——也就是上面所说的"出路",比较有成效的至少已有三种:

第一种是实证主义的编年史方法。这种方法在古代史学中早已被使用,也是现代形态的科学史研究中仍在大量使用的方法,在目前国内科学史界则仍是最主要的方法。在中国,这种方法与当年乾嘉诸老的考据之法有一脉相承之处。编年史的方法主要是以年代为线索,对史事进行梳理考证,力图勾画出历史的准确面貌。国内前辈学者的两部同名的《中国天文学史》,就是使用编年史方法的结晶。此法的优点,首先是无论在什么情况下都不可能不在一定程度上使用它。其弊则在于有时难免流于琐碎,或是将研究变成"成就年表"的编制而缺乏深刻的思想。

第二种是思想史学派的概念分析方法。这种方法在科学史研究中的使

---

① 江晓原:《爱国主义教育不应成为科技史研究的目的》,《大自然探索》第 5 卷第 4 期(1986)。

用,大体到 20 世纪初才出现。这种方法主张研究原始文献——主要不是为了发现其中有多少成就,而是为了研究这些文献的作者当时究竟是怎么想的,重视的是思想概念的发展和演化。体现这种方法的科学史著作,较著名的有 1939 年柯瓦雷(A. Koyré)的《伽利略研究》和 1949 年巴特菲尔德(H. Butterfield)的《近代科学的起源》等。巴特菲尔德反对将科学史研究变成编制"成就年表"的工作,认为如果这样的话:

> 我们这部科学史的整个结构就是无生命的,它的整个形式也就受到了歪曲。事实已经证明,了解早期科学家们遭受的失败和他们提出的错误的假说,考察在特定时期中看来是不可逾越的特殊的知识障碍,甚至研究虽已陷入盲谷,但总的来说对科学进步仍有影响的那些科学发展的过程,几乎是更为有益的。①

思想史学派的概念分析方法以及在这种方法指导下所产生的研究成果,在国内科学史界影响很小。至于国内近年亦有标举为"科学思想史"的著作,则属于另外一种路数——国内似乎通常将"科学思想史"理解为科学史下面的一个分支,而不是一种指导科学史研究的方法。

与上述两种方法并列的,是 20 世纪出现的第三种方法,即社会学的方法。1931 年,苏联科学史家在第二届国际科学史大会上发表了题为《牛顿〈原理〉的社会经济根源》的论文,标志着马克思主义特有的科学史研究方法的出现。这种方法此后得到一些左翼科学史家的追随,1939 年贝尔纳(J. D. Bernal)的《科学的社会功能》是这方面有代表性的著作。而几乎与此同时,默顿(R. K. Merton)的名著《十七世纪英国的科学、技术与社会》(1938)也问世了,成为科学社会学方面开创性的著作,这是以社会学方法研究科学史的更重要的派别。

以上三种方法,从本质上说未必有优劣高下之分,在使用时也很难截然分开。然而思想史和社会学的方法,作为后起的科学史研究方法,确实有将科学史研究从古老的编年史方法进一步引向深入之功。至于这两种方法相互之间的关系和作用,吴国盛有很好的认识:

> 思想史和社会史方法作为对科学发展的两种解释,有它们各自独

---

① 巴特菲尔德:《近代科学的起源》,张丽萍等译,华夏出版社,1988 年,第 2—3 页。

到的地方,但也都有不足之处。这些不足之处虽已被广泛而且深入地讨论过,但是一种新的对内史和外史的更高层次的综合尚未出现,也许,以新的综合取代它们根本就是不可能的,也许在理解科学的发展方面,它们都享有基础地位,唯有两者的互补才能构成一部完整的科学史。①

其实传统的编年史方法正是以前做纯内史研究的不二法门,国内以往大量的科学史论著都证明了这一点(然而真正的深湛之作,却也不能不适度引入思想史方法),而成功的外史研究则无论如何不能不借助于社会学的方法。

八 科学史研究中的内史和外史

在科学史研究中,所谓内史(internal history),主要研究某一学科本身发展的过程,包括重要的事件、成就、仪器、方法、著作、人物等等,以及与此相关的年代问题。上面提到的两部《中国天文学史》就是典型的内史著作。所谓外史(external history),则侧重于研究该学科发展过程中与外部环境之间的相互影响和作用,以及该学科在历史上的社会功能和文化性质;而这外部环境可以包括政治、经济、军事、风俗、地理、文化等许多方面。内史、外史问题,也不免要牵涉到上面所谈到的三种科学史研究方法。

(一)"外史"之含义

此处"外史"一词,至少有三重含义。

其一,按照中国古代的一些用法,"外史"是与"正史"相对应的。比如要讨论汉武帝其人,若《汉书·武帝纪》是正史,则《汉武故事》《汉武外传》之类的文献就是外史了。使外史之名大著的,或可推吴敬梓的《儒林外史》,此后袭用其命名之意的作品还有不少。对于国内的科学史研究,也完全可以作这样的类比。例如,早已出版多年的两部同名《中国天文学史》②,

① 吴国盛编:《科学思想史指南》,四川教育出版社,1994年,第11页。
② 中国天文学史整理研究小组编著:《中国天文学史》,科学出版社,1981年;陈遵妫:《中国天文学史》,上海人民出版社,1980—1989年。

从某种意义上来说正是中国天文学史的《武帝纪》，所缺者正是外史。

其二，是我自己杜撰的含义。在古代中外科学的交流与比较研究方面，史迹斑斑可考，本应包括在"正史"之内，但仍以天文学史为例，上述两部《中国天文学史》中对历史上的中外交流都涉及太少，1990年代《天学真原》①中也只有一章——尽管是最长的一章——正面讨论古代中外天文学的交流。而如果允许稍微作一点夸张，我们可以说，一部中国古代文明史，同时也正是一部中外文明交流史，此"外史"之第二义也。

其三，就科学史研究的专业角度言之，外史与内史相对而言，如前所述——这也可以说是"外史"一词最"严肃"的含义。一般来说，外史研究不像某些人士所想象的那样，可以在没有受过该学科专业训练的情况下来进行。

（二）天文学史的例证

20世纪80年代之前，中国的专业天文学史研究可以标举出两大特点：其一为充分运用现代天文学原理及方法，从而保证研究工作具有现代的科学形态；其二则是远绍乾嘉考据之余绪，以整理国故、阐扬传统成就为己任，并希望以此提高民族自尊心和自信心。这两大特点决定了研究工作的选题和风格——基本上只选择内史课题，以考证、验算及阐释古代中国天文学成就为旨归。

经过数十年的积累，中国天文学史研究在内史方面渐臻宏大完备之境。这些研究成果中有许多是功力深厚之作，直至今日仍堪为后学楷模。代表人物有席泽宗、薄树人、陈美东、陈久金等。能够比较集中反映这方面主要成果的，有前面提到的两部同名《中国天文学史》、潘鼐的《中国恒星观测史》、陈久金的论文集《陈久金集》和陈美东的《古历新探》。其中值得特别提到的是1955年席泽宗的《古新星新表》及其续作，全面整理了中国古代对新星和超新星爆发的记载并证认其确切的天区位置，为20世纪60年代国际上天体物理学发展的新高潮提供了不可替代的长期历史资料，成为中

---

① 江晓原:《天学真原》，辽宁教育出版社，1991、1992、1995年，洪叶文化事业有限公司（台湾），1995年（繁体字版）。

国天文学工作在国际上知名度最大的成果。① 此举也为中国天文学史研究创生了新的分支——整理考证古代天象记录以供现代天文学课题研究之用。② 中国天文学史研究成果之宏富，使它雄踞于中国科学史研究中的领衔地位数十年，至今犹如是也。

随着中国天文学史内史研究的日益完备深入，无可讳言，在这一方向上取得激动人心的重大成果之可能性已经明显下降。因为前贤已将基本格局和主要框架构建完毕，留给后人的，大部分只是添砖加瓦型的课题了。至于再想取得类似《古新星新表》那样轰动的成果，更可以说是已经绝无可能！而且，随着研究的日益深入，许多问题如果仍然拘泥于纯内史研究的格局中，也已经无法获得解决。

进入 20 世纪 80 年代，一些国内外因素适逢其会，使中国天文学史研究出现了新的趋势。一方面，"文革"结束后国内培养出来的新一代研究生进入了科学史领域。他们接受专业训练期间的时代风云，在一定程度上对他们中间某些人的专业兴趣不无影响——他们往往不喜欢远绍乾嘉余绪的风格（这当然绝不能说明这种风格的优劣），又不满足于仅做一些添砖加瓦型的课题，因而创新之心甚切。另一方面，改革开放使国内科学史界从封闭状态中走出来，了解到在国际上一种新的趋势已然兴起。这种趋势可简称之为科学史研究中的"外史倾向"，即转换视角，更多地注意科学在自身发展过程中与社会—文化背景之间的相互影响。举例来说，1990 年在英国剑桥召开的第六届国际中国科学史学术讨论会上，安排了三组大会报告，而其中第一、第二组的主题分别是"古代中国天文数学与社会及政治之关系"和"古代中国医学的社会组织"，这无疑是"外史倾向"得到强调和倡导的表现。

以上因素的交会触发了新的动向。例如，1991 年江晓原的专著《天学真原》问世之后，受到国内和海外、同辈和前辈同行的普遍好评，这一点实

---

① 参见江晓原：《〈古新星新表〉问世始末及其意义》，《中国科学院上海天文台年刊》第 15 号，上海科学技术出版社，1994 年。

② 由于中国古代的天象记录在时间上长期持续，在门类上非常完备，而且数量极大，因此吸引了不少中外研究者在这一分支上进行工作。不过有人已经指出，利用古代资料研究现代天文课题，严格地说并不是一种天文学史工作，而是现代天文学的研究工作。当然我们也可以将这种区分视为概念游戏而不加以认真对待。

在颇出作者意料之外——作者曾认为书中不少较为"激进"的结论可能很难立即被认可,但结果表明这可能已属过虑。《天学真原》已于 1992 年、1995 年、1997 年三次重印,并于 1995 年在台湾出了繁体字版。2004 年又出版了新版。① 北大、清华有关专业将其选为研究生必读的"科学史经典"中唯一的国人著作。在国内近年一系列"外史倾向"的科学史论著(包括硕士、博士论文)中,《天学真原》都被列为重要的参考文献。国际科学史研究院院士、台湾师范大学洪万生教授,曾在淡江大学的中国科技史课程中专开了"推介《天学真原》兼论中国科学史的研究与展望"一讲②,并称誉此书"开创了中国天文学史研究之新纪元"。这样的考语在作者个人自然愧不敢当,不过《天学真原》被广泛接受这一事实,或许表明国内科学史研究"外史倾向"的新阶段真的已经开始到来?

在"外史倾向"的影响下,关于古代东西方天文学的交流与比较研究也日益引人注目。以往这方面的绝大部分研究成果来自西方和日本汉学家,中国学者偶有较重要的成果(比如郭沫若的《释支干》,考论上古中国天文学与巴比伦之关系),也多不出于专业天文学史研究者之手。这种情形直到 20 世纪 80 年代才有了较为明显的改观,在国内外学术刊物上出现了一系列有关论文,论题包括明末耶稣会传教士在华传播的西方天文学及其溯源,古代巴比伦、印度、埃及天文学与中土之关系,古代伊斯兰天文学与中国天文学的关系,等等。近年这方面最引人注目的成果是《西望梵天——汉译佛经中的天文学源流》③一书。

天文学史研究之所以能够在古代文明交流史的研究中扮演特殊角色,是因为在古代,天文学几乎是唯一的精密科学。在古代文明交流中,虽有许多成分难以明确区分它们是自发产生还是外界输入,但是与天文学有关的内容(如星表、天文仪器、基本天文参数等等)则比较容易被辨认出来,这就有可能为扑朔迷离的古代文明交流提供某些明确线索。

天文学史研究还可以帮助历史学、考古学解决年代学问题。由于许多

---

① 江晓原:《天学真原》,辽宁教育出版社,1992 年;洪叶文化事业有限公司(台湾),1995 年(繁体字版);辽宁教育出版社,2004 年(新版)。

② 《科学史通讯》(台湾)第十一期(1992)。

③ 钮卫星:《西望梵天——汉译佛经中的天文学源流》,上海交通大学出版社,2004 年。

古代曾经发生过的天象，都可以用现代天文学方法准确回推出来①，因此那些记载中有着当时足够多的天象细节的重大历史事件（比如武王伐纣）发生于何年、那些在其中保存了天象记录的古籍（比如《左传》）成书于何代，都有可能借助于天文学史研究来加以确定。国家"九五"重大科研项目"夏商周断代工程"中有9个天文学史专题，就是这方面最生动的例证。

在宗教史研究领域，天文学史也日益受到特殊重视。在历史上，宗教的传播往往倚重天文星占之学，以此来打动人心并获取统治者的重视。远者如六朝隋唐时代佛教（尤其是密宗）之输入中土，稍近者如明清之际基督教之大举来华，都是明显的例子。近年有些国际宗教史会议特邀天文学史专家参加，就是出于这方面的考虑。

到此为止，我们已经可以看到外史研究的三重动因：

一、科学史研究自身深入发展的需要。

二、科学史研究者拓展新的研究领域的需要。

三、将人类文明视为一个整体，着眼于沟通自然科学与人文科学。

从内史到外史，并非研究对象的简单扩展，而是思路和视角的重大转换。就纯粹的内史而言，是将科学史看成科学自身的历史（至少就国内以往的情况看来基本如此）；而外史研究要求将科学史看成整个人类文明史的一个组成部分。由于思路的拓展和视角的转换，同一个对象被置于不同的背景之中，它所呈现出来的情状和意义也就大不相同了。

前两种动因产生于科学史研究者群体之内，第三种动因则可能吸引人文学者加入到科学史研究的队伍中来——事实上这种现象近年在国外已不时可见。

随着"外史倾向"的兴起，科学史研究正日益融入文明史—文化史研究的大背景之中，构成科学—文化交会互动的历史观照。与先前的研究状况相比，如今视野更加广阔，色彩更加丰富，由此也就对研究者的知识结构和学术素养提出了更高的要求。简单说来，今天的科学史研究者既需要接受正规的科学专业训练，又必须具备至少不低于一般人文学者的文科素养。

---

① 参见江晓原、钮卫星：《回天——武王伐纣与天文历史年代学》，上海人民出版社，2000年。

在自然科学和人文学术日益分离的今天,上述苛刻的条件已经极大地限制着科学史研究队伍的补充,更何况又是在学术大受冷落的时代?稍可庆幸者,满足这样的条件同时又肯自甘清贫寂寞的"怪物",以中国之大,总还是会不时出现几个的,我想这就够了。

九 科学史在中国的情形

在中国,虽然科学史研究的萌芽可以上溯到两千年前,但通常认为,真正具有现代专业形态的科学史研究,到 20 世纪初方才出现。而在 20 世纪上半叶这段时间里,中国具有专业形态的科学史研究,基本上还只是学者个人的业余活动,因为从事科学史研究的学者还必须靠其他职业谋生。

科学史这一学科在中国的建制化进程之第一步,是 1950 年代"自然科学史研究室"的设立——这意味着国家已经为科学史研究设立了若干职位,或者说,可以有人靠从事科学史研究而谋生了。"文革"结束后,该研究室升格为中国科学院自然科学史研究所,长期被视为国内科学史研究的大本营。但在该所之外,全国只有少数小型的科学史研究机构(如中国科技大学科学史研究室、内蒙古师范大学科学史研究所,以及一些专科史的研究室、组等),绝大部分研究者处在"散兵游勇"的状态中,他们的科学史研究工作,往往不被所在单位重视。

科学史学科在中国建制化进程的第二个里程碑式的历史事件,是 1999年 3 月上海交通大学科学史系(全称为"科学史与科学哲学系")的隆重成立。这是中国历史上第一个科学史系,它的建立在国内外引起了巨大反响。同年 8 月,中国科技大学建立了第二个类似的系(全称为"科技史与科技考古系"),稍后内蒙古师范大学成立了第三个类似的系(全称为"科学史与科技管理系")。最近,国内几所著名大学中都有学者在积极谋求建立科学史系。据悉不久即将有另一所著名大学成立科学史系。这些现象绝不是偶然的。社会生活的改变,文化生活的发展,已经使越来越多的人认识到科学史的价值,领略到科学史的迷人魅力。

"文革"结束三十年来,中国内地已经培养了数百名科学史专业的硕士和博士研究生,这个数量大大超过了今天中国正在专职从事科学史研究的总人数。这就是说,大部分科学史专业的研究生毕业后,虽然他们还会以业余或半业余的方式进行科学史的研究与教学，但毕竟并未专职从事科学史研究，或者也可以称为"改行"。事实上他们活跃于科研、教育、行政、管理、出版等广泛的领域中。

这就表明：受过科学史训练的人可以适应广泛的领域，在很多不同领域成为比较杰出的人才。因为科学史是沟通自然科学和人文学术的最好的桥梁。科学史的训练和熏陶，对于培养文理兼通的综合素质、对于优化人才的知识结构，有着其他学科无法替代的作用。

事实表明，现代社会确实不需要很多人去直接从事科学史研究，但是却需要许许多多受过科学史和科学哲学训练的人才去各界服务。

思考题

1. 科学史中"内史"和"外史"有何异同？哪一个更让你感兴趣？

2. 为什么说"正确对于科学既不充分也非必要"？类似的"双非"结构，你还能找出几个？

3. 你认为科学史到底有没有用？如果有的话，有什么用？

阅读书目

1. 〔美〕托马斯·库恩：《哥白尼革命——西方思想发展中的行星天文学》，吴国盛等译，北京大学出版社，2003 年。

2. 〔美〕托马斯·库恩：《科学革命的结构》，金吾伦、胡新和译，北京大学出版社，2003 年。

3. 吴国盛：《科学思想史指南》，四川教育出版社，1994 年。

4. 〔美〕乔治·萨顿：《科学的历史研究》，刘兵、陈恒六、仲维光编译，科学出版社，1990 年。

5. 江晓原：《天学真原》，辽宁教育出版社，1992、2004 年。

6. 江晓原、钮卫星：《回天——武王伐纣与天文历史年代学》，上海人民出版社，2000 年。

7. 江晓原、钮卫星：《人之上升·科学读本》，上海教育出版社，2005 年。

古希腊的科学与哲学

近代科学形成于 17 世纪的欧洲,它的诞生是多种因素综合作用的结果。世界上各古老文明对自然界都有过自己的关注,并对之有过风格各异的解释,这些解释对近代科学的形成各有其独特贡献,但要追溯近代科学的思想根源,我们不能不把目光投注到遥远的古希腊。古希腊人创造的光彩夺目的希腊文明,为现代文明奠定了基础,成为近代科学的思想之源。

一 希腊科学的背景

古希腊的概念与现在所言的希腊并不一致,它的地理范围比现在的希腊要大得多,大致包括现在巴尔干半岛南端的希腊半岛、爱琴海东岸的爱奥尼亚地区、南部的克里特岛以及南意大利地区这些地方。就是在地中海海域的这片地区,希腊人创造了灿烂辉煌的希腊文化。

从公元前 8 世纪开始,希腊文明开始了它的发展时期。一方面,希腊人在已有的腓尼基字母中增补了元音字母,将其发展成希腊字母,使之适合己用。这种做法,打开了智力交流的世界,使得已有的文化更便于保存,新的思想能得到更好的消化吸收、能更快地传播开来。希腊字母经进一步改进后,罗马人把它传播到了西方,拜占庭人则把它传播到了东方。另一方面,希腊民族也开始了向外的殖民扩张,建立了一些新的城邦。地域的扩大以及经济上的需要,使得希腊人与外界的接触和交流大大增加了。外界的知识源源不断地进入古希腊,为希腊文化增添了新的活力。

希腊民族是一个善于吸收外来文化的民族,他们把吸收到的外来文化融会贯通,再加上自己的创造,最终使得希腊文化成了世界文明之源。正如英国著名的科学史家丹皮尔所言："古代世界的各条知识之流都在希腊汇合起来，并且在那里由欧洲的首先摆脱蒙昧状态的种族所产生的惊人的天才加以过滤和澄清，然后再导入更加有成果的新的途径。"①在汇入希腊的"知识之流"中，有两条最为引人注目，分别来自巴比伦和埃及。希腊在地理位置上接近古代四大文明中的巴比伦文明和埃及文明，能够自其成就中获取好处。迄今人们对巴比伦文明和埃及文明的了解，主要还是依靠希腊历史学家的记载。仅据此而言，也可以看出希腊文明对这两大文明吸收的程度。但希腊毕竟不是这两大文明的直接继承者，它在吸取它们的文明成就的同时，也保持着自己的特点，这是希腊科学得以产生的一个重要因素。

古巴比伦文明发源于幼发拉底河和底格里斯河流域，希腊人称该地区为美索不达米亚，意为两河之间的地方。在公元前几千年的漫长历史中，这块土地曾经数易其主，苏美尔人、闪米特人、亚述人、迦勒底人相继在这里继承和创造了灿烂的文明，它们构成了美索不达米亚文明的不同阶段。为了叙述的方便，我们将其统称为巴比伦文明，将这些民族也泛称为巴比伦人。

同世界上其他古老文明一样，巴比伦文明的灿烂主要表现在其文化的丰富多彩上。在古代社会，没有丰富多彩的文化，科学不可能一枝独秀，因为科学作为独立的文化形态而存在，是近代社会的事。巴比伦文化多有独到之处。例如，早在公元前3500年前（也有人说在公元前4000年前），苏美尔人就创造了象形文字。这种文字经过进一步发展，到公元前2800年左右基本成形，现代人把它叫做楔形文字。苏美尔人"书写"这种文字时，用削尖的木棒做笔，用湿润的泥版做纸，在上面将其压刻出来。因为是压刻，起笔和抽笔处刻痕深浅不同，每一笔画都形如木楔，所以被称为楔形文字。这种文字一直被使用到公元前后。又如，在公元前2500年左右的巴比伦国王的敕令中，已经有了借用王室权威发布的长度、重量、容量的标准。再有，公元前17到18世纪之间，巴比伦王汉谟拉比在位，他主持制订的法典，史称汉谟拉比法典，在法学史上占有重要地位。还有，巴比伦的建筑举世闻名，新巴比伦王国的都城被誉为当时世界上最雄伟壮观的城市，城内的王宫富丽堂皇，王宫旁的空中花园被称为世界七大奇观之一。如此等等，此类例子

---

① 〔英〕W. C. 丹皮尔：《科学史》上册，李珩译，商务印书馆，1995年，第40页。

可以举出许多。正是这样的文化百花园,孕育了巴比伦科学的奇葩。

关于巴比伦的科学,在现存巴比伦人的泥版书上,人们发现过乘法表、平方表和立方表、倒数表、勾股弦表等。在当时的世界,能有这些数学发明,是很值得骄傲的。在进行数学计算时,巴比伦人既采用十进位制,也采用十二进位制。为把这两种进位制结合起来,他们对六十这个数目特别重视。这种情形,与中国古人采用六十甲子作为计数顺序的方法是类似的。这种方法的应用成为现代圆周及其角度划分的基础。在历法编制方面,巴比伦人的成就也颇值得一提。随着文明的进步,时间计量必然要被提上议事日程,历法就是一种大尺度的时间计量。大自然提供给人们的自然时间单位是昼夜交替的日、圆缺变化的月和寒来暑往的年。只考虑日和年之间的自然关系而制订的历法是阳历,综合考虑三者之关系而制订出来的历法是阴阳历。巴比伦人的历法是阴阳历。阴阳历的特征是置闰,对此,大约在公元前2000年左右,巴比伦人已经有所考虑了。一开始,他们的置闰无一定规律,何时置闰由国王酌情决定。到了公元前500年左右,开始有了固定的规则。先是8年3闰,后又27年10闰,到公元前383年明确定为19年7闰。这一闰周极其精确,每19年才误差2个小时左右。在天文学史上,19年7闰这一闰周被称为默冬章,因为它是由古希腊天文学家默冬在公元前432年宣布的。巴比伦人采用该闰周的时间实际上并不晚于默冬。此外,巴比伦人对日月和五大行星的运行也有比较精密的观测。当然,与世界上其他古老的天文学一样,巴比伦的占星术也相当发达。

埃及文明也同样历史悠久,同样灿烂辉煌。埃及文明诞生在尼罗河两岸的一条狭长的地带上,尼罗河水的定期泛滥造就了肥沃的河谷区土地,养育了埃及人民。埃及人就是在这块土地上创造了令后人为之倾倒的埃及文明。早在公元前3100年左右,埃及人就发明了象形文字。他们书写在纸草上的文字,当代人还有幸目睹。埃及的建筑举世闻名,他们的金字塔工程浩大,胡夫金字塔在长达4000多年的时间内一直是世界上最高的建筑物。此外,埃及的神庙高大雄伟、气派恢宏,其留存下来的一些雕刻华丽的大圆柱,至今还让人们产生着无限的遐想。在科学的历程上,埃及人也同样起步很早。尼罗河水的定期泛滥,使得他们曾把洪水到来的日子作为一岁之首。这种做法一开始当然还比较粗糙,随着天文观测的进步,埃及人又把天狼星(全天最亮的恒星)与太阳同时升起的日子作为年的开始,从而极大地提高了历法的准确度。他们把一年分为 365 天，后来又意识到这一数据有约四分之一日的误差，他们发现，如果某年的第一天天狼星与太阳同时升起，那么到第 1461 年的第一天天狼星就会重新与太阳同时升起。埃及人把天狼星叫天狗，所以他们把这个周期叫"天狗周"。尼罗河水每年的泛滥，导致了不断界定土地边界的要求，这促成了几何学的产生。

与巴比伦人相比，埃及人在天文学方面稍微落后些，不过他们在医学方面的情形却恰恰相反。对木乃伊的制作，增长了埃及人的解剖知识，促进了外科的发展。在现存的约公元前 1600 年左右的埃及纸草书卷中，人们发现了古埃及人写的医学文章，其中记述了 47 种疾病的症状及诊断处方。由这些记载来看，埃及人的内科也有相当水平。此外，埃及人的药品和香料制作当时也是闻名全世界的。

巴比伦人和埃及人创造的这些科学奇葩，主要是其中的数学、天文学和医学，被希腊人撷取了。对此，希腊人自己也毫不讳言。希腊历史学家希罗多德就曾说过，毕达哥拉斯曾游历埃及，从埃及的祭司们那里学到了数学秘诀，他又到了巴比伦，接触到了巴比伦数学。最后，当他回到自己的家乡时，他把埃及和巴比伦的数学宝藏带回了希腊。希腊人熟知他们的先驱巴比伦人和埃及人的工作，并通过多种渠道从中汲取了养分，使之变成了希腊科学的基础。这是希腊科学得以产生的背景之一。

另一方面，希腊人之所以能够发展出灿烂的希腊科学，除了他们从巴比伦文明和埃及文明中吸取了其精华之外，最重要的因素还在于希腊的社会。希腊历史的关键是城邦制。所谓城邦，是一种规模有限、独立自治并得到其公民的最高忠诚的共同体。它以中心城市为主，周围是田地和村庄。希腊的大部分地区崎岖不平，沿海虽然有一些小平原，又被关山所阻隔。这些关山在冬季几乎不能通行。城邦就是在这样的自然条件基础之上形成的。希腊人维持他们各自为政的城邦达几个世纪之久，并为此付出了沉重的代价：彼此征战不休，最终先后被来自外部的马其顿和罗马强行统一。不过，城邦制为希腊文化的繁荣提供了必需的制度上的保证：这些城邦虽然独立自治，但它们的人民讲同一种语言，有共同的血统，信奉相同的宗教，还有广泛的往来。独立自治确保了公民在其城邦内享有的自由，广泛交流又给彼此以启发，城邦之间长期存在的这种既保持高度的独立性、又有广泛交流的现实，造就了一个统一的但又具有普遍多样性的希腊文化。这种多样性是希腊文化的生命,希腊科学就是它的产物。

就社会形态而言,希腊的城邦属于奴隶制社会。从公元前 5 世纪起,雅典在各城邦中取得了盟主的地位,建立了奴隶主民主制度。这一时期史称雅典时期,是希腊文化的大繁荣时期。奴隶的劳动供养了奴隶主,使他们有更多的闲暇时间去关注政治、关注艺术、关注哲学和科学。虽然大多数雅典公民没有奴隶,他们不得不靠当农民、工匠、水手等谋生,但这并不影响那些奴隶主们有足够的闲暇时间去从事知识的创造。

雅典时期希腊社会制度是奴隶主民主制,这种制度为能够享受这种民主的人们提供较为自由地思考和发表意见的保证,而这种自由思考是科学发展所必不可少的。此外,人们在民主制度下要脱颖而出,就要善于吸引别人的注意力,善于公开演讲、当众辩论。正因为如此,辩论技巧成为古希腊人悉心钻研的内容,逻辑学也由此得到了发展,从而为希腊科学的产生和发展准备了最必要的条件。

希腊人对外部世界有强烈的好奇心,他们"常到国外去旅行,在这一方面,连其他民族中的商人、士兵、殖民者和旅行者都相形见绌;旅行时,他们总是保持着怀疑的精神、批判的眼光。他们探究一切事物,将所有的问题都搬到理性的审判台前加以考察"①。这种好奇心和理性的思索,使得希腊人博学多才、富有常识。

古希腊哲学家亚里士多德在其《形而上学》一书中曾说过,哲学和科学的诞生需要三个条件。第一是好奇心,是人们对外部世界所表现出来的困惑和惊奇。有了这种感觉,就会感受到自己的无知,并为摆脱无知而去求知。第二是闲暇,知识阶层不必为生计而忧虑,他们可以专心致志地从事自己喜爱的脑力劳动。第三是自由,哲学知识纯粹为了自身而存在,没有别的功用目的,人们对哲学的思考是自由的,不受他种目的和利益的支配。亚里士多德所说的这些条件,在古希腊都是具备的。

宗教从本质上说与科学是不相容的,但希腊人对神的信仰并没有阻挡他们发展出希腊科学来。希腊人的宗教很有特点,他们从未系统地提出过共同的宗教教义或编出一部宗教经典,并在此基础上形成严密的宗教组织。

---

① 〔美〕斯塔夫理阿诺斯:《全球通史:1500 年以前的世界》,吴象婴等译,上海社会科学院出版社,1999 年,第三编第八章"希腊和罗马的文明"。

这就使得希腊宗教很难对科学进行有组织的摧残。但他们编织的诸神谱系却非常完备。希腊人按照他们自己的形象想象着他们心目中的神，认为这些神和他们一样有个性、有情欲、爱争斗，甚至还会介入到他们的社会中去，随时在人们的生活中出现，帮助他们建造城市，留下英雄的儿子开基立国，还参与他们的战争，用计谋战胜那些在幕后隐身作怪的黑暗势力。这样的神让他们感到亲近，使他们觉得自己生活在一个由熟悉的、可以理解的力量统治的世界里。有了这样的感觉，希腊人在面对外部世界时就少了一份恐惧，对大自然的探索就多了一份勇气，这对其科学的发展当然是有益的。另外，完备的诸神谱系，弘扬了秩序、规则的概念，体现了一种原始形式的逻辑体系。这对于希腊理性精神的孕育，也是不无裨益的。

在上述背景下孕育出来的希腊科学是有缺陷的。希腊奴隶们的劳动为奴隶主提供充足的闲暇，使他们能够自由自在地思考，从而发展了希腊的哲学和科学。但是，这也使得奴隶主们倾向于把体力劳动同奴隶相联系，认为从事体力劳动有损于他们的尊严。这种倾向对科学的健康发展是有害的。例如，曾从事过力学研究的欧多克斯（Eudoxus，约前 400—约前 347）和阿契塔（Archytas，约前 420—约前 350）运用特定的工具通过实验证实，对某些问题，以当时的理论为依据是不能解决的。但他们的做法遭到了柏拉图的指责。柏拉图说他们的行为败坏了优秀的几何学，使得几何学从纯智力的领域降低到了物质的、实用的领域，到了需要有大量体力劳动介入的地步，这就使得几何学蜕变成了奴隶们从事的对象。正是在这种倾向的影响下，古希腊的哲学家们善于滔滔雄辩，推崇理性思辨的结果，却很少亲自动手制作仪器工具、亲自观察自然现象，对各类手工作业更不愿问及，这使得希腊科学缺少实验精神，也缺少与实际相联系的传统。但如果考虑到实验方法只是在伽利略的时代才堂而皇之登上科学的殿堂，科学与技术的结合也只是在工业革命之后才成为现实，对于希腊人的贡献，我们仍然充满了由衷的敬意。

二　对万物本原的探究

探究宇宙万物本原，是人类好奇心的永恒表现。当人类思维发展到一定程度的时候，人们难免会产生一种思索：在我们的周围，每一种物质都有其组成成分,那么,构成宇宙万物的最根本的组元是什么? 换句话说,宇宙万物究竟是由什么组成的? 它们的本原是什么?

对上述问题的解答,一开始当然充满了神话色彩。到后来,理性登上历史舞台,神话逐渐退居其次。这一转折大概发生在公元前 6 世纪左右,当时的希腊人通过自己的思考走出了一条不同于神话传统的新路子,他们给出的答案不需要超自然因素的作用。正是这样的探究,使希腊哲学开始了它的历程,也为希腊科学思想的发展奠定了基础。最早沿着这条新路迈开自己坚实步伐的是爱奥尼亚米利都的自然哲学家们。爱奥尼亚位于今土耳其,与希腊本土隔爱琴海相望。当时希腊的殖民者已经在爱奥尼亚建立了一批繁华的城市,米利都就是其中之一。米利都的泰勒斯最早提出了不带神话色彩的万物本原学说。

关于泰勒斯的身世,我们所知甚少,只能从希腊人留下的一些残篇中略知一二。据亚里士多德说,泰勒斯因为一心钻研哲学,无暇顾及生计,因而家境并不宽裕,这遭到了一些人的嘲笑,他们散布流言蜚语,说既然泰勒斯很聪明,他为什么发不了财? 为了回击这些人的嘲笑,泰勒斯根据他所掌握的气候知识,预计到某一年橄榄会大丰收,于是他买下了米利都全部的橄榄榨油机,并指定了使用榨油机的垄断价格。那一年当地的橄榄果然大丰收,人们不得不到被他垄断了的榨油机那里榨油,结果在一个季度里他就发了财。但泰勒斯的目的只是为了证明哲学家的价值,所以赚到钱之后,他并没有沿经商之路继续走下去,而是回过头来,又继续他的哲学研究了。

关于泰勒斯的这一传说,足以令今天的哲学家们扬眉吐气,不过事情不可能那么简单,且不论泰勒斯是否真的曾经如此,即便此事属实,也只是一个个案,不具备普遍意义。因为从事哲学研究和经商,毕竟是两个领域的事情。在现实生活中,让哲学家们去经商,十有八九是要蚀本的。而且,如果今天我们还乐于通过这样的例子来论证哲学的功用,似乎也把哲学庸俗化了。

希腊人对泰勒斯的推崇,更多地表现在对其科学成就的肯定上。据说泰勒斯曾经预报过某年在当地会发生日食,后来日食果然如期而至,使正在鏖战的米堤亚人和吕底亚人因惊异而握手言和。虽然泰勒斯的这种预报与巴比伦人相比算不上什么奇迹,但却给当时的希腊人留下了深刻印象,以至于 150 年后希罗多德还郑重其事对之加以记载。此外,泰勒斯还对埃及人的几何学作了重要发展,他把几何学变成了一种抽象的研究对象,发现了一些具体的几何定理,据说他还应用三角学的概念,测量了埃及金字塔的高度。在天文学上,他是第一个认为月亮是靠反射太阳光而发光的希腊人。他还提出了大地是一个漂浮在浩瀚无边海洋上的圆盘的主张,从而回答了大地靠什么支持这个古老的问题。但所有这些,都是至少一二百年之后人们的追记,而且这些追记本身也都残缺不全。正因为这样,对泰勒斯这些科学成就的具体细节,我们已无从得知,而这些追记是否有夸大其词之处,也不得而知。

虽然如此,从今天的观点来看,泰勒斯仍不愧为科学的鼻祖,这不仅仅是由于上面提到的他在具体科学上的那些贡献,更重要的在于,他提出了宇宙本原问题,并明确给出了自己的解答:万物源于水。他的这一说法是否成立无关紧要,但他这种把大千世界的本原归结于一种具体物质的做法,则很能引起哲学上的怀疑论,因为如果木、铁甚至火在本质上都和水一样,那只能证明感官上的证据是不可靠的,这就势必会促进人们理性地对客观事物进行思考,而理性对于科学发展的重要性是不言而喻的。再者,泰勒斯的解答排除了超自然因素的干预,他把众神从这一领域请了出去。正因为这样,泰勒斯及其同时代人的思想才一脉不断地流传了下来,最终形成了现代科学。因此,我们有理由认为现代科学始于泰勒斯。

泰勒斯提出万物源于水的主张,是一种哲学猜测。他之所以提出这样的命题,应该是意识到了水对于生命之重要。这样做是可以理解的。要寻找万物本原,当然应该着眼于事物普遍具有、对之又非常重要的因素。万物中最神奇的莫过于生命,而水是生命要素中不可或缺的,因此,把水视为万物本原,是理所当然的。不过,泰勒斯可以以水立论,别人也同样可以出于其他考虑提出另外的主张。同样是在米利都,泰勒斯的再传弟子阿那克西米尼就提出了一种新的学说,他认为空气是万物本原,空气的稀薄会变成火,而其凝聚则会变成水,进一步压缩又会变成土。与阿那克西米尼同时的爱奥尼亚地区的另一位哲学家齐诺弗尼斯则着眼于脚下的大地,认为土是宇宙万物本原。他还根据有时在山顶上发现贝壳这一事实,得出地球外貌会随时间而发生变化的结论。几十年后,米利都附近的另一城市以弗所的哲学家赫拉克利特则把事物的起源与火相联系,说:"既不是神也不是人创造了这一世界秩序,它在过去、现在和未来永远是一团永恒的火。"①

　　在人们感官所能察知的范围内,土、水、气、火确实具有极端的重要性,作为万物本原,好像它们都有资格。正是由于意识到了这一点,西西里的哲学家恩培多克勒干脆博采众长,提出了四元素说,认为它们共同构成万物。这四种元素,土是固体,水是液体,空气是气体,火则比气体还稀薄,它们在宇宙中受到两种神力的影响,发生分化与组合。这两种神力作用在人的身上,表现出来的是爱与憎;作用在万物身上,则是吸引和排斥。四元素就是在它们的作用下,以各种不同的方式和比例结合起来,从而组成了世界上形形色色的各种物质。

　　四元素说的产生与人们对火的作用的认识有关。当时人们认为,可燃物是复杂的,它燃烧后,必然要还原为它的几种要素。例如拿一段新鲜的木柴让它燃烧,就能清晰地看出这一点:燃烧时的火由光可见,冒出的烟属于气,木柴两端跑出嗞嗞作响的水,剩下的灰烬则具有土的性质。重视火的作用,是近代化学得以产生的重要因素。近代化学的前身是炼金术,炼金术离不开火,近代化学本身也是通过对火的研究,阐明了燃烧的本质是氧化反应之后才得以建立起来的。

　　上述这几种学说有一共同特点:它们所主张的万物本原,都是人们日常生活中可以感觉到的具体物质。与这些学说相比,米利都的留基伯则另辟蹊径,提出万物是由人们感官不能感觉到的微小粒子——原子组成的。这就是对近代科学有极大影响的原子学说。关于留基伯的情况,我们几乎一无所知,只是听说他提出了因果原则,认为任何事情都不会无缘无故地发生,一切事情的发生都有其自然原因。他还提出了原子论的基本观念,而且是德谟克利特的老师。他发明的原子学说,被德谟克利特发扬光大了。

　　原子论认为,原子是组成世界万物的终极粒子。原子极其微小,它是永恒的,不可毁灭,也不可分。原子这个词本身就表示"不可分割"的意思。宇宙是由原子和原子之间的空间组成的,甚至人的思想和上帝(如果有上帝存在的话)也是由原子组成的。

　　既然万物都是由原子组成的,它们为什么会表现出互不相同的性质?

---

　　① 〔美〕戴维·林德伯格:《西方科学的起源》,王珺等译,中国对外翻译出版公司,2001年,第32页。

德谟克利特解释说，这是因为原子的外形彼此各不相同，例如水原子外表平滑，呈现圆形，所以水无定形且易于流动；火原子多刺，人接触它当然会有烧灼感；土原子毛糙且凸凹不平，所以彼此容易结合在一起形成坚固不变的物质。至于事物的发展变化，则是原子重新分化组合的结果。德谟克利特还认为宇宙的产生也与原子有关，无数原子在无限的空间中做无规运动，相互冲击，引起了直线运动和旋转运动，旋转运动导致原子结成团块，小的组成万物，大的形成天地。

从表面上看来，原子论是一种不自洽的理论：原子虽然很微小，但它毕竟有一定大小，既然有大小，就应该有内部组成，有内部组成就应该可分，为什么说它不可分？实际上，原子论的产生与希腊人缜密的逻辑思维是分不开的，尤其与名噪一时的芝诺悖论有关系。希腊的哲学家非常关注运动、变化问题，芝诺就曾运用思辨方式，对之提出过似是而非的论断，这就是有名的芝诺悖论。芝诺悖论之一是说运动不可能，他的论证是：如果运动是可能的，就意味着你要在有限的时间内跑完一段路程，而要跑完这段路程，你必须先跑完它的一半；而要跑完这一半，你必须先跑完一半的一半，即四分之一；而要跑完这四分之一，你必须先跑完八分之一……依此类推，以至无穷，而要在有限的时间内穿越无穷个间隔是不可能的。因此，运动是不可能的。

芝诺另一个更有名的悖论是阿基里斯赶不上乌龟。阿基里斯是希腊神话中的英雄、赛跑能手，芝诺假定他和乌龟赛跑，而且乌龟先跑，待乌龟跑出一段距离后阿基里斯再追。芝诺的结论是这种情况下阿基里斯永远追不上乌龟，其理由是阿基里斯追上这一段距离需要一定的时间，而在这段时间内乌龟又向前移动了一小段距离，阿基里斯需要再跑完这新的一段才行，而这时乌龟又向前移动了。依此类推，这是一个无穷系列，而无穷是不能实现的，因此，阿基里斯不可能赶上乌龟。

芝诺悖论似是而非：经验告诉人们，运动是客观存在的；直觉也告诉人们，阿基里斯赶上乌龟不费吹灰之力。但芝诺的论证又无懈可击，那么，问题出在什么地方呢？人们发现，芝诺所有的悖论都是建立在空间和时间可以无限分割这一假说基础之上的，如果抛弃了这一可分性，芝诺悖论将不再成立。因此，从思想发展的逻辑来看，原子论者就是通过赋予构成物质的原子以不可分性来否定芝诺悖论的。大概在他们看来，承认原子不可分，虽然在逻辑上有漏洞，但也比承认芝诺悖论好。另外，泰勒斯对万物本原的探讨只是有可能启发人们想到感官的不可靠,而芝诺的论证则明确指出了感官的不可信,这有助于原子论者到感官所不能察觉的东西中去寻找物质本原,原子就是这样被找到的。所以,原子论的产生有其哲学基础。

原子论体现的是一种机械论哲学。根据原子论者的观点,单个原子是永恒不变的,通过原子的各种运动和排列,形成了丰富多彩的世界。整个世界就像一架大机器一样,这个机器的运转是原子按其本性运动的必然结果,这中间没有神的作用,没有精神的力量,也没有偶然性,一切都按铁的必然性进行。这种机械论哲学 17 世纪以后在科学界找到了知音。物理学家们把物质分析为质点,用数学来描述它们的相互作用和运动,预测它们未来的运动状态,这使人们认为整个世界本质上就是如此。20 世纪以来,机械论哲学已经成为历史,但在科学发展的过程中,机械论哲学的阶段是不可逾越的。也正因为如此,在古希腊诸多哲学流派中,原子论哲学特别受到了科学史家的青睐。

德谟克利特的原子论 100 多年后在伊壁鸠鲁那里找到了知音,伊壁鸠鲁在雅典讲授原子论,把原子论作为他整个伦理、心理和物理哲学的一部分。又过了 200 多年,罗马诗人卢克莱修在其不朽的诗篇《物性论》中重提原子论,并把原子论推到了极端。卢克莱修认为甚至像思想、灵魂这类非物质的东西也是由原子组成的,只是这些原子比构成物质性的东西的原子更细微些而已。他详细记述了伊壁鸠鲁学派的观点,正是通过他的记述,我们今天尚能了解希腊哲人对原子论的描述。

在古希腊哲学流派中,原子论虽然最接近近代科学的认识,但希腊的哲学家们赞成原子论的并不多。著名的哲学家柏拉图和他的学生亚里士多德都不赞成原子论,他们赞成的,都是恩培多克勒的四元素说,不过他们对四元素说作了各自的发展。

柏拉图受到毕达哥拉斯学派的影响,对四元素说作了改造。他把它们还原成三角形。一个三角形当然是平面的,但几个三角形适当地组合起来,就成了三维粒子,这种三维粒子每个不同的形状对应一种元素,再由这些元素组成万物。"在柏拉图的时代,人们已经知道,存在而且只存在五种几何正多面体(就是由完全相同的平面组成的对称几何体),它们是:四面体(四个等边三角形)、立方体(六个正方形)、八面体(八个等边三角形)、十二面体(十二个等边五边形)和二十面体(二十个等边三角形)。柏拉图将每种元素与这些图形中的一种联系起来——火与四面体(最小、最锐利和最易变动的正多面体)，气与八面体，水与二十面体，土与最稳定的正多面体，即立方体。最后，柏拉图把十二面体(最接近球体的正多面体)等同于整个宇宙。"①

柏拉图对希腊科学发展的影响主要不在于此。他的兴趣主要在道德哲学，也就是伦理学上。他轻视自然哲学，把自然哲学看成是低级的、没有研究价值的学问。他还在雅典创立了柏拉图学园，用来传授他的主张。柏拉图学园存在了9个多世纪，直到公元529年，东罗马皇帝查士丁尼下令将其关闭才告结束。即使在学园关闭以后，柏拉图哲学仍然对整个中世纪早期的基督教思想具有强烈的影响。鉴于柏拉图哲学不利于科学的发展，希腊科学的衰落，与思想层面上柏拉图哲学的长期影响不无关系。

柏拉图对恩培多克勒的四元素说从形状上作了改造，而其弟子亚里士多德则另辟蹊径，从性质上对之加以创新。亚里士多德和柏拉图一样，都认为四元素说中的四元素可以还原为比它们更为根本的东西。柏拉图把它们还原成了三角形，而亚里士多德则把它们还原成人们对客观世界可以感觉到的那些性质。他认为在这些性质中有两对是起决定性作用的——热和冷、干和湿，它们有四种结合方式，每一种产生出一种元素。亚里士多德认为，在这四种性质中，没有任何力量能够阻止它们被其对立面所取代。例如，如果水被加热，水中的冷就被热所取代，而热和湿的结合就使水变成了气。亚里士多德还认为，他的四元素说中的四元素不能简单地理解成这些名称所代表的那些经验物质，例如土不仅仅指我们脚下的大地，它也可以泛指各种固体。经过这些界定之后，亚里士多德可以轻而易举地解释同一种物质状态的变化以及不同物质相互之间的转

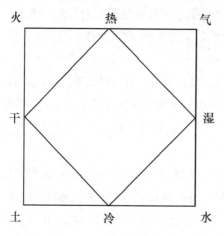

图1.1　亚里士多德的四元素说示意图

---

①〔美〕戴维·林德伯格：《西方科学的起源》，王珺等译，中国对外翻译出版公司，2001年，第44页。

化。他还认为四元素说只适用于地球本身,而天体则是由第五元素"以太"组成的。这种天地有别的观念在思想界统治了人们一千多年。

亚里士多德是古代知识的集大成者,在文艺复兴之前,没有人像他一样对知识有那样系统的考察和掌握。从13世纪以后,在欧洲基督教世界里,亚里士多德在哲学方面取代了柏拉图,他关于万物本原的四元素说,也顺理成章成了这方面的权威学说。一直到了17世纪,波义耳的元素说问世,四元素说才退出历史舞台。到了19世纪初,英国化学家道尔顿提出了科学的原子论学说,古老的原子论学说得到了脱胎换骨的新生,至此,人们对万物本原的探讨才真正融入到了近代科学的洪流之中。

三 亚里士多德和他的工作

亚里士多德(前384—前322)不但在万物本原的理论方面影响了后人一千多年,而且在很长一段历史时期内,他的所有论点几乎都被认为是神圣的,以至于有科学史家认为,16、17世纪发生的科学革命,几乎是以逐条驳倒亚里士多德在物理学等方面的理论为起点的。在历史上,没有任何一个希腊哲学流派像亚里士多德学派那样长期有力地影响了人们的思想。

那么,亚里士多德究竟是一个什么样的历史人物呢?

亚里士多德出生于公元前384年。他的家乡在希腊北部的斯泰吉拉,是希腊的殖民地。他的家庭与马其顿国王关系密切,他父亲曾任马其顿国王阿名塔斯二世的宫廷侍医。不过,亚里士多德自幼就失去双亲,由他家的友人抚养长大。

公元前367年,亚里士多德被他的监护人送到雅典求学。在雅典,他进入著名哲学家柏拉图创办的学园,在那里先是求学,后当教师,度过了二十年的时光。柏拉图是雅典贵族,原名亚里斯多柯斯,因其肩膀宽大,在就学期间,人们给他起了个绰号"柏拉图"(意为宽广)。从此,这个绰号就代替了他的真名而广为人知。柏拉图早年有在政治上发展的雄心,他参加过伯罗奔尼撒战争,表现得十分勇敢。他是苏格拉底的学生,也是其忠实的追随者,公元前339年,雅典的民主派处死了苏格拉底,这对他是个很大的打击。从此,他放弃了从政的愿望,开始了自己的治学生涯。在漫长的后半生,他致力于哲学,柏拉图学园的创办,就是他为实现自己的治学理想而采取的一个重要措施。柏拉图是苏格拉底的学生,现在,亚里士多德又成了柏拉图的学生,希腊三位伟大的哲学家就这样建立起了自己的师承关系。

亚里士多德进入柏拉图学园之后,学习勤奋、表现出色,成为柏拉图学生中最有声望的一个。柏拉图称他为"学园之灵",对他十分器重。但是,亚里士多德并不唯师命是从,在学园期间,他在思想上渐渐与柏拉图有了分歧,最后创立了与柏拉图完全不同的哲学体系。对此,他给我们留下了一句名言:"吾爱我师,吾更爱真理。"

公元前347年,柏拉图与世长辞,也许是看到了亚里士多德与自己思想体系不同,因此他没有选择亚里士多德,而是指定自己的侄子作为学园事业的继承人。亚里士多德与柏拉图的侄子也有分歧,因此柏拉图去世后的第二年,亚里士多德就离开了学园,并声称离开学园的理由是因为不同意学园日益强调数学和理论而削弱自然哲学的做法。另一个可能的原因是,马其顿国王阿名塔斯二世的儿子腓力几年前已经成功地继承了王位,随着马其顿的崛起,雅典和马其顿关系日趋紧张,他在位于雅典的柏拉图学园中,难免会被人们视为亲马其顿派而处境艰难。在这种情况下,他离开学园无疑是明智之举。

离开雅典之后,亚里士多德来到亚洲密细亚的阿索斯城,建立学园,开展教学和研究工作。后来波斯帝国攻陷了该城,亚里士多德逃到累斯博岛的米提利尼城,在那里继续进行自己的研究。公元前343年,他接受马其顿国王腓力二世的邀请,担任太子亚历山大的老师。这一年,亚历山大13岁,亚里士多德42岁。

公元前338年,马其顿打败了雅典、底比斯等国军队组成的反马其顿联军,称霸希腊,腓力二世开始掌握全希腊的军政大权。公元前336年,腓力被刺身亡,年仅20岁的亚历山大即位为王。亚历山大政务繁忙,憧憬着率希腊联军打败波斯,因而对学习没有进一步的要求。于是,亚里士多德在得到亚历山大和各级马其顿官僚大量资助的情况下,重返雅典,在雅典的阿波罗吕克昂神庙附近创建了吕克昂学园,作为自己的讲学场所。他的吕克昂学园规模庞大,学园里有当时第一流的图书馆和动植物园等,还有占地广大的运动场。他在这里创立了自己的学派,这个学派的老师和学生常常在学园里一边漫步一边讨论问题,所以,人们有时候称他们为"逍遥学派",称其学园为"逍遥学园"。

公元前 323 年，亚历山大在巴比伦去世，消息传到雅典，那里立刻掀起了反马其顿的运动。亚里士多德曾当过亚历山大的老师，这股反马其顿的浪潮难免也要波及他。果然，雅典人对他提出了"不敬神"的控告，当年苏格拉底就是因为"不敬神"罪而被判处死刑的。亚里士多德不愿意重蹈苏格拉底的覆辙，他设法离开了雅典，到他母亲的家乡隐居。第二年，他就去世了，终年 63 岁。

亚里士多德一生写了大量的著作，据说有 150 多部。这些著作篇幅浩瀚，就其涉及范围之广、内容之深而言，实非一人之力所能完成，他的助手在其中也一定发挥了重要作用。但无论如何，这些著作表现的是亚里士多德的思想体系，这是没有疑义的。亚里士多德的著作有 30 多部流传了下来，透过这些著作，我们可以看到，亚里士多德对他那个时代的主要哲学问题作了全面、系统的论述，构建了一个规模庞大的哲学体系。在这里我们无法对亚里士多德哲学的全部内容一一考察，只能对他有关科学方面的工作作些介绍。

亚里士多德涉及科学方面的工作主要表现在三个方面：自然哲学、逻辑学以及系统的经验考察。在他留下的诸多著作中，《物理学》《论天》《气象学》《论生灭》《论灵魂》等主要涉及自然哲学问题；《范畴》《解释》《前分析》《后分析》《论辩》《智者的辩驳》（这些著作被后来的注释者汇编成书，总称为《工具论》）等涉及逻辑问题；而《动物志》则是其进行经验考察的代表作。

在对自然哲学的探索方面，亚里士多德探讨了事物存在与变化的原因。他认为，一切事物的存在与变化，其最初的原因共有四种：质料因、形式因、动力因和目的因。以一栋房子为例，砖瓦木石是构成房子的质料因，没有这些建筑材料，当然就不会有房子。但砖瓦木石的任意堆砌形不成房子，所以还需要有形式因。在这里，形式因是决定某一事物之所以是该事物的原因，因此它反映的是事物的本质、事物的定义，而不是它的具体形式。有了质料因和形式因，没有一定的外力仍然不行，所以还需要有动力因。要盖成一栋房子，总是为了某种需要，因此目的因也是必不可少的。在四因中，形式因和目的因最为重要，形式因是前提，目的因是根本：没有形式只有质料，则某物只具有了潜在的可能性而不能成为某物，因此形式因是使质料变成现实的前提；同时，如果没有目的，则不可能产生出动力去使质料具备相应的形式,所以目的因是根本。

亚里士多德的"四因说"从因果关系角度出发,探索事物的存在与变化,这对于鼓励人们探讨事物本原、追究事物本质是有益的。亚里士多德本人也运用这一学说,对多种自然现象作了解释。他的解释充满了目的论的意味,例如,燕子做窝是为了栖息育雏、蜘蛛结网是为了捕虫果腹,都是有目的的,植物长叶子是为了遮护果实,也是有目的的。这种模式可以推广到天地宇宙间的一切。在对宇宙结构的认识上,他认为大地是球形的,位于宇宙中心,地球和天体由不同的物质组成,地球上的物体是由水气火土四种元素组成,而其他天体则由第五种元素"以太"组成。所有的物体都具有某种天赋的目的或"自然本性":以太的本性是做圆周运动,因此由以太组成的天体永远围绕地球这一宇宙中心做匀速圆周运动;组成地上物体的四种基本元素则具有"趋向于自己特有的空间"、寻找自己"天然处所"并停留在那里的本性,正是这种本性导致了重者向下、轻者向上的"天然运动"。

具体来讲,地球上的四种元素各有其归宿,土居于中心,水在其上,空气又在水之上,而火则在最高处。一旦这些元素由于各种原因偏离了它们的归宿,它们就会努力地要达到其归宿,这种努力的体现就是其"天然运动"。所以,主要由土构成的物体,例如岩石,如果被带到了空中,一旦失去支撑就会落下,而水中的气泡则会上浮,火气要上扬,雨点则下落,这些都是其"天然运动"的表现。重量不同的物体其"天然处所"也不同,重量越大,其"天然处所"越靠下,也就越急于找到其归宿,所以越重的物体,它奔向其"天然处所"的速度也就越快。通过这样的推理,亚里士多德自然就得出了物体越重,其下落速度就越快的结论。一直到 17 世纪,他的这一结论才被伽利略推翻。

亚里士多德的思想体系与原子论是不相容的。在原子论者看来,原子在虚空中运动,没有任何目的性,而亚里士多德的世界则是一个有目的的世界,在他的世界中,事物向着由其本性所决定了的目标发展。他反对虚空的存在,依他的看法,重物下落、轻物上升都是为了实现其自然状态,这意味着空间有上有下,是有差别的,而"虚空是没有差异的","虚空里没有这样的地方:事物倾向于往这里运动而不倾向于往那里运动",因此,虚空是不存在的。虚空不存在,原子就没有容身之地,所以他坚决反对原子论。也正因为他的反对,在整个古代和中古代,原子论的见解一直都抬不起头来。

亚里士多德用目的论来解释自然,当然有其成功之处,但就本质而言,他的这种做法是不可取的,因为他实际上是用目的论掩盖了对客观规律的探求。他本来的意图是要去解决事物的"为什么"这一问题,但他的理论却阻塞了追溯这个"为什么"的道路。他的这一思想的形成,与其神学信仰有关,他坚信世界上的一切都是有目的的,"神和自然不做无益之事",因此,像植物乃至岩石、土块这些无生命、无意识的物体,它们的行为也表现出明确的目的性,这只能是出于神的安排。而科学的一个重要特征就是不承认超自然因素的存在,因此,如果一个理论最终把人导向了神的存在,那么这个理论对于科学的发展就本质而言一定是不利的。

相对于其物理学而言,亚里士多德在逻辑学方面的成就可谓彪炳史册。他是形式逻辑的创始人。在他的知识分类体系中,没有逻辑学的地位,因为他认为逻辑学不是知识本身,而是获取知识的工具、手段。从这一认识出发,他对形式逻辑进行了系统的研究,确定了形式逻辑的基本内容,使之成了一门学问。他认为,逻辑学的研究对象是语言,但它所注意的只是语言的形式而不是其内容;词是构成语言的最基本成分,每个词都是一种判定,他一共列举了10种判定方式,即10种范畴。他还对定义做了研究,讨论了下定义时可能出现的错误,提出了现在逻辑学教本中仍在使用的一些规则。他研究了推理,认为推论是通过前提做出必然结论的逻辑形式,并对三段论的推理形式作了阐释。他研究了关于思维规律的理论,形式逻辑的三大定律——同一律、矛盾律和排中律,就是他提出来的。在他的理论中,还有归纳和科学方法论等方面的内容。他的这些贡献,对科学的发展至关重要。爱因斯坦曾经说过,西方科学的发展是以两个伟大的成就为基础的,即希腊哲学家发明的形式逻辑体系,以及通过系统的实验发现有可能找出因果关系。在这里面,就有亚里士多德的一份贡献。

在具体的科学知识方面,亚里士多德最令人称道的工作是在生物学上。在其游学、讲学过程中,生物学问题是他关注的对象之一。他对生物学的主要贡献是在动物分类、解剖、胚胎发育等方面。他研究了小鸡胚胎的发育和复杂的牛胃,还断然提出没有动物既长角又长长牙、单蹄动物都不长角等。他调查了500多种动物,并对其中的近50种作了解剖研究。他在对动物作实际分类时,根据动物的外部形态、内部器官、栖居地、生活习性、生活方式等许多特点与差异来将其划分成群,描绘了一幅以人和哺乳动物为顶端,而低等植物在底层的生物阶梯略图。他的分类方法是合理的，其中一些实际分类与现代认识的符合达到了令人惊异的程度。

亚里士多德对海洋生物特别感兴趣，他对海豚作过细致的观察，发现海豚通过胎盘供给胎儿营养以使其生长，这与哺乳类动物相似，而与其他鱼类不同，所以他把海豚归入哺乳动物类而不是鱼类。他的这一观点两千年后才得到普遍承认。他还研究了鲨鱼，发现鲨鱼是胎生的，而不像其他鱼类那样要经过从卵到鱼的孵化，但鲨鱼却没有哺乳类的胎盘，所以仍然属于鱼类。

亚里士多德的生物学当然也有错误，例如他否认植物也分雌雄，认为心脏是生命的中枢、脑子是血液的冷却器官等。但这些错误相对于他的成就而言是微不足道的。他被公认为生物学的创始人。

亚里士多德是一位严密的观察家，但不是一位实验家。当时还没有真正的科学实验。他是以自己的直观加上推理来建立他的知识体系的。他是希腊科学的转折点；在他之前，学者们力图提出一个完整的世界体系来解释自然现象，而他是最后一个这么做的人；在他之后，科学家们开始放弃这种做法，转入对具体问题的研究，从而使科学走上了一条从简单到复杂、一步一步向前发展的道路。

从历史的角度来看，亚里士多德所构筑的知识体系在影响和范围上都令人无法抗拒，但在古代社会，他的影响却没有柏拉图大。罗马帝国失败后，他的大部分著作在欧洲都找不到了，但柏拉图的著作却基本都保留了下来。不过亚里士多德的著作被阿拉伯人得到了，并受到了他们的高度评价。后来，欧洲的基督教社会从阿拉伯人手中重新得到了他的著作，并将其译成拉丁文，他的学说中那种严密的逻辑、那种压倒一切的解释力，赢得了人们的尊敬，从此，他的观点具有了权威性，并逐渐被推崇到了神圣的地位，成了教条。到后来，甚至他的最不正确的说法，人们也很乐意接受。这种把理性思维的成果教条化的做法，无疑成了一场灾难，以至于16、17世纪发生科学革命时，亚里士多德的学说很大程度上成了革命的对象。出现这种局面，当然不能归咎于他。亚里士多德是人类历史上一位不朽的伟大学者，这是没有疑义的。

四　希腊的数理科学

古希腊人不但创造了灿烂的艺术和哲学,也给后人留下了值得称道的具体的科学。这首先表现在希腊的数学上。

希腊数学的成就主要表现在几何学上。人们研究数学,可以从数与数的关系角度出发,探讨事物数量间的关系,沿这条道路发展下去,由最初的算术逐渐发展成了初等数学的一个重要分支——代数;也可以从事物形体关系的角度出发,探讨各种形体变化所遵循的规律,所形成的是初等数学的另一重要分支——几何学。中国古代数学以计算见长,在代数领域成果突出;古希腊数学则着重于形体关系研究,在几何学领域取得了令人钦敬的成就。

希腊数学之所以在几何学领域高奏凯歌,有其特定的历史原因。一开始,希腊人也关注对数的研究,著名的毕达哥拉斯学派在这个领域的工作就引人注目。毕达哥拉斯大约出生于公元前 560 年,活了六十来岁。他年轻时曾向泰勒斯求教,后又跟从泰勒斯的学生阿那克西曼德就学,并曾长期游学于埃及,在埃及学习了数学和宗教。从埃及回来以后,移居到意大利南部的克罗托内,在那里收徒讲学,逐渐组织起了自己的学派。

毕达哥拉斯学派有一个很有名的主张:数是万物之原。毕达哥拉斯在研究乐器时发现,琴弦发出音调的高低只跟琴弦的长度有关,如果一根琴弦的长度是另一根的 2 倍,那么它所发出的声音恰恰要比另一根发出的低八度。他通过反复实验,发现了琴弦的张力和长度与其所发音调的关系。这些发现有可能启发他想到,既然琴弦的音调与其物质成分无关,而是只决定于其包含的数量关系,那么,依此类推,万物之所以多种多样,也有可能是隐藏在其背后的数量关系在起作用。沿着这一思路进一步发展,就引发了他的数即万物思想的产生。

但是数为万物本原的思想很快就遇到了大麻烦,原因是这个学派在研究直角三角形时发现了毕达哥拉斯定理,即中国人所说的勾股定理,由勾股定理发现了 $\sqrt{2}$ 的存在,进一步的研究又确定了该数的无理性,即它不能归结为两个不可通约的整数之比。这就是说,2 的平方根是不能用整数表达出来的。这样一来，麻烦就大了，因为数是万物本原，类似于原子论中的原子，所以任何数都应该可以归结为整数与整数之比，但是现在既然像这样一个看上去很简单的数都不能用整数表达出来，宇宙万物又怎么可能是由数组成的呢？据说为了避免万物为数的学说因此而崩溃，毕达哥拉斯的门徒们曾起誓要对此类无理数的发现保密，并为此处死了他们中一个对此问题到处喋喋不休的伙伴。

纸包不住火，天机最终还是泄漏了出去。无理数的发现使希腊人意识到，数（在希腊人看来，指正整数）不适于代表客观实在。既然数不代表客观实在，是虚无缥缈的，那么，还是研究物体的形体关系更踏实一些。也许正是由于这样的心理因素，无形中促进了希腊几何学的发展。

古希腊几何学成就的集大成者是欧几里得。对于今天的人们来说，欧几里得的生平是个难解的秘密，没有人知道的他的生死年月和诞生地，只知道他在埃及的马其顿统治者托勒密一世执政期间（前305—前285年），在其都城亚历山大里亚工作过，并且知道托勒密国王曾向他询问能否将几何证明法变得容易一些，以便学习，而他却以令国王十分失望的方式斩钉截铁地说："学习几何无捷径！"

尽管我们对欧几里得的生平知之甚少，但对他的名字却耳熟能详，原因就在于他写了一本不朽的几何学著作——《几何原本》。此书是真正不朽的，时至今日，历经两千多年，它的基本内容仍然是学生修习初等几何时的必学内容。写出这样的著作的学者，他的名字没有理由不被人们所知晓并记住。

《几何原本》的不朽不仅在于它的内容，更在于它是公理化体系的典范。所谓公理化，是人们发现新的科学知识的一种方法。人们要发现新的科学知识，有多种多样的途径，其中比较常见的一是归纳法，一是演绎法。归纳法通过总结大量的观察经验，将其升华为科学知识。这种方法因其与生俱来的不确定性而不受希腊人器重。希腊人更偏爱演绎法，即由确定的前提出发，经过严密的逻辑推理证明，得出新的结论。希腊人确认，在用演绎法获得新的知识的时候，只要前提是正确的，证明过程是严密的，结论就一定是正确的。演绎法需要有前提，这样的前提可以用归纳法得到的结论来充任，但希腊人认为那不太保险，因为没有人能保证归纳法得出的结论必然是正确的；另一种方法就是用定义和公认的不证自明的知识要点作为演绎的前提,这些知识要点被称为公设或公理,在此基础上用逻辑证明的方法推导出新的知识,这就构成了公理化体系。所以,公理化体系是演绎法的杰作。

具体说来,《几何原本》中的公理化体系是这样的:首先,欧几里得给出了几何证明所需用的一系列定义和概念,比如点、线、直线、面、平面、平角、直角、锐角、钝角、平行线、各种平面图形等;然后,他提出了五个公设(公设是指适用于几何学的不证自明的知识):(1)过不同的两点可连一条直线;(2)直线可向两端无限延伸;(3)以任意一点为中心和任一线段之长为半径可作一圆;(4)所有的直角均相等;(5)若一直线与两直线相交,且若同侧所交两内角之和小于两直角,则两直线无限延长后必相交于该侧的一点。接着,他又提出了五个公理(公理是适用于一切科学的真理):(1)跟一件东西相等的一些东西,它们彼此也是相等的;(2)等量加等量,总量仍相等;(3)等量减等量,余量仍相等;(4)彼此重合的东西是相等的;(5)整体大于部分。

在给出了这些定义、概念、公设、公理的基础上,欧几里得一条一条地证明了《几何原本》中列出的 467 个命题。他的证明条理清晰、逻辑严谨。在所有被证明出来的几何定理中,没有一个不是从已有的定义、公设、公理和先前已经被证明了的定理中推导出来的。需要说明的是,《几何原本》中的这些定理,大部分都是前人已有的发现,欧几里得所做的主要工作是利用了泰勒斯时代以来积累的数学知识,从精心选择的少数公设、公理出发,由简到繁地推演出整个理论体系,构建起了初等几何学大厦。欧几里得这种证明方式给后人以很大的影响,以至于在近两千年的时间里,它成为科学证明的标准。尤其是在数学领域,这种现象表现得特别明显。

欧几里得给出的公设、公理的正确性如此之明显,而他的证明过程又非常严谨,以至多少个世纪以来,人们一直认为欧氏几何是绝对正确的。只是到了 19 世纪,人们才意识到,所谓的公设、公理,只是大家一致同意的陈述,未必是绝对真理。在这种情况下,人们对他的第五公设作了大胆的改变,改变的结果,最终促成了几何学的一场革命——非欧几何的诞生。

欧几里得的证明方式不但对数学发展影响巨大,对别的学科例如物理学也有影响。

在希腊物理学发展历程中,最值得一提的人物是阿基米德。阿基米德大约公元前 287 年出生于西西里岛的叙拉古,公元前 212 年卒于同一城市。他是古代最伟大的科学家,据说科学史上只有牛顿才能同他相提并论。阿基米德对希腊科学的发展贡献甚多,限于篇幅,我们只能在物理学方面择要叙说其二。

一是他对希罗王说过的一句名言:"只要给我一个稳固的支点,我就能移动地球。"据说希罗王对他的这句话大感惊讶,要他试作演习,移动某一件大得惊人的东西,于是他设计了一个滑轮组,很轻松地就把一艘满载货物的船从港口拉到了岸上。实际上,阿基米德的这句话,反映了他在成功地证明了杠杆原理之后的某种自豪心情。而他对杠杆原理的证明,是公理化方法在物理学领域的成功应用。

杠杆原理是力学中的一条基本原理,其具体内容凡是学习过初中物理的都知道。除了希腊人以外,世界上别的民族也有独立发现杠杆原理的,比如中国人。但中国人发现杠杆原理依据的是归纳法,是通过对大量实践经验的总结而得出的,但阿基米德却是在斯特拉托工作的基础上,用公理化方法证明出来的,这在科学史上是前无古人的。

应用公理化方法进行证明,首先要给出人们公认的不证自明的公理,以之作为证明的前提。对于杠杆平衡这一情况,阿基米德首先将其还原为几何学问题,即只考虑物体的重量,不考虑杠杆的材料、形状、变形等问题。杠杆被设想成一个线段,重物作用于线上的一点且垂直于它,不计支点与杠杆间的摩擦等。这实际上是后世物理学发展常用的建立理想化模型的方法。在建立了杠杆平衡的理想化模型之后,阿基米德给出的公理是:

① 若等重物体距支点距离相等,则杠杆平衡。即在图 1.2(a)中,若 $W = W', L = L'$,则杠杆平衡。

② 杠杆臂上任何一点的重物,都可用两个分别位于支点与该点和支点距离 2 倍处的点上、重量等于原物一半的重物来代替,如图 1.2(b)、(c)。这两个公理是建立直观基础之上的。在最简单的情况下,可以直接推出其所遵循的物理原理,即杠杆原理。证明过程如下:

设在图 1.2(b)情况下杠杆平衡,则依据公理②,在图 1.2(c)的情况下杠杆依然平衡。再依据公理①的规定,可得:

$$W_1/2 = W_2, 2L_1 = L_2$$

将两等式相乘,得到:

$$W_1/2 \times 2L_1 = W_2 \times L_2, 即 W_1 \times L_1 = W_2 \times L_2$$

此即在图示情况下的杠杆原理。

杠杆原理在物理学发展过程中，发挥过重要作用。阿基米德将公理化方法应用在对杠杆原理的证明中，使得物理学一开始就具有了注重严谨的逻辑推理、注重理想化模型的传统，这对物理学的发展是非常有利的。

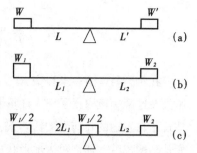

图 1.2

阿基米德在物理学方面的另一值得一提的贡献是对阿基米德原理亦即浮力原理的发现。事情起源于对希罗王王冠的鉴定。传说希罗王命令工匠为其制作了一顶精致的纯金王冠，但王冠制成以后，国王怀疑工匠在王冠中掺了银，于是让阿基米德对王冠进行鉴定。如何在不损坏王冠的前提下鉴定出王冠是否由纯金制成，这令阿基米德一筹莫展。一段时间以来，这件事成了他念念不忘的一个难题。直到有一天，他在洗澡时，发现水从澡盆里溢了出来，猛然醒悟到物体浸入水中时，排开的水的体积等同于其浸入水中的体积，由此找到了测量王冠体积的方法：只要把王冠浸入水中，测量其排开的水的体积，就知道了王冠的体积。鉴于在同样重量的情况下，纯金的体积比银小，用这种方法很快就能鉴定出国王的王冠是否被掺了假。

阿基米德与希罗王王冠的故事脍炙人口，在大量有关阿基米德的书籍中皆能看到。一般的说法是阿基米德通过澡盆的溢水感悟到了浮力原理，由此鉴定了国王王冠的真伪。这种说法不够严谨。因为阿基米德首先悟到的是物体浸入液体中的体积等同于其排开液体的体积，而这并非浮力原理。浮力原理说的是物体浸入液体后受到的浮力等同于其排开液体的重量。重量与体积，是两个完全不同的概念。阿基米德应该是在鉴定了国王的王冠之后，由自己的发现出发，进一步探讨物体所受浮力大小的决定性因素。浮力原理是阿基米德发现的，但该原理的发现不是他在澡盆中的顿悟，而应该是他在大量实验基础上总结出来的。

物理学的发展在方法上有两个基石，一是逻辑推理，一是实验。阿基米德在自己的工作中成功地应用了这两种方法。他能够成为物理学的先驱，不是偶然的。

需要说明的是，尽管阿基米德对物理学的发展作出了巨大贡献，但他本人却对几何学更感兴趣。他对数学的贡献并不亚于他对物理学的贡献。

五　希腊的天文测量

在希腊科学诸多学科中,天文学也许是最值得一提的一门学科。古希腊人在这个领域取得了引人注目的巨大进展,特别是其中的天文测量,充分体现了在发达的几何学的影响下,希腊人在对一些基本天文数据的获取上所达到的成就。他们对大地形状的认识,也成为希腊人留给后人的一份珍贵的科学遗产。

让我们先从古希腊人对大地形状的认识谈起。希腊人很早就认识到,我们脚下的大地不是平的,而是一个圆球。一开始,他们是出于某种哲学信仰而提出地球学说的,例如毕达哥拉斯学派就认为,因为球形是一切几何立体中最完善的,所以大地、天体和整个宇宙都是球形的。亚里士多德则从他的运动学理论出发,论证大地只能是球形的。根据他的四元素学说,土在宇宙中心聚结成大地。既然土元素的本然运动是移向宇宙中心,那么土必然要围绕宇宙中心对称地排列,这种对称排列的结果只能是地球。

但希腊人并未满足于从哲学角度出发所作的论证,亚里士多德本人就强调要注意观测证据,他们也确实找到了一些关键的观测证据,从而有力地支持了自己的大地为球形的信念。这些观测证据大致包括:

（1）帆船出海航行时,随着船的渐行渐远,岸上的人们所看到的现象是船体渐渐消失在水中,而桅杆还显露在水面上。船返航时情况则相反,是桅杆先冒出水面,然后船体渐渐从水中显露出来。

（2）人们在地表面沿南北方向远距离移动时,会发现北极星的高度在变化:向北移动时北极星升高,向南移动时降低。

（3）人们在地表面沿南北方向远距离移动时,会发现天上星星的分布发生变化:向南移动时,南天球原来看不到的星星会逐渐从地平线之下升起,而北天球原来看得见的星星则会逐渐消失在地平线下;向北移动时的情况则相反。

（4）月食时,投影在月表面上的阴影的边缘总是圆弧状的。

在这些观测证据中,第一条的前提是承认水是地的一部分,然后得出结论说水的表面是弯曲的,从而证明地的表面也是弯曲的,地的整体是球形的。第二条也是有前提的,它要求人们承认北极星离开地球的距离远远大于地球本身的尺度。在当时的历史背景下,希腊人能够具备这样的认识,确实令人钦敬。而他们从观测证据出发对地球学说的论证,也使得地球学说有了坚实的立足基础。大地为球形的思想,成为希腊学界的主流认识,也为后世的欧洲人所继承。曾有说法提到中世纪的人们认为大地是一块平板,并不符合历史的真实。

希腊人不但认识到地是一个圆球,他们还具体测量了这个球的大小。

在古希腊,不止一位学者对地球的大小作了测量,其中最有名的是埃拉托色尼(Eratosthenes,约前276—约前196),他在人类历史上首次测量了地球的周长。

埃拉托色尼是阿基米德的朋友,青年时代曾在雅典的柏拉图学园学习过,后来受到埃及托勒密王朝的器重,出任亚历山大图书馆的馆长,同时还当了托勒密国王儿子的家庭教师。他的一生成就非凡,其中最有名的就是对地球周长的测量。他知道在夏至时,在埃及南部的塞依尼,太阳光可以直射当地水井的井底,这意味着太阳位于当地的天顶,太阳光是垂直于当地地球表面的。在同一天的中午,他测量了亚历山大城太阳光投射到一个垂直于地面的杆子时造成的影子的长度,由此推算出太阳光偏离当地垂线的角度为7°。显然,这个度数就是由塞依尼到亚历山大城也就是图1.3中SA弧这段弧长所对应的圆心角SOA的大小。埃拉托色尼又根据当时商人往返两地的速度和时间推算出亚历山大城在塞依尼北边5000希腊里,这样他很快就得到结论说地球的周长是25万多希腊里。希腊里与今天的长度单位的换算办法我们还不太清楚,有一种说法认为1希腊里大约折合0.1英里。按照这种换算关系,埃拉托色尼的结果就相当准确,他算出的地球直径与地球实际直径只相差约50英里,也就是80多公里。

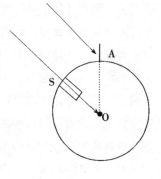

图1.3

在埃拉托色尼之前,古希腊另一位著名的天文学家阿利斯塔克(Aristarchus,约前310—约前230)已经成功地设计出了测算日地、月地相对距离和日月相对大小的方法。阿利斯塔克的方法是这样的:日、月、地三者之间的方位在不断变化,因而月相也随之变化。当月相变成半弦月时,这就

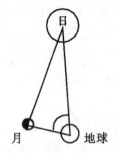

图 1.4

意味着日月、月地连线成直角,这时日月地三者就构成了一个直角三角形,如图 1.4 所示。这时只要测出月地、日地连线之间的夹角,根据直角三角形的性质,就可以推算出日地、月地之间的相对距离。阿利斯塔克用他自己找到的这种方法作了实测,测算出日地之间的距离大概是月地距离的 20 倍。

阿利斯塔克所用的方法是巧妙而科学的,但他所得结果却有很大误差,日地与月地之间距离的正确比值大约是 400:1。之所以如此,是因为他的方法有两处内在不足:一是通过观察很难准确判断月相是否半弦月,这就容易带来误差;另一是在半弦月时日地、月地连线间的夹角接近 90°,根据余弦函数的性质,这时该角度的任何微小出入都会造成日地、月地距离之比出现巨大的变化。正因为如此,阿利斯塔克测得的该角为 87°,而其实际值应该是 89°52′,角度误差虽然还不到 3°,但二者之比的误差却高得惊人。

阿利斯塔克还通过观察月食时投影到月球上的地球影子的大小,推算出月亮的直径大约是地球直径的三分之一。因为太阳的视直径与月亮的视直径是一样的,他又知道日地距离是月地距离的 20 倍,那么太阳的直径就应该是月亮直径的 20 倍,是地球直径的 7 倍左右。

阿利斯塔克所得的数据都是跟日、月、地相关的宇宙常数的相对值,而且不够准确,但他所采用的方法却是正确的。考虑到比他稍晚些的埃拉托色尼测出了地球的绝对大小,那么月球的实际大小、太阳的实际大小,乃至日地、月地之间的绝对距离,就都能够顺理成章地计算出来了。也就是说,古希腊人在当时简陋的条件下,已经能够测量这些宇宙常数的绝对数值了。这些成就的取得,确实令人惊叹!

希腊天文学还有一个方面对后世影响巨大,那就是其宇宙结构理论。对此,我们将在第六讲"近代科学革命之天文学革命"中加以叙述。

思考题

1. 希腊科学的产生背景是什么?

2. 古希腊人是如何探讨万物本原问题的?

3. 古希腊原子论是一种不彻底的理论,在高度追求理论严谨性的古希腊,为什么会产生这种理论？

4. 亚里士多德是如何解释事物的发展变化的？他怎么解释物体的运动？

5. 古希腊在数理科学方面有什么样的代表性成就？

6. 古希腊人是如何测量跟日、月、地有关的宇宙常数的？

阅读书目

1. 〔英〕W. C. 丹皮尔：《科学史及其与哲学和宗教的关系》，李珩译，商务印书馆，1995 年。

2. 〔英〕斯蒂芬·F. 梅森：《自然科学史》，上海外国自然科学哲学著作编译组译，上海译文出版社，1980 年。

3. 〔美〕I. 阿西莫夫：《古今科技名人辞典》，卞毓麟等译，科学出版社，1988 年。

4. 〔美〕戴维·林德伯格：《西方科学的起源》，王珺等译，中国对外翻译出版公司，2001 年。

5. 吴国盛：《科学的历程》，湖南科学技术出版社，1997 年。

第二讲

古代中国人的自然观

在人类社会发展过程中，先后出现了几个著名的古代文明，它们是现代文明的先驱。而这些曾经让人们无限憧憬的古代文明，时至今日，或者曾经发生断裂，或者已经湮没，踪迹难寻，唯独中华文明，绵延五千年，从未断裂。这是人类文明史上的奇迹。有鉴于此，探究古代科技文明，不能不关注东方的中华文明。

要了解中国古代科技文明，首先应对中国古人的自然观有所了解。这里所说的自然观，是指古人对人与自然关系的认识、对宇宙起源演变的认识以及对时空问题的认识。

一　天人感应与天人相分

与世界上别的民族一样，中华民族在其早期也同样处于蒙昧状态，相信有超自然因素的存在，相信神灵掌控着人世的一切。中国最早的王朝是夏王朝，从现存的夏文化遗址中，我们可以找到足够的证据，证明当时的人们对于超自然因素的顶礼膜拜。对超自然因素的崇拜，一开始是在"万物有灵"信念的驱使下进行的，后来，随着思维的发展，人们又比照人类社会的组织形式，为神灵编排等级，认为宇宙间有一个至高无上的神，它统治着天上和人间的一切。这个至上神被称做"帝"或曰"上帝"①。夏王朝被商王朝所取代，在商王朝留下的材料中，已经出现了"帝""上帝"这样的名称。

---

① "上帝"成为基督教中至上神的中文名称，是 16 世纪的事情。当时传教士来到中国，向中国人介绍基督教教义时，借用了"上帝"这个名称，用来指代基督教的至上神。

商代的人认为"上帝"不但管理天上的事务,也管理人间的事务。商王是"受命于天"的人间的最高统治者,代替"上帝"管理人间,因此被称做"天子"。王与"上帝"联系的方式是占卜,占卜中所获卜辞就是"帝令",通过阅读卜辞来领悟和执行"帝令"。在商代留给我们的甲骨文中,记载了大量的这种卜辞。透过这些卜辞,我们可以了解商代人对天与人关系的认识。在商代人的心目中,上帝高高在上,它对人世间发号施令,管理万民,却不屑于听取民众的呼声。这样的天人关系是单向的。上帝决定人事,人的行为不能影响到上帝,上帝对人类所降下的奖赏或惩罚与人类自身的行为毫无关系。

商王朝是被周王朝取代的。在商王朝的后期,统治者纣自恃天命在身,肆行无忌、暴虐无度,引起民怨和诸侯国公愤,最终导致周武王率军讨伐。在牧野的关键一战中,武王的军队一举推翻商王朝,建立了新兴的周朝。

周朝的建立,周的统治者感受到的并不全是欣喜,他们面对商王朝一朝覆灭的现实产生了困惑:从当时的国家实力来看,商是大国,周是小邦;从当时的地理观念来说,商位于天下之中央,周偏处西隅;更重要的是,从人与天的关系来论,商"受命于天",商王是代天理民的,在这种情况下,周何以能推翻商、取代商? 难道天命还能转移吗? 这些理论问题如果不思考清楚,周王朝又如何能够确保自己的长治久安!

在武王伐纣的那场关键战役中,周朝统治者利用商朝士卒的临战倒戈取得了胜利,推翻了商。鉴于这一事实,周朝的理论家们意识到了民众力量的重要性。商朝士卒的倒戈,改变了天命,这表明天不是高高在上、与人世隔绝的,它会顺从民意,以民意为旨归。周公把这总结为"民之所欲,天必从之"[①]。也就是说,武王能够推翻商纣,是因为商纣的暴虐行为导致了民怨,上天顺应民意,将天命由商纣转移到了武王身上。所以,武王的行为是一场"革命",即对"天命"的变革。

周朝贵族对周之所以能够取代商这一理论问题的思考,导致了中国传统天命观的变革。这种变革的结果是导致了天人感应学说的诞生。天人感应学说认为,天具有赏善罚恶的功能,它与人有互动,通过观察人间君主执

---

① 《左传·襄公三十一年》。

政措施的优劣,对之进行相应的褒扬或惩罚。天对人间君主管理国家的措施不满意时,会通过一些特定的异常现象来告诫君主,比如日食、月食、飓风、地震等等。西汉的董仲舒对天人感应学说作过系统的阐释,他提出:

> 凡灾异之本,尽生于国家之失。国家之失乃始萌芽,而天出灾害以谴告之;谴告之,而不知变,乃见怪异以惊骇之;惊骇之,尚不知畏恐,其殃咎乃至。以此见天意之仁,而不欲陷人也。①

这是说,天意是仁慈的,当上天发现人世间的管理出现失误时,就会施放出一些自然灾害、异常天象等来提醒君主改正错误。因此,当这些现象出现时,君主必须反躬自省,认真检讨自己施政措施的不足,改弦更张。如果君主对上天的一再告诫置之不理,上天就会降下严厉的惩罚措施。当然,最厉害的惩罚措施就是转移"天命",更换代理人,改朝换代。

天人感应学说在春秋时期已经很流行。它成了知识界约束君主行为的一种思想武器,在这种武器的震慑下,君主很少敢于公然以"予命在天"作为饰非拒谏的借口而肆行无忌。相反,有些聪明的君主还以此为借口,塑造自己敬天爱民的形象。历史上,那位"三年不鸣,一鸣惊人"的"春秋五霸"之一的楚庄王就曾经作过此类表演。楚庄王当政期间,有几年风调雨顺,"天不见灾,地不见孽",这本来是值得庆幸的,他竟然为此跑去祈祷山川,说老天爷是否要抛弃自己了,否则为什么不降点儿灾害来提醒自己的过错呢? 楚庄王这么做,虽然不排除政治上作秀的嫌疑,但也的确反映了当时人们对天人关系的认识。

天人感应学说的核心思想是说天与人相通,天根据民意来治理人事。这种思想的发展就导致了天人合一学说的诞生。天人合一学说是对天人感应学说的具体化。董仲舒对天人合一学说有细致的说明:

> 受命之君,天意之所予也。故号为天子者,宜视天为父,事天以孝道也;号为诸侯者,宜谨视所候奉之天子也;号为大夫者,宜厚其忠信,敦其礼义,使善大于匹夫之义,足以化也;士者,事也,民者,瞑也;士不及化,可使守事从上而已。……是故事各顺于名,名各顺于天,天人之

---

① ［西汉］董仲舒:《春秋繁露·必仁且智》。

际,合而为一。①

这是说,天和人是相通的,因此人要顺应天意,谨守名分,不要做有违天意的事情。

对于"天人合一"的概念,现代人常常有所误解,以为古人说的"天人合一"就是要求人与自然和谐相处,这实在是大谬不然,是对古人学说的想当然理解。在古代社会,也有一些有见识的学者主张人要善待自然,据说周文王就曾教诲其儿子姬发说:

> 山林非时,不升斤斧,以成草木之长;川泽非时,不入网罟,以成鱼鳖之长。②

这是说要尊重自然规律,向自然界索取资源时,一定要有节制,要注意时令,让大自然有休养生息的机会,不能杀鸡取卵、竭泽而渔,对大自然肆意破坏。这种见解,无疑是非常可贵的,但这不是天人合一学说。天人合一学说没有那样的诗情画意,因为该学说所主张的"天"是有意志的,是人格化的。

在天人感应学说的驱使下,古代中国发生过许多令人意想不到的事情。按照天人感应学说的理念,自然灾害、异常天象是上天对人世君主的告诫,一旦出现了自然灾害、异常天象,就意味着人世间君主治国有误,君主就应当受到应有的惩戒。但君主贵为天子,不能直接接受惩戒,这就要求大臣代君受过。在中国历史上,这类例子一再发生,例如西汉的周勃,在汉高祖刘邦去世后,协助刘家后代平定吕氏叛乱,使汉王朝得以安定,立下了赫赫功绩,却因为日食,被汉文帝免除了丞相职务;汉成帝时,丞相翟方进因为关于火星的一则天象而饮鸩自尽;"史圣"司马迁的外孙杨恽恃才傲物,行为也不够检点,招致人们嫉恨,被汉宣帝以日食为由,将其腰斩于市。如此等等,不胜枚举。

天人感应学说虽然导致了一些骇人听闻的事情的发生,但另一方面,它也含有浓重的敬天保民的意识,含有一定的重人事的人本主义思想,不把人视为天的奴仆。虽然该学说所说的人,更多地是指人的群体,但它比之中世纪的欧洲把人视为上帝奴仆的思想,无疑更可取一些。

---

① [西汉]董仲舒:《春秋繁露·深察名号》。
② 《遗周书·文传解第二十五》。

因为异常自然现象的出现是天心、天意的表达，这就要求人们认真地观察这些自然现象，比如观察天象的变化，以准确领悟天意，这无形中促进了一些自然科学如天文学的发展。而科学的发展，最终必然导致天人感应学说的破产，这是可以想象出来的。

实际上，因为天人感应学说所表现出来的是一种错误的认识，即使在科学尚未得到长足发展之时，就已经有学者指出了该学说的荒谬，提出了自然灾害、异常天象的发生与人间政治无关的思想，这就是所谓的天人相分学说。对此，先秦思想家荀子所作的陈述最富代表性：

> 天行有常，不为尧存，不为桀亡。应之以治则吉，应之以乱则凶。强本而节用，则天不能贫；养备而动时，则天不能病；修道而不贰，则天不能祸。故水旱不能使之饥，寒暑不能使之疾，祅怪不能使之凶。本荒而用侈，则天不能使之富；养略而动罕，则天不能使之全；倍道而妄行，则天不能使之吉。故水旱未至而饥，寒暑未薄而疾，祅怪未至而凶——受时与治世同，而殃祸与治世异，不可以怨天，其道然也。故明于天人之分，则可谓至人矣。

荀子心目中的天，就是四季、风雨等自然现象。他认为，这些自然现象的出现与否与人世间的治乱毫无关系，不会因为统治者是桀纣这样的暴君就运行失常，也不会因为是在尧舜之时就没有自然灾害。天是天，人是人，阴阳变化、四季交替，这是天的本分；修身养性、治理国家，这是人的职责；二者互不相关。人要充分发挥自己的能动作用，办好自己的事情，不要祈求上天的恩赐。这种认识，比之天人感应学说，无疑更为清醒。

天人相分，说的是异常自然现象的出现与否与人间政治没有关系，并非说人与自然之间没有关系。人毕竟生活在自然之中，一定要与自然发生关系，那么，这种关系究竟是怎样的呢？唐代的刘禹锡提出了著名的"天人交相胜"学说。他指出：

> 大凡入形器者，皆有能有不能。天，有形之大者也；人，动物之尤者也。天之能，人固不能也；人之能，天亦有所不能也。故余曰：天与人交相胜耳。[1]

---

[1] ［唐］刘禹锡：《天论上》。

所谓天人交相胜,是说天在某些方面可以胜过人,人在某些方面又可以胜过天,天与人各有所能,各有所不能,二者可以互补。人在掌握了自然规律以后,可以运用自身的力量,对自然做出补益,兴利除弊,造福人类。

在对人与自然关系的认识上,人类社会走过了曲折的道路。在欧洲,从文艺复兴时期开始,人们提出了利用自然的口号。随着科学技术的进步,人类所拥有的力量急剧增加,人们又喊出"征服大自然"的豪言,加快了向自然资源进军的步伐。近代科学传入中国后,中国一些思想家也开始大规模地宣扬"人定胜天"思想。迨至20世纪,在"人定胜天"思想的指导下,人类以前所未有的规模,全面地开发自然,取得了巨大的成功。不过,在开发自然的同时,不尊重自然规律,片面追求"胜天",盲目对自然进军,从而在自然规律面前碰得头破血流的事例时有发生。历史告诉人们,人与自然的关系并非征服与被征服的关系,人类是自然的产物,是大自然的一部分,要保持社会的可持续发展,人类必须与自然和谐相处。在大自然的整个生态系统中,人具有其他动物所没有的认识和大规模改造自然的能力,可以主动地以非常高的效率去干预环境。人类必须善用自己的这种能力,在充分尊重客观规律的前提下,正确地发挥自己的主观能动性,合理地利用自然资源,不断改善自然环境,以实现人类社会的永续发展。

二　宇宙演化思想

中国古人不但对人与自然的关系有过深入的思考,而且对我们置身于其中的宇宙的由来也作过系统的探索。这些探索,早在先秦时期就已经颇为深入。其成果择要言之,大致可以分为三类:不变说、循环论、演化说。

主张宇宙不变的,以《庄子·知北游》记载的孔子师徒的对话为代表:

> 冉求问于仲尼曰:未有天地,可知邪? 仲尼曰:可,古犹今也。……
> 无古无今,无始无终。

晋朝郭象注解这段话说:"言天地常存,乃无未有之时。"即是说,古时与现今一样,宇宙并不存在生成演化问题。董仲舒的"天不变,道亦不变"之说,亦可归于此类理论。

循环论与不变说本质上是一样的。古人用循环论观念解释宇宙演化问

题的倾向始于先秦,佛教的传入进一步加重了这种倾向,最后形成了一套精致的循环论宇宙观。《隋书·经籍志》对该学说有所描述:

> 佛道天地之外,四维上下,更有天地,亦无终极。然皆有成有败。一成一败谓之一劫。自有此天地已前,则有无量劫矣。

"无量劫"之说意味着宇宙的循环是无穷无尽的。佛教徒的这套学说,颇有市场,在古代一些文人墨客身上,经常可以见到该说的影响。

但是,在古代中国,占主导地位的则是宇宙是生成的,逐渐演化成现在所呈现形状的观点。这一观点早在先秦时期就已经比较普及。甚至在神话传说中也反映出类似的思想萌芽。中华民族关于宇宙起源的神话,最著名的当属"盘古开天地"传说。三国时期徐整编撰的《三五历纪》一书,比较详细地记载了该传说:

> 天地混沌如鸡子,盘古生其中。一万八千岁,天地开辟,清阳为天,浊阴为地,盘古在其中,一日九变,神于天,圣于地。天日高一丈,地日厚一丈,盘古日长一丈。如此一万八千岁,天数极高,地数极深,盘古极长。……故天去地九万里。

与基督教文明的创世纪传说相比,盘古开天地传说有着浓厚的东方色彩。它的神创论色彩比较淡:导致天地开辟的因素是自然本身所蕴含的阴气和阳气,甚至盘古本身也有一个诞生成长的过程;宇宙的现状是宇宙长期演变的结果,这种演变是按照一定的速度进行的。

盘古开天地思想的核心是说:宇宙是生成的,逐渐发展演变成其现在所呈现的形状。这种思想,早在先秦时期,已经成为知识界的主流认识。对此,有心的读者可以找到许多证据,来证明这一点。这里我们不再赘述。

既然承认宇宙是生成的,就必须回答一个问题:它是由什么生成的? 另一方面,既然我们所谈论的对象是无所不包的宇宙,那就必须承认,在宇宙之前,没有任何东西存在。于是,对宇宙是由什么生成的这一问题,合理的答案只能有一个,即哲学家老子所言:

> 天下万物生于有,有生于无。①

---

① 《道德经》第四十章。

此处的"有"和"无"是一对哲学概念,分别表示生成天地万物的原初物质的存在与否。老子明确认为,宇宙万物生于"无"。与他的看法相类,《庄子·庚桑楚》也同样指出:

> 万物出于无有。有不能以有为有,必出乎无有。

要讨论产生宇宙的原初物质是否存在,答案只能是"无",这是严格的思辨逻辑所要求的。因为就任一具体事物而言,都是由不存在到存在,即由无到有的。由此推而广之,把宇宙视为一个整体,而且认为它是逐渐生成演化而来的,那么,在其存在之前的阶段,必然是"无"。所以,老庄的看法是逻辑的必然。

但是,宇宙生于无的观念,却阻碍了宇宙生成演化理论的形成。之所以如此,原因无他,盖在于要形成理论,就必须把宇宙生成演化的过程说清楚,而在绝对的"无"中是如何产生出"有"来,这是古人无论如何也说不清楚的。因此,在先秦时期,中国古人对宇宙生成演化问题的探讨只能停留在观念阶段:人们承认宇宙是生成的,经过漫长的演化过程,形成了现在的宇宙;但宇宙是如何生成演化的,却无从回答。

到了西汉,事情有了转机,《淮南子》率先解答了"无"是如何生出"有"来的这一问题,从而为宇宙生成演化理论的形成扫清了障碍。《淮南子·原道训》中有这样一段话:

> 夫无形者,物之大祖也。……视之不见其形,听之不闻其声,循之不得其身,无形而有形生焉。……是故有生于无,实出于虚。

这段话明确指出,所谓有生于无,是指有形生于无形,而无形并非绝对的虚无,它虽然看不见、听不到、摸不着,但却是一种客观存在,天下万物都是由它化生出来的。

《淮南子》的这段话,实际上是一种概念转换,把"无"转换成了"无形"。这一转换,使得古人可以张开想象的翅膀,去推测万物是如何从"无形"中产生出来的,从而导致了其宇宙生成演化思想由观念上升到了理论。这样的理论,首先就出现在《淮南子》这部书中。在《淮南子·天文训》中,有一段详细描述宇宙万物生成过程的文字:

> 天地未形,冯冯翼翼,洞洞灟灟,故曰太昭。道始于虚廓,虚廓生宇

宙,宇宙生气。气有涯垠,清阳者薄靡而为天,重浊者凝滞而为地。清
妙之合专易,重浊之凝竭难,故天先成而地后定。天地之袭精为阴阳,
阴阳之专精为四时,四时之散精为万物。积阳之热气生火,火气之精者
为日;积阴之寒气为水,水气之精者为月;日月之淫为精者为星辰。

这段话描述的宇宙生成演化图景是这样的:宇宙初始是一团混沌不分的气,
由这团气中产生了时间和空间,这导致阴阳二气的分离。阳气轻清,飞扬上
升而为天;阴气重浊,凝结聚滞而成地。阴阳二气的推移运动,造成四季往
复,万物衍生。阳气的积聚,导致火的产生、日的形成;阴气的积聚,导致水
的产生、月的形成;生成日月的阴阳之气的多余部分,则积聚成星辰,散布在
空中。

　　显然,在《淮南子》的作者看来,阴阳二气性质上的差异是宇宙生成演
化的根本动力。他们对宇宙生成演化过程的描述,就是建立在对阴阳二气
相互作用的想象上的。既然《淮南子》的作者可以通过想象构建其宇宙演
化理论,别的学者当然也可以用同样的方式来构建自己的宇宙演化理论。
由此,进入汉代以后,中国古代的宇宙演化理论进入了它的第二个发展阶
段——理论的繁荣阶段,出现了丰富多彩、多种多样的宇宙生成演化理论。

　　在汉代的宇宙演化理论中,张衡的学说值得一提。他在其著名的《灵
宪》一文中详细描述了自己心目中宇宙演化的不同阶段。他的着眼点与
《淮南子》相仿,都是由阴阳二气性质上的差异出发,构建其整体的宇宙生
成演化理论。他的学说中最值得我们关注的是下面这几句话:

　　　　于是元气剖判,刚柔始分,清浊异位。天成于外,地定于内。天体
　　于阳,故圆以动;地体于阴,故平以静。

在这里,张衡描绘的宇宙演化的最后格局是"天成于外,地定于内",这与
《淮南子》中天在上、地在下的天地关系截然不同。之所以如此,与当时天
文界存在着的浑盖之争有密切的关系。

　　在对宇宙结构的认识上,汉代人存在着两个主要的学派,一个叫盖天学
派,主张天在上,地在下,天地分离;另一个叫浑天学派,主张天在外,地在
内,天大地小,天包着地。本节讨论的是宇宙演化理论,宇宙演化理论既然
要说明天地的形成过程,最终必然要统一到宇宙结构学说上去。《淮南子》
中的演化理论认为元气轻清,上浮为天,阴气重浊,下凝为地,天在上,地在

下,这与盖天说的宇宙结构模型相一致。张衡是浑天说的集大成者,他的宇宙演化理论当然要与其宇宙结构学说相协调,所以他认为"元气剖判、刚柔始分、清浊异位"的最后结果是"天成于外,地定于内",即天包着地。这与浑天说的宇宙结构模型是一致的。

但是,既然阳气轻清,理应上扬,它为什么不上浮形成天,而是要包在地外?对此,在张衡的理论中找不出合理的答案来,这就形成了一对新的矛盾。而在张衡之后,在宇宙结构领域的浑盖之争中,浑天说是占了上风的,人们普遍认为,浑天说所主张的宇宙结构模型更符合实际。这样一来,传统的宇宙演化理论就处于某种尴尬状态:它不能不与当时的宇宙结构学说保持一致,但它所主张的宇宙演化机制又不能合理地解释为什么会生成这样的宇宙结构。这一问题不解决,传统的宇宙演化理论就无法发展下去。于是,张衡的宇宙演化理论的提出,就成了结束一个时代的标志性事件。汉代宇宙演化理论全面繁荣的景象,到张衡这里戛然而止。在张衡之后,中国古代的宇宙生成演化理论步入了它的停滞期。这一停就停了差不多一千年。

到了宋代,又出现了转机,学者邵雍意识到应该从宇宙演化机制上寻找新的解决办法。他认为不能再从阴阳二气的性质上做文章了,应该换个角度,从运动的角度思考这一问题。他说:

> 人皆知天地之为天地,不知天地之所以为天地。不欲知天地之所以为天地则已,如其必欲知天地之所以为天地,则舍动静将奚之焉。[1]

邵雍说得很清楚,要想知道宇宙之所以如此,必须从运动的角度出发思考问题。但是,究竟应该如何从运动的角度出发,他并没有构建出一个合理的宇宙演化模型。即使如此,他的主张仍然揭开了中国古代宇宙演化理论发展的第三个历史阶段的帷幕,标志着中国古代宇宙演化理论开始走向了成熟阶段。

中国古代宇宙演化理论的成熟是以南宋朱熹学说的问世为标志的。朱熹把邵雍的学说具体化了,天才地提出了一个比较合理的力学解释,他说:

> 天地初间,只是阴阳之气,这一个气运行,磨来磨去,磨得急了,便拶许多渣滓,里面无处出,便结成个地在中央。气之清者便为天,为日

---

① [北宋]邵雍:《皇极经世书》。

月,为星辰,只在外常周环运转,地便只在中央不动,不是在下。①

朱熹不再从阴阳二气的性质出发,而是遵循着邵雍的主张,从运动角度出发,用习见的旋涡现象比拟宇宙演化,合理地说明了浑天格局的形成原因。他的说明是如此之合理,以至于在他之后,中国古代的宇宙演化理论再难有新的发展了。他的学说成为中国古代宇宙演化理论发展到成熟阶段的标志性成果。该学说对后世影响很大,甚至还传到了欧洲,对欧洲的思想界也产生了某种影响。一直到近代,西方近代科学关于宇宙起源演化的学说传入我国,这一理论才最后寿终正寝。

三　时空观念

时空问题是科学的基本问题,因为科学讨论的事件都是在一定的时间和空间中发生的,如果时空问题不解决,那就意味着科学在讨论具体问题时,失去了其基本的参照体系。历史上重要的科学革命,很多都跟时空观的变革有关。学习科技史,不能不关注时空问题。要了解东方的科技文明,也应该关注中国人对时空问题的思考。

中国古人很早就对时空问题进行过深入的探索,这种探索具体体现在其对时空的定义、对时空性质的探究上。

要对时间和空间概念进行定义,是很困难的事情。即使是当代人,也拿不出让一般人都满意的时空定义。即使如此,从古到今,哲学家们一直持续不懈地试图对时空进行定义。就中国而言,古人对抽象意义上的时间和空间概念的探讨,早在先秦时期即已开始。先秦古籍《管子》中有一篇,篇名就叫"宙合",这里的"宙合",就是古人对时空作的命名。按照古人的理解,"古往今来曰宙,四方上下曰合",显然,这种语境下的"宙"指的是抽象意义上的时间,而"合"则指抽象意义上的空间。这种性质的定义着眼的是时间的流逝性和空间的三维性。

在中国古籍中,《墨经》是一部富有科学价值的著作,该书把时间抽象称为"久",定义说"久,弥异时也",并对这一定义加以解释说:"久,古今旦

---

① [南宋]黎靖德汇编:《朱子语类》卷一。

暮。"由这一定义可以看出,墨家认为,各种具体时刻概念的总和,就构成了总的时间概念。由此,墨家的定义着眼点是具体的时刻概念与抽象的总的时间概念的关系。墨家也用同样的方法定义空间,他们把空间叫做"宇",定义说"宇,弥异所也",并解释说:"宇,东西家南北。"这种定义认为,抽象的空间概念是各种不同的具体空间场所或方位的总称,例如"东、西、家、南、北"就是具体的空间名称,它们的总称就叫"宇",是抽象的空间概念。

《庄子》是一部富有文学色彩的哲学著作,它对时空的定义有很强的哲学意味。《庄子》是从存在的客观性角度出发对时空进行定义的,在其《庚桑楚》篇中,有这样一段话:

> 出无本,如无窍;有实而无乎处,有长而无乎本剽。有所出而无窍者,有实,有实而无乎处者,宇也;有长而无本剽者,宙也。

这里的"宇"指的是空间,"宙"指的是时间。《庄子》认为,空间是一种实实在在的客观存在,它可以容纳一切,但本身却无处安置;时间也是一种客观存在,它有长度,却无始终。《庄子》的这种做法,是把时空的无限性与其存在的客观性结合起来对时空进行定义。把时间和空间都作为一种客观存在进行探讨,这是一件很有意义的事情。

除了对抽象的时空概念进行定义之外,古人更将关注的目光投向了对时空性质的解说上。这里让我们先来看一下他们对时间性质有什么样的猜测。

古人对时间性质的解说,首先表现在他们对时间流逝的连续性的体悟上。早在春秋末年,孔子面对滔滔河水,就有这样的感悟:

> 逝者如斯夫,不舍昼夜。①

"逝者",指的就是时间。孔子把时间的流逝比喻成河水的奔涌向前,以之说明其连续性和不可逆性,十分贴切。

时间的流逝是连续的、不可逆的,同时又是客观的、均匀的,不受外在因素控制。正是由于意识到了这一点,古人产生了"惜时"观念,强调要抓紧时间,把应当做的事情做好。《淮南子·原道训》中有一段话,很形象地说

---

① 《论语·子罕》。

明了这种"惜时"思想的缘起：

> 时之反侧，间不容息，先之则太过，后之则不逮。夫日回而月周，时
> 不与人游。故圣人不贵尺之璧，而重寸之阴，时难得而易失也。

"时之反侧"，说的是时间的流逝；"间不容息"，说的是时间流逝的连续性；
"时不与人游"，则说的是时间流逝的客观性，时间是不会与人做游戏的。
显然，这种时间观念体现的是一种线性时间观念，认为时间呈线性延展，永
远向前，一去不复返。正是因为认识到了这一点，人们才产生了惜时观念，
因为时间一旦消逝，就永远找不回来。此即民间所谓之"一寸光阴一寸金，
寸金难买寸光阴"的形象说法。"惜时"观念的存在，充分说明了古人的"科
学"见解是如何影响到他们的社会意识的。

时间的流逝是客观的，但这并不影响人们对其主观感觉的不确定性。
在《淮南子》的另一篇《说山训》中，作者用举例的方式，说明了人们对时间
流逝快慢的主观感觉的不确定性：

> 拘囹圄者，以日为修；当死市者，以日为短。日之修短有度也，有所
> 在而短，有所在而修也，则中不平也。

这段话的意思是说，拘押在牢狱中的人，认为时间过得太慢了，即使一天的
时间也很长；而被判处死刑的人，同样是拘押在牢狱之中，则认为时间过得
太快，一天的时间转眼就过去了。一天的长短，本来是确定的，有人感觉它
长，有人感觉它短，完全是由于他们的内心不平静的缘故。这段话把时间流
逝的客观性与人们对其主观感觉的不确定性作了清晰的区分，既说明了自
然时间的客观性，又为社会时间概念的多样性留下了空间。正是有了这样的
区分，才为中国古人围绕时间话题展开的丰富多彩的想象提供了确切的
保证。

既然时间是在流逝的，是有方向性的，那么，它从哪里来，有没有开始？
又会流到哪里去，有没有终结？换句话说，时间究竟是有限的，还是无穷无
尽的？

在时间有限与否的问题上，中国古代两方面观点都有，其中占主导地位
的是无限时间观念。这是由于，无限时间观念符合人们的思维逻辑。在古
代知识背景下，如果说时间是无限的，那就意味着时间既没有起点，也没有
终点。这种观念的出现，是逻辑思维的必然结果。从逻辑推理的角度来看，

如果说时间有起点，那么就必然存在着起点前，而起点前本身又意味着时间的存在。所以，该起点必然不是时间真正的起点。依此类推，时间是没有起点的。按照同样的逻辑，它也没有终点，是无始无终的。《庄子·齐物论》用一段非常有意思的话，揭示了这样的道理：

> 有始也者，有未始有有始也者，有未始有夫未始有有始也者。

刘文英先生对这段话有很贴切的解读，他指出，这段话的意思是说："如果说宇宙有个'开始'，那在这个开始之前，一定还有一个没有开始的'开始'；在这个'没有开始的开始'之前，一定还有一个'没有开始的没有开始的开始'。依此可以这样无限地推论下去。"①所以，从逻辑推理的角度来看，必须承认时间没有起点，是无限的。

但是，古代确实也有主张时间有限观念的，而且这种主张也有其自身的逻辑。例如，西汉的《淮南子》一书中就有"虚廓生宇宙"的说法，西汉的扬雄亦主张"阖天谓之宇，辟宇谓之宙"。这里的"宇"是指空间，"宙"是指"时间"，"虚廓"是指在天地产生之前的混沌状态。按照《淮南子》和扬雄的说法，时间是从混沌状态中产生的，它是有起点的，时间和空间的产生，标志着混沌状态的结束。在这种说法的背后，隐藏着古人对时间本质的深刻认识。我们知道，时间概念的产生，是人们对时间有所体会的结果。而时间与物质的运动分不开，时间的流逝只有通过物质的运动才能反映出来，才能为人们所感知。在混沌状态下，物质缺乏有序运动，时间的流逝也就无从反映。扬雄等的主张，隐含的应该就是这种认识。东汉的黄宪则在其《天文》中，明确地指出了这一点，他说："不睹日月之光，不测躔度之流，不察四时之成，是无日月也，无躔度也，无四时也。"对时间与物质运动的这种关系，古罗马哲学家卢克莱修（Lucretius）也讲得很清楚，他说：

> 就是时间也还不是自己独立存在；
> 从事物中产生出一种感觉：
> 什么是许久以前发生的，
> 什么是现在存在着，

---

① 刘文英：《中国古代的时空观念（续一）》，《兰州大学学报》（哲学社会科学版）1979 年第 2 期。

什么是将跟着来：

应该承认，离开了事物的动静，

人们就不能感觉到时间本身。①

通过比较这些引文可以看出，在对时间本性问题的认识上，中西方先贤可谓"英雄所见略同"。

相比对时间无限性的探讨，中国古人对空间无限性的探讨，内容更为丰富。早在先秦时期，人们对空间的无限性就有所认识。例如，《管子·宙合》即说：

> 宙合之意，上通于天之上，下泉于地之下，外出于四海之外，合络天地，以为一裹。散之至于无间……是大之无外，小之无内，故曰有橐天地。

所谓"宙合"，即指空间。空间的范围是"大之无外"的。"大之无外"，这是古人对空间无限性所作的扼要描述，非常形象。

先秦典籍《墨经》则用数学语言对空间的无限性作了规定：

> 《经》：穷，或有前不容尺也。
>
> 《说》：穷：或不容尺，有穷；莫不容尺，无穷也。

"或"为"域"本字。尺，古人测长之器或单位。《经》的意思是说，如果一个区域有边界，在边界处连一个单位长度都容不下，那么它就是有限的。如果一个区域是无界的，无论向何方前进，用尺子去量总也不到尽头，它就是无穷大的，即是无限的。用数学语言对无穷空间作出的这种规定，非常严谨，它表明了古人对空间无限性思考的深入。

到了汉朝，佛教传入中国，对中国传统的宇宙无限观念产生了相当大的影响。在中国传统的宇宙无限观念中，无穷是唯一的，不存在结构上的多样性。而佛教则主张"天外有天"说，认为在我们处身于其中的这个宇宙之外，还有无穷多个类似的宇宙，那些宇宙多得数不胜数，就像恒河里的沙粒一样多。那些宇宙每一个也都有其生成和毁灭的过程，其生成和毁灭的次数也同样无穷。《隋书·经籍志》对佛教关于宇宙无限性的这种主张有细

---

① 〔古罗马〕卢克莱修：《物性论》，方书春译，商务印书馆，1982 年，第 52 页。

致的描写：

> 佛道天地之外，四维上下，更有天地，亦无终极。然皆有成有败，一成一败谓之一劫。自有此天地已前，则有无量劫矣。

佛教关于宇宙无限性的思考，符合人们的思维逻辑，确实，我们有什么理由怀疑在我们生存的这个天地之外，有别的天地存在呢？正因为这样，这种"天外有天"之说在中国产生了巨大影响，时至今日，作为这种学说的语言化石，"天外有天"一词仍然在现代的汉语体系中被应用着。

但是，"天外有天"之论，毕竟是想象的产物，不可能有观测依据，再加上佛教徒后来把这个学说庸俗化了，把"天外天"的数目定量化了，提出了所谓"三千日月、万二千天下"等说法，从而引起了一些学者的批判。这些学者批判的要点表现在几个方面，一是针对"天外有天"说的立论方法，指出该学说纯系想象，是思辨的产物，没有依据。这种批判，未免有些责之过切，因为在古代知识背景下，要讨论宇宙是否有限，是不可能用实证方法的。但无论如何，这种批判所表现出来的追求实证的精神，是值得肯定的。

另一方面，古人则从无限概念的含义出发对佛教的"天外天"说进行质疑。元代的史伯璿就曾在其《管窥外编》中指出，佛教徒所言，看上去恢宏阔大，其实他们并不懂得无限的含义，他说：

> 纵如其言，果有恒河沙数世界在此天地之外，然空虚终是无涯，又岂有终极之处哉！况佛氏尚不识此天地形状为何如，而妄为须弥山之说以肆其欺诳，则其所言六合外事，又岂有可信者哉！

这是说，无限是唯一的。在此天地之外的"空虚"无穷无尽，没有终极，是无外的。既然无外，也就不可能在其外还存在有"恒河沙数世界"。更何况佛教徒连现存世界都认识不清，它所宣扬的"六合外事，又岂有可信者哉"！

宇宙有限与否，现代人认识也不一致，在古代知识背景下，当然更不可能对此问题得出一个一致的结论。在这种情况下，重温古人的争论，我们从中体会到的，是他们对真理的追求。他们的认真态度，是永远值得我们学习的。

中国古人对空间性质的探讨，还表现在他们对空间取向性的重视上。古人认为大地是平的，其大小是有限的，在这样一块平坦的大地上，它的东西南北方位就有了绝对的意义。古人用五行学说来表示空间方位在性质上的差异。在东西南北中五个方位中,东属木,南属火,西属金,北属水,而中央则属土。另外,既然大地是平的,那么上下方向也就有了绝对的意义,在与地面垂直的方向上,背离地面,就是向上,反之则向下。上和下的差别是绝对的,这种绝对性甚至可以延伸到人类社会,就像人类社会中尊卑不能易位一样。

中国人对空间取向的认识,与欧洲人完全不同。在欧洲,从古希腊时期起,就有了地球观念,在地球观念影响下,他们的上下观念以指向地心为下,背离地心为上。这样,向上和向下是相对的。这种相对的上下观念与中国绝对的上下观念截然不同,正因为这样,中国古代会发展出"水平"这个词,认为水面是平的,可以以之判断高下。而欧洲古人则认为水是地的一部分,水面是地球表面的一部分,是弯曲的。由于东西方两种文化蕴含着不同的上下观念,当西方的地球说传入中国后,就受到了许多中国人的反对,反对的理由之一是:

> 盖地之四面,皆有边际,处于边际者,则东极之人与西极相望,如另一天地,然皆立在地上。若使旁行侧立,已难驻足,何况倒转脚底,顶对地心,焉能立而不堕乎?[①]

西方人以地球球心为下,以背离球面为上,这样,人在地球上无论立于何处,都是头上脚下,不会发生倾坠之事。在西方人看来很自然的一件事,到了中国,就无论如何也不能被人们接受。从中我们可以看到方向观念所起的作用。要使中国人接受西方的相对的上下观念,必须等到牛顿的万有引力思想传入中国之后才行。

中国古代时空观念中另外值得一提的是古人对时空关系的猜测。在古人对时空关系的诸多猜测中,常见的是他们把时间与空间联系在一起的一些说法,认为时间在空间中流逝,空间存在于时间之中。例如《庄子·则阳》篇即曾提到"除日无岁,无内无外",认为没有时间的累积,连空间的内外都无从区分。古籍当中有常见的四时配四方之论,认为春属东、夏属南、

---

① 此为清儒陈本礼之论。引自游国恩主编:《天问纂义》,中华书局,1982 年,第 117—118 页。

秋属西、冬属北,时间不同,所对应的空间方位也有差异。明末学者方以智对时空的这种关系有过精彩论述:

> 《管子》曰宙合,谓宙合宇也。灼然宙轮转于宇,则宇中有宙,宙中有宇。春夏秋冬之旋转,即列于五方。①

方以智认为时间的流逝是在空间中进行的,空间中有时间,时间中有空间,二者浑然一体。这种论述,强调的是时空的相关性,这与牛顿所主张的时空互不相关、各自独立的绝对时空观相比,着眼点显然不同。这种时空相关观点的出现,是中国古代重视万物相互联系、相互作用的有机论自然观的自然体现。

更令人诧异的是,古人还认为时间流逝的快慢随观察者所经历的空间场合的变化而变化。他们是在文学作品中用富于想象的方式来表现自己的这一思想的。古人把想象中人们可能处于的场景分成三类:一类是梦境,在梦境之中,时间流逝最快,古代所谓黄粱梦、南柯梦的传说,是对此种情形下时间流逝速度加快这一观点所作的形象注解。另一类是人世间,在人世间,时间流逝速度就是人们日常所感知到的那种速度。第三类是仙境,在仙境情形下,时间流逝速度远远慢于人间社会。对此,古人有大量的文学作品进行叙写,诸如"烂柯山"的传说、《西游记》中"天上一日,地上一年"的说法、民谣里"洞中方一日,世上已千年"的俗语等等,无不昭示着这样的思想。这种描写,给人的感觉是文学虚构,是虚幻的,不能作为科学意义上的时间观念。但无论如何,此类文学作品的广泛存在,证明古人确实在思考此类问题,并以文学作品的方式,对之作出了自己独特的解答。

思考题

1. 中国古代对人与自然的关系大致有过什么样的认识?产生这些认识的历史原因是什么?

2. 为什么说在古代中国,在对宇宙起源演变问题的认识上,占主流地位的观点认为宇宙是生成的,是逐渐演化到人们现在所见的形状的?

3. 为什么说张衡的宇宙生成演化思想的问世,导致了汉代宇宙生成演化理

---

① [清]方以智:《物理小识》卷二。

论繁荣阶段的终结？

4. 应如何看待朱熹的宇宙生成演化思想？

5. 古人是如何定义时间和空间的？

6. 古人对时空性质有过什么样的探讨？

7. 应如何看待古人对时空关系的探索？

阅读书目

1. 〔英〕李约瑟：《中国古代科学思想史》，陈立夫等译，江西人民出版社，1990 年。

2. 杜石然等：《中国科学技术史稿》，科学出版社，1982 年。

3. 江晓原、钮卫星：《中国天学史》，上海人民出版社，2005 年。

4. 关增建：《中国古代物理思想探索》，湖南教育出版社，1991 年。

第三讲

中国古代的科学技术

中华文明在其持续五千多年的发展过程中,积累了丰富的与自然打交道的经验,形成了自己独特的科学技术。对中国古代科学技术的博大精深,著名的中国科技史家、英国的李约瑟博士在其七卷本的皇皇巨著《中国科学技术史》(*Science and Civilization in China*) 中有系统论述。限于篇幅,本讲不可能对整个中国科学技术史体系作细致介绍,我们只能采用解剖麻雀的方法,撷取中国科技史长河奔腾向前过程中涌现的一些浪花,展示给广大读者。

一 天文学上的旷世之争

中国古代科学技术在其长期发展过程中,逐渐形成了农学、医学、天文学、算学这四大优势学科。在这四大学科中,我们对天文学特别感兴趣,这是因为,在科学史上,天文学的发展,历来波澜起伏、曲折复杂,扣人心弦。在西方,人们熟知的是哥白尼日心说与托勒密地心说旷日持久的争论,正是这场争论,推动了天文学的发展,导致天文学领域哥白尼革命的发生,最终促成了近代科学的建立。殊不知,在东方的中国,在对宇宙结构的认识上,也存在着类似的旷世之争,这就是中国天文学史上著名的浑盖之争。

对宇宙结构的认识,是中国古代天文学的重要内容之一。中国人很早就形成了自己对宇宙形状的认识,一开始,人们主张"天圆地方",认为天是圆形平盖,在人的头顶上方悬置,地是方的,静止不动。但这种认识并没有形成系统的学说,因为它本身存在着比较明显的漏洞。正因为如此,当曾子的学生单居离向他询问是否果真"天圆地方"时,曾子一针见血地指出:"如

诚天圆而地方,则是四角之不揜也。"①曾子并不否认"天圆地方"说的存在,
但他认为那说的不是天地具体形状,而是天地所遵循的规律。他引述孔子
之语,把"天圆地方"说成是"天道曰圆,地道曰方",即天所遵循的规律在性
质上属于"圆",转动不休,地遵循的规律在性质上则属于"方",安谧静止。
孔子师徒的说法,固然可以弥补"天圆地方"说在形式上的缺陷,但这种修
补却也使该说丧失了作为一种宇宙结构学说而存在的资格,因为它所谈论
的已经不再是天地的具体形状了。

替代"天圆地方"说的是宣夜说。宣夜说产生的时间已经不可考,现在
人们所知道的宣夜说,是西汉负责图书管理的高级官员郗萌根据其老师一
代一代的讲述而记载下来的,《晋书·天文志》对此有具体描述:

> 宣夜之书亡,惟汉秘书郎郗萌记先师相传云:"天了无质,仰而瞻
> 之,高远无极,眼瞀精绝,故苍苍然也。譬之旁望远道之黄山而皆青,俯
> 察千仞之深谷而窈黑,夫青非真色,而黑非有体也。日月众星,自然浮
> 生虚空之中,其行其止皆须气焉。是以七曜或逝或住,或顺或逆,伏见
> 无常,进退不同,由乎无所根系,故各异也。故辰极常居其所,而北斗不
> 与众星西没也。"

文中提到的"辰极",指的是北极星;"七曜",指的是日月和金木水火土五大
行星。五星在天空的运行,看上去很不规范,它们在恒星背景上有顺行,有
逆行,有时候看得见,有时候看不见,速度前后也不一致。宣夜说认为这是
由于这些天体是自由飘浮在虚空中的,它们彼此没有联系、没有相互作用,
因此彼此的运动相互独立,没有共同的规律可循。天看上去有一定的形体
和质地,那是由于它太高了、太广阔了,导致人们在看的时候产生了错觉。
天的本质是虚空,所有的天体都自由悬浮在这个虚空之中。

宣夜说主张的是一种无限空间的宇宙图景,认为日月星辰自由飘浮在
虚空之中。这与古希腊人的水晶天说完全不同。希腊人认为天是某种特殊
材料形成的固体天球,日月星辰分布在不同的球层上。在欧洲历史上,这种
固体天球观念根深蒂固,直到16世纪,在第谷出色的天文观测工作的冲击
下,人们才逐渐放弃了这种观念。与西方的水晶天说相比,宣夜说的描述似

---

① 《大戴礼记·曾子天圆》。

乎更接近宇宙的实际情形，正因为如此，熟知西方天文学发展史的科学史家如李约瑟等在了解了宣夜说的具体内容后，对之给予了很高的评价。

但是，从另一个视角来看，宣夜说的重要性就相形见绌了。从对科学发展的作用来说，该学说只是一种初级的宇宙理论，它没有与数学结合，不能用以编制历法，不能预测日月星辰的运行，一句话，不能给人们提供有用的信息，这决定了它在天文学界必然要处于被边缘化的状态。更重要的是，它在本质上是反理性的，因为它认为天体的运动彼此独立、互不相关，无规律可循。这种主张，杜绝了人们探寻自然规律的可能性，所以，它不利于科学发展，是一种没有前途的学说。正因为如此，到了东汉末年，已经没有人再关注它了。东汉著名学者蔡邕在总结当时天文学界的状况时，一针见血地指出了宣夜说的处境："宣夜之学绝，无师法。"[1]宣夜说被天文学家们所抛弃，是历史的必然。

中国古代第一个堪称科学理论的宇宙结构学说是盖天说。与宣夜说相比，盖天说有其经典流布于世，那就是《周髀算经》。此外，《晋书》《隋书》的《天文志》也对盖天说的核心内容有所记载。下面是《晋书·天文志》的有关记载：

> 其言天似盖笠，地法覆槃，天地各中高外下。北极之下为天地之中，其地最高，而滂沲四隤，三光隐映，以为昼夜。天中高于外衡冬至日之所在六万里，北极下地高于外衡下地亦六万里，外衡高于北极下地二万里。天地隆高相从，日去地恒八万里。日丽天而平转，分冬夏之间日所行道为七衡六间。每衡周径里数，各依算术，用句股重差推晷影极游，以为远近之数，皆得于表股者也。

盖天说主张天地是两个中央凸起的平行平面，天在上，地在下，天离地的距离是 8 万里，日月星辰围绕着北极依附在天壳上运动。太阳依附在天壳上运行的轨道可分为七衡六间，每衡每间的距离，都可以用立竿测影的方法，运用勾股定理和其他数学方法推算出来。天地之间的距离，也是用这种方法推算出来的。

盖天说突破了人们日常观测中形成的天是个半球的生活经验，提出了

---

[1] 《晋书·天文志上》。

平天平地说,并且找到了适合这种模型的数学方法,那就是在立竿测影基础上用勾股定理和相似三角形对应边成比例的性质,测算各种天文数据。该说能够解释人们日常生活中见到的各种天象,能够预测日月星辰的运行,还能够编制历法,满足社会需求。该说构思的七衡六间,可以用来准确地预报二十四节气,具有很强的应用价值。由此,该说能够为人们提供有价值的信息,它对日月星辰运行的预测、对二十四节气的预报,能够接受观测实践的检验,因此,它是富有科学意义的宇宙结构理论,尽管它对宇宙结构本身的描述是错误的。

盖天说在汉武帝时期遇到了浑天说的有力挑战。事情起源于历法编制。当时太史令司马迁向汉武帝上书,建议修订一部新的历法,叫做《太初历》。汉武帝采纳了他的建议,命令他组织学者制订《太初历》。司马迁组织的修历队伍工作了一段时间后,参加者之间观点上出现了分歧,来自四川的民间天文学家落下闳提出了一种新的主张:天是个圆球,天包着地,天大而地小。这种主张,后来被人们称为浑天说。浑天说与司马迁等信奉的盖天说本质上完全不同,盖天说主张天在上,地在下,天地等大,而浑天说主张天在外,地在内,天大地小。双方主张的宇宙结构不同,所采用的测量仪器和测量方法也不同,这就导致了在修历过程中的争论。双方争论得非常激烈,以至于到了不能在一起工作的程度。对此,汉武帝采用的解决办法是让他们分别制订自己心仪的历法,然后拿出来接受检验,谁的历法更符合实际,就用谁的历法。最后的结果是浑天说者邓平等人制订的历法与实际天象符合得最好,于是就采纳了邓平的历法。这就是中国历史上著名的《太初历》的由来。

《太初历》的制订问题画上了句号,但由修订《太初历》所引发的浑盖之争却拉开了帷幕。在此后一千多年的时间里,究竟是浑天说正确,还是盖天说合理,天文学界的争论一直不绝如缕,总的趋势是信奉浑天说的人越来越多,浑天说逐渐成为天文学界对宇宙结构的认识的主流。

浑盖之争涉及与宇宙结构问题有关的方方面面。西汉末年,著名学者扬雄先是相信盖天说,后来在与另一位学者桓谭的争论中,被桓谭说服,转而信奉浑天说。他经过细致思考,发现了盖天说的诸多破绽,撰写了著名的《难盖天八事》一文,从观测依据到数理结构等八个方面,逐一对盖天说作了批驳。比如,他提出,按盖天说的说法,天至高,地至卑,太阳依附在天壳上运动,也是高高在上的,人之所以看到太阳从地平线下升起,是由于太阳太高了,导致人产生了视觉错误的缘故。但是,即使人眼会因观察对象的距离远而产生视觉错乱,水平面和光线的传播是客观的,它们是不会出错的,那么就在高山顶上取一个水平面,以之判断日的出没。实验证明太阳确实是从水平面之下升起的,光线也是从下向上传播的,这与盖天说的推论完全相反,证明盖天说是错误的。这是扬雄从观测依据的角度对盖天说所作的批驳。整体来说,他从八个方面对盖天说所作的批驳,有理有据,是盖天说无法辩解的。

但是浑天说也有自己的软肋。浑天说主张天在外,表里有水,地在内,漂浮水上。这一主张成为盖天说批驳的重点,东汉著名学者王充就曾一针见血地指出:

> 旧说,天转从地下过。今掘地一丈辄有水,天何得从水中行乎?甚不然也。①

王充的责难是颇有说服力的,因为按当时的人的理解,太阳是依附在天球上的,天从水中出入,就意味着太阳这个大火球也要从水中出入,这是不可思议的。面对王充的责难,浑天说者的态度是,只要有充足的证据证明太阳是从地平线下升起,又落到地平线下面,它即使出入于水中又有何妨?晋朝的葛洪就针对王充的责难,提出了判断浑天说是否成立的判据:

> 日之入西方,视之稍稍去,初尚有半,如横破镜之状,须臾沦没矣。若如王生之言,日转北去者,其北都没之顷,宜先如竖破镜之状,不应如横破镜也。②

葛洪以太阳落入地平线时呈现出"横破镜"的状态这一事实作为依据,指出这种现象与盖天说的推论相反,证明盖天说是错误的。他提出的判据是有说服力的。从观测的角度,只能承认浑天说是较为正确的。至于太阳从水中出没的问题,南北朝时期的何承天给出了自己的解释:

> 百川发源,皆自山出,由高趣下,归注于海。日为阳精,光曜炎炽,

---

① 《隋书·天文志上》。
② 同上。

一夜入水，所经焦竭。百川归注，足以相补，故旱不为减，浸不为益。①

何承天的构思很有意思，他的辩解，表现了浑天说者为修补自己理论上的漏洞所作的努力。但这种努力，并未起到太大的作用，这是因为浑天说有一个根本的缺陷——它没有地球观念，没有意识到海洋也是大地的一部分。

浑盖双方的激烈争辩，引起了人们的关注。在这场争论的影响下，更多的人投入到了对宇宙结构问题的研究之中，提出了更多的宇宙结构学说。例如晋朝的虞喜就提出了《安天论》，虞耸提出了《穹天论》，东吴的姚信则提出了《昕天论》，一时间，诸说蜂起，人们辩论不休，隋朝的刘焯对之有形象描述：

> 盖及宣夜，三说并驱；平、昕、安、穹，四天腾沸。②

透过刘焯的描述，我们不难想象古人讨论宇宙结构问题的热闹程度。

甚至一直到了 12 世纪的南宋，大学者朱熹仍然在关注着浑天说和盖天说究竟谁是正确的这一问题。他的态度很明确：

> 有能说盖天者，欲令作一盖天仪，不知可否。或云似伞样。如此，则四旁须有漏风处，故不若浑天之可为仪也。③

朱熹是从天文观测仪器的制作角度反对盖天说的。他的话表明，从公元前 2 世纪浑盖之争登上历史舞台，一直到公元 12 世纪，学者们仍然在讨论浑天说和盖天说的孰是孰非。中国古人对天体结构问题的关注程度，由此可见一斑。

纵观中国古代的这场旷世的学术之争，我们发现，古人在这场争论中秉持着一个重要原则：判断一个学说是否正确，关键在于其是否符合实际情况，而不是看其是否遵循某种先验的哲学观念。比如，古人一直认为天地是由阴阳二气生成的，从这个观念出发，如果承认这一前提，就得承认盖天说是正确的，因为阳气轻清，阴气重浊，轻清者上浮为天，重浊者下凝为地，这样所导致的，必然是盖天说所主张的宇宙结构模式。但古人在争论中，并不以阴阳学说作为判断依据，他们所关注的，是究竟哪种学说更符合观测结果。对此，南北朝时期著名科学家祖暅的一段话可作代表：

---

① 《隋书·天文志上》。
② 同上。
③ 《朱子语类》卷二。

> 自古论天者多矣,而群氏纠纷,至相非毁。窃览同异,稽之典经,仰观辰极,傍瞩四维,睹日月之升降,察五星之见伏,校之以仪象,覆之以晷漏,则浑天之理,信而有征。①

祖暅比较了浑盖双方的差异,在查阅典籍记载的基础上,通过实地天文观测,并使用仪器进行校验,发现浑天说更符合实际,这才得出了浑天说可信这一结论。浑盖之争过程中表现出来的重视实际校验的这种做法,是中国古代天文学的一个优秀传统。这一传统与希腊天文学的某些特点有明显的不同。

除了不以先验的哲学信念为依据判断是非之外,浑盖之争在其他方面的表现也完全符合学术发展规律。政治和宗教等非学术因素没有介入到这场争论之中。南北朝时,南齐的梁武帝偏爱盖天说,曾集合群臣,公开宣讲盖天说。对于他的主张,天文学家中不以为然者大有人在,但梁武帝并未采用暴力手段迫害那些不相信盖天说者。佛教传入中国后,佛教主张的宇宙结构模式与浑天说亦不一致,但中国历史上从未有过以佛教学说为依据,强行要求人们放弃自己所信奉的宇宙结构学说的事例。宗教因素没有成为裁决浑盖是非的依据,也没有人因为信奉某种宇宙理论而受到政治或宗教上的迫害。这些,无疑都是浑盖之争中值得肯定的地方。

持续了一千三四百年之久的浑盖之争,是中国天文学史上的一件大事,它贯穿于这个时期中国天文学的发展过程之中,促成了与之相关的众多重要科学问题的解决,促成了中国古代天文学诸多重要成就的获得。例如,被后人奉为中国古代历法圭臬的《太初历》,是浑盖之争的直接产物;再如,在中国历史上赫赫有名的"小儿辩日"问题,是在浑盖之争过程中得到了合理解答的;又如,中国数学史上著名的勾股定理以及相关的测高望远之术,是在浑盖之争中为发展天文测算方法而形成的;更如,唐代僧一行组织的天文大地测量,是为了解决浑盖之争的一个重要命题而得以实施的;复如,中国天文仪器的发展,亦与浑盖之争息息相关……类似例子,不胜枚举,这表明浑盖之争在中国历史上有着延续时间长、参与人员多、涉及面广、讨论内容丰富、后续影响大等特点,它表现了中国古人对宇宙问题的关注程度,体现

---

① 《隋书·天文志上》。

了中国古人对待科学问题的态度。这种规模和深度的争论即使在世界文明史上亦不多见。我们完全有理由说，浑盖之争，作为中国历史上最引人注目的学术论争之一，将永载中华文明发展的历史史册。

二　传统数学的发展

在中国科学史上，数学历来是人们关注的重点之一。这是由于，在古代中国，数学和天文学、医学、各种实用技术一样，取得过辉煌的成就，为世界文明的发展作出了应有的贡献。

数学在古代社会具有很重要的地位。人们重视数学，以仰视的角度看待数学家的活动，甚至以神话的方式，渲染数学家的技艺，赞颂数学家的成就。古书《西京杂记》卷四记载了两位精通算术人士的神奇传说：

> 安定嵩真、元菟曹元理，并明算术，皆成帝时人。真尝自算其年寿七十三，绥和元年正月二十五日晡时死，书其壁以记之。至二十四日晡时死。其妻曰："见真时长下一算，欲以告之，虑脱真旨，故不敢言。今果校一日。"真又曰："北邙青陇上孤槚之西四丈所，凿之入七尺，吾欲葬此地。"及真死，依言往掘，得古时空椁，即以葬焉。
>
> 元理尝从其友人陈广汉。广汉曰："吾有二囷米，忘其石数，子为计之。"元理以食筋十余转，曰："东囷七百四十九石二升七合。"又十余转，曰："西囷六百九十七石八斗。"遂大署囷门。后出米，西囷六百九十七石七斗九升。中有一鼠，大堪一升。东囷不差圭合。元理后岁复过广汉，广汉以米数告之。元理以手击床，曰："遂不知鼠之殊米，不如剥面皮矣。"

这两条记载，均属夸大其词，因为它们所说的事例，并非数学所能完成。但由这些事例，我们不难看出算术在古人心目中所具有的神奇性能。在古人心目中，数学不但神奇，而且重要，正因为如此，他们把数学书命名为《算经》，而且一下子就命名了十部，称为《算经十书》。这种做法，充分表现了古人对数学的尊崇。因为在古代，只有极为重要的书籍才有资格以"经"冠名，像儒家学派的代表性著作，被奉为经典的，无非是四书五经而已，而数学书一下子就被命名了十部经典，其在古人心目中的重要性，由此可见一斑。

就数学家而言,他们对数学的功能有清晰的认识。汉代著名数学家刘歆有一段话,可作代表:

> 数者,一、十、百、千、万也,所以算数事物,顺性命之理也。……夫推历生律制器,规圜矩方,权重衡平,准绳嘉量,探赜索隐,钩深至远,莫不用焉。度长短者不失毫厘,量多少者不失圭撮,权轻重者不失黍累。纪于一,协于十,长于百,大于千,衍于万,其法在算术。①

这里说的仅仅是算术,并未涉及几何,但这段话表现的对数学与其他学科关系的认识,却无疑是非常清晰的,也是正确的。现代著名数学家华罗庚曾经这样描述过数学的应用:宇宙之大、粒子之微、火箭之速、化工之巧、地球之变、生物之谜、日用之繁,无处不有数学的重要贡献。比较华罗庚和刘歆的说法,可以看出,在对数学重要性的认识上,古今数学家的心理是相通的。中国古代数学就是在数学家这种认识的引导下、在社会对其高度尊崇化的背景下发展起来的。

中国古代数学的发展,应该起步于对数的认识和记数方法的形成。在古代中国,数字的产生究竟始于何时,现在无从考证。可以肯定的是,在传说中的"结绳记事"年代,古人已经有了数的概念,其对应的时期应该在文明产生之前。现在的问题是我们无法找到明确的考古依据,以此确定其具体年代。在目前已知的古代遗存当中,半坡遗址一些器物上的刻画符号,很可能与数字有关,但那只是今天人们的一种猜测。现在我们可以肯定的是,在殷墟出土的商代甲骨文中,已经出现了数字的具体记录,包括从一到十以及百、千、万,最大的数字是三万。从这些数字中,可以看出古人的计数法——十进位值制。

所谓十进位值制,十进,是以十为基数,逢十进一位;位值制的要点则在于同一数字符号因其位置不同而具有不同的数值。例如同一个5,在右数第一位表示的是个位的5,在右数第三位则表示500。这种记数方法的重要性无论如何强调都不会过分,因为良好的记数方式是代数发展的前提。不难想象,那些非十进位值制的记数方法,例如罗马的记数方式,在进行加减乘除这些简单数学运算时,是何等的不便。

---

① 《汉书·律历志上》。

我国自有文字记载并始，记数法就遵循十进制了。而世界上其他一些文明发生较早的地区，如古巴比伦、古埃及和古希腊所用的计算方法，都不是十进位值制。古巴比伦人和中美洲的玛雅人虽然采用位值制，但前者是六十进位，后者是二十进位。印度则一直到公元6世纪还用特殊的记号表示二十、三十、四十等十的倍数，7世纪时才有采用十进位值制记数法的明显证据，而且很可能是受到中国影响的结果。由此，十进位值制这种记数法的发明，是古代中国人对世界文明发展的一大贡献。马克思曾将十进位值制记数法的发明称为"最妙的发明之一"①，李约瑟也高度评价说："如果没有这种十进位制，就几乎不可能出现我们现在这个统一化的世界了。"②

与发明十进位值制记数方法相应的是，古代中国人还发明了一种十分重要的计算方法——筹算。筹算完成于春秋战国时期，是以算筹作工具的一种数学计算方法。根据《汉书·律历志》的记载，算筹是一种长六寸（合现在13.86厘米）、直径一分（合现在0.23厘米）的小圆竹棍。古人用它们的纵横组合表示数字。到南北朝时，古人把算筹的长度作了适当的减少，同时将其由圆形改成方形或扁形。改短可以减少布算时所占面积，适应更加复杂的计算；变圆为方或扁则可以有效避免圆形算筹因滚动而造成的计算错误。

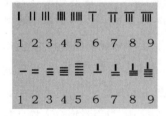

图3.1　算筹的纵横摆放方法

图3.2　算筹记数示意图
（图中表示的四个数字数是1861）

古人在用算筹表示具体数字时，有纵横两种摆法。这两种摆法与1—9这九个数字的对应关系见图3.1，在该图中最上一行是纵式，下面的是横式。在具体表示某一个数字时，则依据纵横相间的方式，在个位、百位、万位、百万位等摆纵式，在十位、千位、十万位、千万位等摆横式。如果遇到0，则以空位表示之。图3.2是一个具体例子，它表示的数字是1861。在明确了算筹的摆放方法之后，就可以根据一定的规则，利用算筹进行加减乘除、开平方以及其他的代数计算了。

---

① 马克思：《数学手稿》，北京大学《数学手稿》编译组编译，1975年7月第1版，第205页。
② 〔英〕李约瑟：《中国科学技术史》第三卷，《中国科学技术史》翻译小组译，科学出版社，1978年，第333页。

在古代社会，阿拉伯数字产生之前，筹算是世界上最先进的计算体系。后来在筹算的基础上又发展出了珠算。珠算明代时在中国得到了普及，取代了筹算。筹算虽然退出了历史舞台，但它的痕迹直到现在仍然存在，在日常生活中的"筹划""统筹"等词语身上，仍然可以看到历史上筹算的影子。珠算较筹算更为快捷方便，因而使用范围也更加广泛。快捷的计算工具对人类社会的发展来说太重要了，正因为如此，国外曾有人把算盘称为中国古代的第五大发明。珠算的影响及其重要性由此可见一斑。

十进位值制的记数方法、以算筹作工具的数字计算方法，这些是先秦时期中国人在数学领域取得的重要成果。而中国古代数学体系的形成，则要等到汉朝，是以《九章算术》的出现为标志的。

《九章算术》是中国古代一部极其重要的数学著作，它大概完成于汉代，是以问题集的形式编写成书的。全书共收集了 246 个数学问题，并一一给出了答案。对这些问题的解答涉及分数四则运算、比例算法、各种面积和体积的计算、勾股测量术等等。该书对负数概念及正负数加减法则的提出，在世界数学史上是最早的。

《九章算术》的确切作者已很难考。据说西汉著名数学家张苍、耿寿昌等都曾经对它进行过修订删补。1984 年，考古学家在湖北江陵张家山出土的汉代竹简中，发现了一部成书于西汉初年的数学著作，将其命名为《算数书》。该书成书时间比《九章算术》早约一个半世纪以上，是现存最早的中国数学著作。其内容和《九章算术》相类似，有些文句与《九章算术》亦接近，这意味着《九章算术》与之有某种继承关系。嗣后，又出现了《周髀算经》这部著名的天文数学著作，其中包含了勾股定理等一些重要的数学原理，这些内容也被《九章算术》吸收了。可以说，《九章算术》正是在这些数学成就的基础上，经过长时期、多人整理，最终得以成书的。它集秦汉数学之大成，内容丰富，题材广泛，对后世影响深远。它的出现，最终成为中国古代数学体系得以形成的标志。

以《九章算术》为代表的中国古代数学体系，其特点是通过对应用问题的分析，抽象出一般的原理和方法，最终达到解决同类问题的目的。该体系以算筹为主要计算工具，运用十进位值制的记数系统进行运算，内容涵盖算术、代数、几何等各方面。它形成于汉朝，并在其自身发展历程中，逐步走向高峰，成为古代中华民族发展所依赖的重要数学工具。

汉朝之后，进入三国时期，这个历史时期古代数学发展的一件重要事情是刘徽为《九章算术》作注。《九章算术》虽然重要，但它的基本形式是提出问题，给出答案，中间的解答过程却被忽略了。刘徽的注正是针对《九章算术》的这一不足，对寓于全书的各种算法中的数学理论作详尽阐释。他的阐释精辟严谨，影响深远。经过刘徽的注释，《九章算术》才在数学史上真正立了起来，成为可与《几何原本》相媲美的数学经典著作。在世界数学史上，《几何原本》是以演绎为特征的公理化体系的典范，《九章算术》则是以计算见长的算法体系的代表，如同《几何原本》对西方数学的影响一样，在长达一千多年的时间里，《九章算术》一直是东方数学的标准教科书，对中国、朝鲜、日本等国产生了深远的影响。而这一切，如果没有刘徽为其作注，是无从实现的。

刘徽的注不但弥补了《九章算术》缺乏中间环节的不足，对原书的方法、所涉公式和定理进行解释和推导，更有许多自己的发明。他是以注的形式来阐发自己的数学理论的。在刘徽的诸多数学贡献中，最引人注目的是他在计算圆周率方面所作的发明。这一发明是以"割圆术"理论的提出为标志的。

在刘徽的时代，一般人所采用的圆周率是"周三径一"。刘徽指出，"周三径一"不是圆周率，它是圆内接正六边形的周长和圆直径之比。用这个比值计算出的圆面积，并非真正的圆面积。当时人们已经知道圆面积计算公式是"半周半径相乘"，半径是直线，理论上可以准确测得，这样，要求得准确的圆面积，就得知道准确的圆周长，但圆周是曲线，无法直接测量，于是人们用圆内接六边形周长来代替圆周，可是这样又带来了误差。那么，如何才能化曲为直呢？刘徽提出：当圆内接多边形的边数无限增加的时候，多边形的周长就会无限逼近圆周长，这时就可以用多边形周长代替圆周长进行圆面积的计算。[①] 刘徽提出的这种方法就是"割圆术"。

刘徽把自己的设想付诸实施，用割圆术具体推算了圆周率 π 值。他从圆内接正六边形算起，令其边数逐次加倍，相继算出圆内接正十二边形、二十四边形、四十八边形、九十六边形每边的长，还求出了正一百九十二边形

---

① 刘徽原话是："割之弥细，所失弥少。割之又割，以至于不可割，则与圆周合体而无所失矣。"见《九章算术》方田章圆田术刘徽注。

的面积,这相当于求得 π = 3. 141024。他在实际计算中,采用的是 π = 3.14。非但如此,为了验证这一结果,他还继续求得圆内接正三千零七十二边形的面积,得到了更精确的圆周率值 π = 3.1416。

刘徽得出的圆周率值在当时的世界上是非常先进的,但他的功绩并非仅在于此,更在于为圆周率的计算找到了科学的方法,使得圆周率研究工作有了自己坚实可靠的理论基础。后人只要沿用他的方法继续做下去,就能得到越来越精密的圆周率值。此外,他的理论中蕴含着极限概念和直曲转化思想,这也是极其可贵的。这种思想是后世微积分理论的先导。

南北朝时最有代表性的数学工作是祖冲之和祖暅父子两个做出来的。他们在刘徽等人工作的基础上,把传统数学向前推进了一大步。尤其是祖冲之对圆周率的推算,是同时期世界上其他数学家难以望其项背的。祖冲之是世界上第一个把圆周率的值计算到 7 位小数的人,他推算出圆周率的准确值为 3.1415926 < π < 3.1415927,他的这一纪录,直到一千年之后,才被阿拉伯数学家所打破。此外,祖冲之在用分数表示圆周率方面,创造性地提出了约率和密率的概念,他提出的约率是 π = 22/7,密率是 π = 355/113。尽管约率的值前人已经提及,但这两个概念是祖冲之的发明,而且密率值是他发现的。经过计算可以知道,祖冲之的密率值是分子分母都在 1000 之内的分数形式的圆周率的最佳近似值。

祖冲之是如何得到这些结果的,史乏明载,但在当时的历史背景下,他除了运用刘徽的“割圆术”,似乎也别无选择。如果要运用“割圆术”计算出祖冲之的圆周率值,则必须求出圆内接正一万二千二百八十八边形的边长和二万四千五百七十六边形的面积,这样得到的圆周率值才能准确到小数点后 7 位。在用算筹作计算工具的古代,要完成这些计算,需要对九位数作130 余次的加减乘除和开方运算,还要选择适当的有效数字,保证误差不能超越预定的范围,其工作量之大、难度之高,是难以想象的。我们知道,圆周率在科学实践中应用非常广泛,而在古代科学水平下,计算圆周率是一件非常复杂和困难的事情,因此,在相当长的一段历史时期,圆周率的理论和计算在某种程度上反映了一个国家的数学水平。正因为如此,祖冲之的成就引起了人们的高度重视,有不少人赞同把 π = 355/113 称为祖率,以纪念他的杰出贡献。

如果说魏晋南北朝时期的数学发展主要集中在理论化方面的话,那么隋唐时期的数学发展的一件重要事情就是数学教育制度的建立。隋唐时期建立了正规的数学教育制度，由国家掌握的国子监中设立了专门教授数学的算学馆，教科书也由国家统一编订。唐朝显庆元年（656），唐高宗李治指示李淳风等人编纂了十部数学著作，总称《算经十书》，以之作为算学馆教材。这十部著作分别是：《周髀算经》《九章算术》《海岛算经》《孙子算经》《夏侯阳算经》《缀术》《张丘建算经》《五曹算经》《五经算术》《缉古算经》。它们体现了汉唐千余年间中国数学的高度发达。

宋元时期是中国数学发展的黄金时代。这个时期出现了秦九韶、李冶、杨辉、朱世杰这四位世界级的大数学家，他们的一些成果，如高次方程的解法、多元高次方程组消去法、联立一次同余式解法等早于欧洲同类成果五百到八百余年。

明代中国数学的发展表现得非常特殊。一方面，对理论数学的研究处于停顿乃至衰退状态，甚至连宋元时期已经取得的成果也逐渐被人遗忘；另一方面，实用数学的普及程度超越以前任何一个时代，民间出现了大量内容浅显、切近实用的数学书籍，书中将各种公式和法则编成歌诀，使之朗朗上口，便于记忆和推广。这种书籍的出现，很大程度上满足了当时日益兴旺的商业发展的需求。这股实用思潮对数学理论的发展并无裨益，却促成了程大位《算法统宗》的问世，促进了珠算的普及。16世纪中叶，珠算完全取代了筹算，实现了中国古代计算工具的重大变革，这是实用数学的普及所带来的一个巨大成果。

明朝末年，传教士来到中国，在向中国人传布西方宗教的同时，也带来了西方的科学，其中也包括数学。传教士利玛窦（Matthieu Ricci，1552—1610）和徐光启合作，翻译了欧几里得的《几何原本》的前六卷，由此拉开了翻译西方数学著作的帷幕。徐光启非常推崇《几何原本》，认为这是一部既可以增加人们数学知识、又能训练思维的好书，"举世无一人不当学"。在中外学者的共同努力之下，西方的笔算、三角学、对数、几何学、代数学等内容以及比例规、计算尺等数学工具都传入了中国，并引起了中国学者的兴趣，从而改变了中国古代数学的发展方向。

进入清代以后，中国学者一方面继续消化吸收传入的西方数学知识，并努力钻研，力图有所创新；另一方面，在清政府文化政策的高压下，大批学者转向研究古籍考据经典方面，在数学领域，其结果是导致了对宋元以前数学著作的整理和发掘,促成了被明朝人遗忘了的大批数学遗产重放光明。清代后期的洋务运动,促进了西方科学知识其中也包括数学知识的传入,数学领域中西合流的倾向进一步加强。1840 年的鸦片战争,西方列强用武力打开了中国的国门,大批传教士来到中国,其中一些人在中国开办了教会学校,学校中设有数学课程,讲授西方数学。

在这段时间,中国学者面对西学的涌入,也以前所未有的规模和深度,学习和钻研西方科学知识。像李善兰、华蘅芳等不但学习西学卓有成效,翻译了大量西方数学书籍,并结合中文特点,确定了大批数学译名,使西方数学在中国扎下根来,而且潜心研究,做出了多项创造性成果。他们的工作,标志着中国近代数学研究的开端。

1905 年 9 月,清政府发布"上谕",宣布废除科举制度,兴办新式学校。这一举措,导致了中国教育制度的根本转轨,西算被指定为新式学校数学课程的教学内容,彻底取代了传统数学的地位。从此,中国数学正式步入了近代轨道。

三　计时技术的演变

在中国古代诸多创造发明中,计时技术方面的发明毫无疑问可以跻身于古代科技发明榜的前列。这既是由于时间计量是科学进步的前提、是社会有序运转的技术保障,也由于中国古代计时精度达到了令人惊叹的地步。中国古代在时间计量方面所取得的成就已经为世人所公认,而这些成就的取得是以高超的计时技术为保障的。

要进行时间计量,首先要建立适用的时间单位。

古人计时,以日为基本单位,再对日进行细分,建立小于日的人为时间单位。对此,中国古代普遍采用的是分 1 日为 12 时的计时制度,此即所谓的十二时辰制度。

十二时辰计时制度是把一个昼夜均分成 12 个时间段,每个时间段分别用子、丑、寅、卯、辰、巳、午、未、申、酉、戌、亥这十二地支中的一个来表示。后来,古人觉得一个昼夜分成 12 时,每个时段过长,于生活多有不便,于是又把每个时辰分成时初和时正两个小时辰,这就形成了 24 小时制。这种 24 时制一直沿用至今,小时这个名称在现在的社会生活中依然被使用着。

表 3.1　古今时间对应关系

古时辰	子时	丑时	寅时	卯时	辰时	巳时	午时	未时	申时	酉时	戌时	亥时
今时间	23-1时	1-3时	3-5时	5-7时	7-9时	9-11时	11-13时	13-15时	15-17时	17-19时	19-21时	21-23时
古小时	子初	子正	丑初	丑正	寅初	寅正	卯初	卯正	辰初	辰正	巳初	巳正	午初	午正	未初	未正	申初	申正	酉初	酉正	戌初	戌正	亥初	亥正
今时	23时	0时	1时	2时	3时	4时	5时	6时	7时	8时	9时	10时	11时	12时	13时	14时	15时	16时	17时	18时	19时	20时	21时	22时

　　但是,即使有了小时制,如果仅以小时作为最小的时间单位,这样的社会,其社会管理、社会生活必然相当粗放。随着文明的发展,人们会要求时间单位越来越细化。

　　古人建立了百刻制,来满足社会对更小的时间单位的需求。百刻制是把一个昼夜分成100刻,以刻作为最小计时单位。百刻制和十二时制都是以一个昼夜为划分对象,因此,它们是两套并存的时间单位。既然百刻制和十二时制是并存关系,彼此不能取代,就有一个相互配合的问题。但100不是12的整数倍,无法把100刻均匀地分配到十二时辰或二十四小时制中。如何协调二者关系,是让古人很头疼的一个问题。

　　有两种解决办法。一是改革百刻制,将其改成120刻制或96刻制。古人确曾作过这样的尝试,但由于各种因素的影响,这些尝试均不曾坚持下去。一直到明末清初,传教士进入中国,带来了欧洲的天文学知识和时间制度,人们才又提出实行96刻制的建议。到了清代,96刻制成为正式的时间制度。1个时辰等于8刻,1小时等于4刻,每刻等于15分钟。刻作为时间概念,直到现在还遗留在人们的日常语言当中。

　　另一种方法是把刻再细分,设法使它与十二时制配合起来。古人常用的一种方法是把1刻分成6小刻,这样每个时辰就包含8刻2小刻,每个小时包含4刻1小刻。按照这种分法,刻和小刻与现在时间单位的换算关系是:1刻=14.4分钟,1小刻=2.4分钟。用这样的方式,百刻制与十二时制终于配合起来了。

　　时间单位确立以后,下一步,就是如何找到合适的计时仪器,把时间的流逝反映出来。对此,古人一开始是用日晷来完成计时任务的。

既然不管是十二时制还是百刻制，都是对日这个基本时间单位的细分，而日是以太阳绕地一周的视运动为基础建立起来的，这不难启发人们想到，要计量时间，只要观察太阳在空中的方位即可。但太阳在空中，日光耀目，很难对之直接观测，为此，古人选择了在平地上立一根竿子，观察其在日光下的影子方位的变化，由此逆推太阳在空中的方位，从而测知相应时间。这就导致了日晷计时的诞生。

早期的日晷计时，只是选择在平地上竖一根竿子，在竿子周围画一些用来表示时间的线条，根据竿影在线条之间的位置，来读取时间。这种形式的日晷，叫做地平式日晷。这根竿子构成了日晷的表，而刻画有时刻标志的地面就构成了日晷的晷面。后来，人们把晷面和表做在一起，就成了便携的专门测量时间的日晷。

地平式日晷的起源时间至迟不晚于战国，这是通过文献分析可以确定的。至于其具体形制，透过考古发掘，亦可窥见一斑。1897 年，在内蒙古呼和浩特以南的托克托城出土了一块方形石板，石板的尺寸是 $27.5 \times 27.4 \times 3.5$ 厘米，石板上面刻画了一个大圆，圆心处开有一圆孔，由圆孔向外刻有辐射线，辐射线分布在圆面 2/3 的范围，辐射线顶端刻有 1 至 69 的数字。其具体形制见图 3.3。由出土情况和数字的写法来看，该石板应为秦汉之际的遗物。由其构造及图案刻画来看，它是一具日晷。

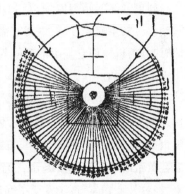

图 3.3　1897 年于内蒙古托克托出土的日晷

托克托日晷的使用方法很简便，只要将石板平放在地面，使其没有刻辐射线的一面正对南方，然后在圆心的孔洞中插入一表，观察其在日光下的表影投向即可。表影投射到哪条线上，由那条线端的数字即可直接读出相应的时刻。

类似托克托日晷的这种地平式日晷在古代并不多见，原因是它存在着较大的计时误差。我们知道，地平式日晷是以太阳在空中的周日视运动为计时依据的，而太阳在空中的周日视运动是同赤道面平行的，这样，只有使日晷晷面同赤道面平行，太阳对晷表的投影在晷面上的移动才是均匀的。

而地平式日晷的晷面是同地平面平行的,这就使得晷表表影在晷面上的移动不均匀,日出和日没时表影移动得快,中午则移动得慢,由此就导致了计时误差的出现。要解决这一问题,最简单的办法就是让晷面平行于赤道面,让晷表指向天北极。这样一来,就导致了一种新式日晷——赤道式日晷的出现。

赤道式日晷在中国出现的时间,至迟不晚于宋代。南宋学者曾敏行在其所撰的《独醒杂志》中详细记载了赤道式日晷的结构和使用原理,为赤道式日晷的流行奠定了基础。自此以后,赤道式日晷在中国普及起来,成为日晷计时的主体。

日晷计时简便易行,但容易受到气候条件的影响,而且晚间无法使用,不能连续计时。所以,必须有其他计时仪器的补充。在中国古代,使用最广泛、地位最重要的计时仪器,并非日晷,而是漏刻。

漏刻计时的基本原理,是利用均匀水流导致的水位变化来显示时间。漏刻计时的本质是守时,因为它需要依赖像日晷那样的天文计时为其提供计时起点,以便使它显示的时间与天文计时的结果一致,即漏刻计时是服从于天文计时的。

漏刻在中国起源时间很早。古人曾把漏刻起源时间追溯到黄帝的时代,《隋书·天文志》说:"昔黄帝创观漏水,制器取则,以分昼夜。"南北朝时的《漏刻经》也说:"漏刻之作,盖肇于轩辕之日,宣乎夏商之代。"如果说古人在黄帝时代通过观察漏水,受到启发,把水的流失与时间的流逝联系起来,经过长期积累,逐步发明了漏刻,漏刻在夏商时代得到了比较大的发展,也未必完全是无稽之谈。当然,夏朝的情况究竟如何,无文献依据可考,而商周时期已经有了漏刻,则是可以肯定的。

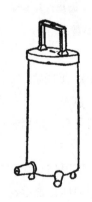

图 3. 4
出土的西汉沉箭漏

早期漏刻的形式比较简单,大概就是一只简单的壶,壶中盛水,在底部开一小孔向外泄水。水中放一浮子,浮子上安插一画有时刻标记的木箭,通过观察木箭在壶中的降落情况来判断时间。随着水的流失,箭逐渐沉入壶中,故这种漏刻称为沉箭漏。

沉箭漏在使用过程中,显示时刻的木箭是逐渐没入壶中的,这样使用者要观察时刻,不太方便。由于漏壶在使用中,应该另有一壶来收集其所排出的废水,这样,人们不难想到,只要把木箭移到这个受水壶中,随着漏壶中水的流失,受水壶的水面不断上升,箭露出壶口的部分也逐渐增加,观察起来就直观多了。这种设想的付诸实施,就导致了另一种漏壶——浮箭漏的诞生。

不管是浮箭漏,还是沉箭漏,如果只有一个壶供水,一个壶受水,都属于单级漏壶。显然,单级漏壶的计时精度不会高。因为漏刻是通过水位变化来显示时间的,如果供水壶向箭壶(即受水壶)泄水的速度是均匀的,那么时间显示就是均匀的,但供水壶的泄水速度显然受其内部水位的影响,水位高时流速大,水位低时流速小,这就使得木箭显示的时间也不均匀,导致了比较高的计时误差的出现。

既然随着时间的流逝,供水壶的水位不断下降,影响了计时的精确度,那么能否在供水壶向下泄水的同时,用另一壶向其供水,以补充其减少的水量? 根据这样的思考,东汉时期,人们在漏刻的供水壶上方又加了一个供水壶,这就使得漏刻的发展由单级漏进入到了多级漏,一开始是二级漏。东汉著名科学家张衡曾经描写过当时二级漏壶的使用情况:

> 以铜为器,再叠差置,实以清水,下各开孔。以玉虬吐漏水入两壶,左为夜,右为昼。[①]

张衡的这段话表明,漏壶是用铜制作的,所谓"再叠差置",是指两个供水壶要重叠错开放置。玉虬是指用玉做成的虹吸管。由于昼夜长短不一,干脆把箭壶也设计成两个,分别在白天和夜晚使用。

单级漏升级成二级漏以后,计时精度得到了大幅度的提高。华同旭博士做过仿古模拟实验,证实只要调理得法,二级漏的计时精度可保持在日误差不大于

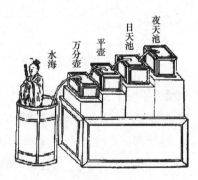

图 3.5　唐代吕才四级漏

40 秒的水平。[②] 在东汉时期,这样的计时精度是令人难以想象的。既然由单级漏升级成二级漏效果就这么显著,何不再继续增加漏壶的级数,以获得

① ［唐］徐坚:《初学记》卷二十五器物部。

② 华同旭:《中国漏刻》,安徽科学技术出版社,1991 年,第 45 页。

更高的计时精度呢？正是在这样的思路驱使下，到了晋朝，就出现了有三个供水壶连用的三级漏。而到了唐代，吕才甚至创制了四级漏，使漏壶的级数达到了登峰造极的地步。

实际上，漏壶的级数没必要一加再加。对于多级漏壶，关键在于调理，要合理确定各级漏壶的初始水位和加水时间间隔。这个技术非常复杂，以至于当漏壶级数达到三级以后，再增加其级数所导致的技术上的麻烦程度的增加，超越了其有可能带来的正面效益。由此，当漏壶级数达到四级以后，古人没有沿着继续增加其级数以提高计时精度的思路走下去，而是另辟蹊径，找到了一种更为简捷的保持直接供水壶水位稳定的方法，其具体成果就是北宋燕肃的莲花漏。

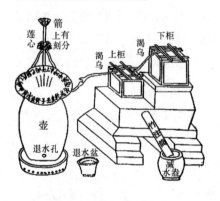

图 3.6　北宋燕肃莲花漏

莲花漏的计时原理与莲花毫无关系，它之所以得名，是由于其箭壶的壶盖上有莲花形装饰物的缘故。图 3.6 是燕肃莲花漏工作原理示意图，由该图可以看出，莲花漏是二级漏壶，最上一级叫上柜，它通过渴乌也就是虹吸管向下柜供水，下柜再通过一个虹吸管向箭壶注水。莲花漏的最大创新之处在于其向箭壶直接供水的壶（即图 3.6 中的下柜）上侧增加了一个溢流口。据古书记载，在下柜之侧设有"铜节水小筒、竹注筒、减水盏"[1]，在工作时，上柜向下柜的供水量稍大于下柜向箭壶的供水量，这样到一定时间，下柜有些水就多余了出来，多出来的水由其上侧的溢流口经"铜节水小筒""竹注筒"流入"减水盏"中（图 3.6 少画了"铜节水小筒"）。这样就构成了一套漫流系统。漫流系统的存在，使得下柜在向箭壶供水时，可以保持水位稳定，从而也就保证了计时精度。燕肃发明的漫流系统直观、简便、有效，因而在后世的漏刻技术上得到了广泛的应用，成为漏刻发展史上的标志性技术。

---

① 《古今图书集成·历象汇编·历法典》第九十九卷《漏刻部》。

在中国漏刻发展史上，除了上面提到的一些漏刻之外，还有一些漏刻也十分有名，例如5世纪北魏道士李兰发明了秤漏，把对漏刻流水重量的称量转化为对时间的显示。11世纪北宋科学家沈括不但创制了熙宁晷漏，设计较之燕肃的莲花漏更为完善精致，计时精度也更高，而且他还专门撰写了《浮漏议》一文，详细记载了熙宁晷漏的设计原理和制作技术。该文被收入《宋史·天文志》中，成为中国漏刻发展史上的一篇重要文献。另一位北宋学者苏颂则主持建造了一座大型天文观测和计时的仪器，叫做水运仪象台，并为之撰写了一部著作，叫做《新仪象法要》。水运仪象台把用浑仪观测的天文计时和用漏刻测报的物理计时相结合，还增加了浑象作为演示装置，增加了用摇玲报告时辰的时初、用敲钟报告时辰的时正、用击鼓报告具体时刻的音响报时装置，增加了用木偶怀报时牌轮流出现的视觉报时装置。水运仪象台的设计之独到、规模之宏大、结构之复杂、功能之多样，堪称当时世界之最。

漏刻计时是古代计时的主体。古人对漏刻计时极为重视，不但在其构造上下大功夫，不断革新，而且在管理上也精益求精。漏刻计时是系统工程，要提高漏刻计时精度，科学管理至为重要。古人在使用漏刻计时的过程中，对各种技术细节考虑得非常周到，例如漏刻用水，规定要专井专用，以保持水质稳定。还要将漏刻置于密室，以保持其工作环境尽可能恒温恒湿，减少温、湿度等环境因素的变化对水流量的影响。在制作漏壶时，对材料的选择、结构的推敲均十分慎重，对管理漏刻的人员也有严格要求。正是在古人的精心设计、科学管理和严格要求之下，漏刻在中国古代获得了高度发展，其计时精度达到了令人惊叹的地步。北宋时漏刻计时日误差可以小于20秒，沈括甚至以其熙宁晷漏为计时依据，发现了太阳的周日视运动也就是地球自转的不均匀性。在11世纪，能取得这样的成就是匪夷所思的。中国古代计时精度在很长一段历史时期内，一直走在世界前列。一直到18世纪，西方学者根据伽利略发现的摆的等时性原理，把直进式擒纵机构应用到机械摆钟上，使机械钟的计时精度大为提高，达到了日误差几秒的量级，这才赶上和超越了中国传统的漏刻。

四　测向技术的辉煌

与时间计量相对应的，是空间计量。在古代社会，空间计量的重要任务之一是对方向的测定。在这方面，中国古人为世界文明作出了巨大贡献，举世闻名的四大发明之一的指南针，就是中国古人在这个领域获得的有代表性的重要成果。

方向观念的产生，本质上是由于地球的自转。地球在自转过程中，角动量守恒，这样，其自转轴就为人们提供了一个恒定不变的南北方向，与其垂直的方向，就是东西方向。空间四向的观念，即产生于此。

地球自转给人们带来的直接感觉是太阳的东升西落，人们对空间方向的测定，首先也就围绕着太阳的周日视运动展开。一开始，当然是用目视太阳所在的方位，大致判断东西南北。但这种方法比较粗疏，要准确定出东西南北四向，需要用立竿测影的方法，按照一定的程序，进行精确的测量。在中国历史上，《考工记》一书最早明确记载了如何根据太阳的视运动，用立竿测影之法测定东西南北四向：

> 匠人建国，水地，以悬置槷，（以悬）眂以景。为规，识日出之景与日入之景。昼参诸日中之景，夜考之极星，以正朝夕。①

"国"，这里指都城；"水地"，指用取水平的方法处理地面；"槷"即表，"以悬置槷"，指用悬垂线的方法把表树得与地面垂直。"眂"同视，"景"同影。"为规"，指以表为中心画圆。这段话所描述的操作过程是这样的：平整好土地树好表以后，以表为中心画一适当大小的圆，当日出日没时，分别记下表影与圆周的交点。这两个交点的连线，就是东西方向；与其相垂直的方向，就是南北方向。（见图3.7）此外，还要再参考正午时表影的指向以及夜晚北极星所在的方位。几种方法并用，以确定准确的东西方向。

《考工记》记述的方法简便且实用。这种方法之所以成立，是由于它是以太阳周日视运动的对称性为理论依据的。另外，它还主张将不同的测量方法所得结果相互比对，以增加测量结果的可信度，这与现代误差理论的要

---

① 《考工记·匠人》。

求也是一致的。

《考工记》的方法也有不足,主要表现在其所选择的时间是日刚出没之时,这时的太阳光线很弱,导致表影模糊,使观测者很难精确确定表影与圆周的交点。为了弥补这一缺陷,西汉的《淮南子·天文训》提出了另一种测影定向方法:

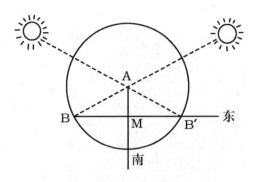

图 3.7 《考工记》测影定向示意图(图中 B、B′是日出、日没时表影与圆周的交点,其连线代表东西方向,其垂直平分线 AM 代表南北方向)

> 正朝夕:先树一表东方,操一表,却去前表十步,以参望日始出北廉。日直入,又树一表于东方,因西方之表以参望。日方入北廉,则定为东方。两表之中,与西方之表,则东西之正也。

上述方法可参见图3.8。具体操作程序是这样的:先在平地上立一定表 B,然后再拿一表 A,在早晨太阳刚出时,让 A 表在相距 B 表 10 步的地方对 B 表和太阳中心进行瞄准,当三者成一直线时,将 A 表固定下来。当傍晚太阳要没入地平线时,另用一表 B′,在相距 A 表 10 步的地方对 A 表和太阳中心进行瞄准,当三者成一直线时,将 B′ 表固定下来。这时 B 和

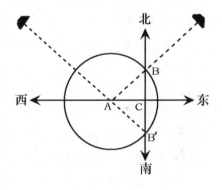

图 3.8 《淮南子》测影定向示意图

B′的连线表示的就是正南北方向,其中点 C 和表 A 的连线表示的是正东西方向。

《淮南子》的方法用目视取代了对表影的观察,可以有效地避免因表影模糊造成的误差。因为测量时间是在日刚出没之时,这时日光柔和,可以用目直视。显然,《淮南子》方法的定向精度比《考工记》的要高。

《淮南子》以降,历代都有学者探讨如何提高测影定向的精度问题。其

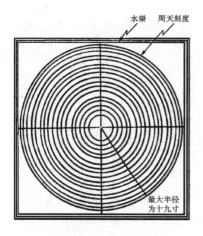

水渠　周天刻度

最大半径
为十九寸

图 3.9　郭守敬的正方案

中成果最突出的是元代的郭守敬。郭守敬利用测影定向原理,发明了专门仪器,叫做正方案。正方案的结构如图3.9所示,是一个 4 尺见方厚为 1 寸的石板,在板的中心有一个孔洞,围绕孔洞刻画了 19 个间距为 1 寸的同心圆,同心圆的外围刻画了周天度数,石板的四周刻有水渠,以便在使用时为石板取平。在测定方向时,首先在孔洞中插上表,然后观察太阳升起后表影的变化情况。随着太阳的升高,表影逐渐缩短,当表影的端点从西侧进入外圆时,在圆周相应位置做一个标记。表影继续移动,其顶端不断与圆周相交,依次记下每个交点,直到下午表影东移出外圆为止。这时把同一圆上的两个交点连接起来,其连线所指的方向就是东西方向,其垂直平分线所代表的方向就是南北方向。因为圆周很多,这样形成的连线也很多,彼此可以互相比较,以求得最佳结果。

郭守敬的做法很有道理。他选择在太阳升高到一定程度时才开始测量,这时太阳光比较强,表影浓度高,便于观察。他采用了多组观测的办法,以提高测量结果的准确度,这与现代误差理论的主张是一致的。此外,他还考虑到了不同季节太阳赤纬变化对测量结果的影响。正因为他的考虑非常全面,设计也非常合理,因此他的测影定向结果非常好。现在河南登封告成镇的观星台是郭守敬主持建造的,该台长达 100 多尺的石圭集中体现了郭守敬的测影定向技术。1975 年,北京天文台曾派人前往告成,用现代科学方法测定了石圭的取向,证实该石圭与当地子午线方位吻合得很好。这一事实表明,郭守敬对测影定向技术的运用,达到了炉火纯青的地步。

用测影的方法定向,虽然结果精确,但也有移动不便、使用场合受到限制等不利因素。为此,古人还发明了多种别的测定方向的技术。其中最重要的,当属指南针技术。这是中国古代最重要的技术发明之一。

在举世闻名的中国古代四大发明中,指南针的发明最不可思议。指南针的指南,是由于磁石的两极 N 极和 S 极与地磁场的 N 极和 S 极相互作用的结果。因为地磁场的 N 极和 S 极正好与地球的南极和北极相重合,于是指南针的磁极与地磁场的磁极相互作用的结果,就表现为其在地理上的指南。问题在于,在古代社会,古人发现天然磁石的吸铁性质并不困难,在把玩磁石的过程中发现磁石的两极亦不困难,但要把磁石的两极与地理上的南北方向联系起来,则谈何容易!因为古人不但对地磁场没有丝毫的了解,甚至对大地形状的认识,也仍然停留在地平观念的阶段。在此基础上,要让他们发现磁石的指极性,并进而研制出指南针来,似乎是天方夜谭。

但中国古人毕竟迈过了这一阶段,发现了磁石的指极性,并在此基础上,发明了磁性指向装置。他们把这种磁性指向装置叫做司南①,司南经过一系列演变,最终成了我们现在所说的指南针。

中国人何时发现了磁石的指极性,现在尚不清楚。我们知道的是,在战国时期的一些著作中,已经出现了"司南"这一名称,并且这些"司南"确实是用来判断方向的,但它们的结构、形状、使用方法等却未被记载下来,因此我们还难以断定它们是否就是磁性指向装置。

东汉王充的《论衡·是应》篇也提到了"司南",并对其使用方法有所涉及:

> 司南之杓,投之于地,其柢指南。

"杓"是一种勺子,"柢"是其柄,"地"在此指地盘,是一种光滑的四周有刻度的金属盘。把司南这种勺子投放到光滑的金属盘上,它的柄就会指南(见图3.10)。具有这种性能的司南,一定是磁性指向装置无疑。由此,我们可以断定,在东汉时期,中国人已经发现了天然磁石的指极性,并据此制作了某种勺形磁性指向装置。对这种装置,我们不妨称其为指南勺。

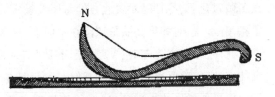

图3.10 王振铎复原的东汉司南

指南勺虽然出现于东汉,但在此后的中国历史上并未得到普遍使用。之所以如此,原因有多种。首先在于制作的繁难。天然磁石磁性弱,怕震

---

① 在古代,司南并不全指磁性指向装置,有时它也是另一种机械指向装置——指南车的代名词。

动,在磨制磁勺的过程中易失磁,制作不易。再者,圆弧状的勺柄,使指向精度受到了限制。另外,磁勺厚重,与地盘的摩擦力比较大,造成其指向效果不够理想。显然,用天然磁石作原料,无法制成精巧细致的针状指向装置。要改变这种情况,必须找到新的磁性材料,设计出新的样式和使用方法。

寻找新的磁性材料的工作,耗费了中国人几百年的时间,到了北宋,终于获得了突破性进展。宋仁宗时,宰相曾公亮主持编撰了《武经总要》一书,其中提到了"指南鱼"的制作方法,颇有价值:

> 指南鱼……以薄铁叶剪裁,长二寸,阔五分,首尾锐如鱼形。置炭火中烧之,候通赤,以铁钤钤鱼首出火,以尾正对子位,蘸水盆中,没尾数分则止。以密器收之。用时置水碗于无风之处,平放鱼在水面令浮,其首常南向午也。①

这里说的"指南鱼",是以铁为原料,用人工磁化的方法,使之获得磁性,具有指南的功效。《武经总要》介绍的方法,富含科学道理。现代科学告诉我们,一般情况下,铁虽然含有大量磁畴,但这些磁畴的分布是杂乱无章的,因而铁整体对外不显磁性。在加热的时候,如果把铁片烧得通红,当其温度达到769℃这一居里温度时,铁片中的磁畴就会瓦解,整个铁片变成顺磁体。这时蘸水冷却,磁畴就会重新生成。因为冷却过程中铁鱼是沿子午线也就是地磁场方向放置的,这时重新生成的磁畴在地磁场的作用下,就会沿地磁场的取向排列。磁畴的规则排列,使得铁鱼整体对外显示出磁性。即是说,铁鱼被磁化了,冷却时对着北方的鱼尾被磁化成了指北极,鱼首则被磁化成了指南极。这时如果让铁鱼漂浮在水面上,鱼首自然就指向了南方。

此外,在蘸水冷却时,"没尾数分则止"的做法亦颇有道理。因为在中高纬度地区,地磁场有相当大的倾角,如果把鱼水平放置,这时起磁化作用的仅仅是地磁场的水平分量,磁化效果就会比较弱;而如果使鱼尾向下倾斜,就会使得铁鱼的轴线与地磁场更加接近,从而增强了磁化效果。

在《武经总要》的这段描述中,淬火是一个不容忽视的环节。淬火相变使得磁化后的铁鱼具有较强的矫顽力,这有助于保持磁力。同时,铁鱼的长条形状,也有助于减少退磁因数,保持铁鱼的磁性。

---

① ［北宋］曾公亮:《武经总要》前集卷十五。

《武经总要》的介绍,本质上是利用地磁场而采取的人工磁化方法。这使我们感到甚为惊异。因为当时的人们根本没有地磁场的概念,不知道地磁倾角的存在,甚至连地球观念也不够清晰。这种情况下,他们居然发明了非常科学的指南鱼的制作方法,真是咄咄怪事。透过这件事情,我们不能不对古人深刻的洞察力表示由衷的叹服。

指南鱼的制作方法虽然科学,但它并没有得到普及,原因是中国人不久就找到了更为简捷有效的人工磁化方法。北宋沈括的《梦溪笔谈》卷二十四详细记载了这种方法以及由此制作的指南针的架设方法:

> 方家以磁石磨针锋,则能指南,然常微偏东,不全南也。水浮多荡摇。指爪及碗唇上皆可为之,运转尤速,但坚滑易坠,不若缕悬为最善。其法取新纩中独茧缕,以芥子许蜡,缀于针腰,无风处悬之,则针常指南。

"以磁石磨针锋",在古代,这是最简便的人工磁化方法,而且效果好,因为是用铁针在天然磁石上摩擦而使其磁化的,磁化后的铁针直接就成了指南针。针形的指南装置,其退磁因子小,指向精度高,因而得到了普遍的应用。

沈括这段话不仅记载了指南针的制作方法,记载了磁偏角的存在,还探讨了指南针的架设方法。他介绍了指南针的四种架设方法,分别是水浮法、指甲法、碗口法和丝悬法(见图 3.11)。在这四种方法中,他认为"水浮多荡摇",不可取;指甲法、碗口法"坚滑易坠",亦不可取。他最赞成的是丝悬法,并且仔细思考了该法的技术细节。这

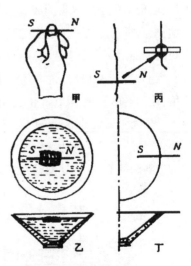

图 3.11 沈括设想的指南针的四种架设方法(甲为指甲法,乙为水浮法,丙为丝悬法,丁为碗口法)

些讨论,表现了他对解决指南针架设问题的重视。

沈括最为推崇的丝悬法,并未被后人普遍采用,被他批为荡摇不定的水浮法,倒是在后世得到了发扬光大。后世的指南针设计者把漂浮指南针

图 3.12　明代的水罗盘

的水室体积缩小，并加以密封，不但有效地限制了指南针在其中的晃荡，而且还减缓了外界颠簸震动对磁针平衡的影响，这就导致了明清时期广泛使用的水罗盘的诞生。图 3.12 即为明代的一种水罗盘，盘中央为凹陷下去的水密室，指南针横贯灯芯草之类的浮体，漂浮于其中。密室外刻画着古代的方位制度。盘体系用青铜铸成。在中国，这种形式的水罗盘一直沿用到 19 世纪晚期。

继沈括探讨指南针的架设方法之后，南宋陈元靓的《事林广记》记载了一种木刻指南龟，为人们探讨指南针的架设提供了另一种思路。据该书的记载，指南龟是用木头刻成乌龟的形状，乌龟的腹部顺其首尾方向开有一槽，槽内按选定的极性装入磁石，在龟的尾部插入一根针，以之指方向。龟腹的下部挖有一个小凹槽，用一个竹钉顶着小凹槽，竹钉固定在一个木制的底板上（见图 3.13）。竹钉坚硬，凹槽光滑，二者之间的摩擦力很小，拨动木龟，让其自由旋转，等其静止后，龟首自然指南，龟尾指北。

指南龟最大的参考价值在于它的支撑方式。这种支撑方式的进一步发展，就导致了旱罗盘的诞生。由于水罗盘在中国大行其道，旱罗盘是在指南针传到国外后，在国外发展起来的，后来又传回中国，时间大概在明中叶以后，即 16 世纪早期或中期。旱罗盘的一个很大优点是旋转灵活，使用方便。有一种旱罗盘是把纸质盘面贴到磁针上，这样盘随针动，判别方向更加方便。再到后来，为了防止盘体随海船大幅度摇摆时造成的磁针过分倾斜而无法转动的现象的发生，万向支架也被用到指南针上去了，这使得即使在颠簸不定的大海上，指南针仍然

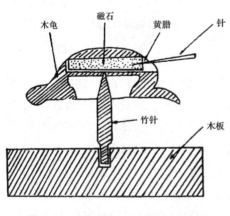

木龟　　磁石　　黄腊　　　针

竹针　　　木板

图 3.13　《事林广记》指南龟剖面图

可以正常使用。

水罗盘和旱罗盘各有优点，到 20 世纪初，人们结合二者的优点，设计制作了新型的液体罗盘。新型的液体罗盘将传统的水罗盘和旱罗盘的优点结合在一起，是中国和世界、东方和西方之间科学技术交流的产物。

指南针起源于中国，大概 12 世纪末 13 世纪初传入阿拉伯，经阿拉伯人之手传到欧洲，在欧洲的航海大发现中发挥了重要作用。就这个意义上说，指南针的发明改变了人类社会的历史进程。

思考题

1. 应如何看待中国古代的宇宙结构学说？
2. 中国古代关于宇宙结构的论争的特点是什么？
3. 数学在中国古代社会地位如何？古人如何看待数学？
4. 中国古代数学有何特点？它的发展经历了什么样的历史进程？
5. 有人认为托克托日晷是地平式日晷，也有人认为它是赤道式日晷，你怎么看待这个问题？
6. 从技术进步的角度来看，中国漏刻的发展大致经过了几个历史阶段？
7. 测影定向技术是怎样发展起来的？
8. 应如何看待指南针这一发明的历史意义？
9. 指南针的发明大致经历了什么样的历史阶段？

阅读书目

1. 〔英〕李约瑟：《中国科学技术史》，《中国科学技术史》编译小组译，科学出版社，1975 年。
2. 陈美东：《中国科学技术史·天文学卷》，科学出版社，2003 年。
3. 中国科学院自然科学史研究所主编：《中国古代科技成就》，中国青年出版社，1995 年。
4. 杜石然等：《中国科学技术史稿》，科学出版社，1984 年。
5. 华同旭：《中国漏刻》，安徽科学技术出版社，1991 年。
6. 关增建：《计量史话》，中国大百科全书出版社，2000 年。

第四讲

阿拉伯的科学

一 历史背景

（一）伊斯兰文明的兴起

生活在阿拉伯半岛的阿拉伯人，直到公元 5 世纪还过着游牧部落的生活，骑着骆驼，赶着羊群，哪儿有水草，哪儿就是自己的家。

公元 570 年，穆罕默德出生于麦加城的一个贫苦家庭，后来成为一个普通的商人，有自己的商铺、妻子、女儿。然而这一切在公元 610 年的一个夜晚发生了重大的改变。他邀请了自己部落的 40 位头面人物来自己家中做客，要向他们宣告一件重大的事情。在此之前，穆罕默德接连做了几个梦，梦见自己受到真主的召唤。穆罕默德召集部落头领就是想向他们宣告：他是真主的使者，他要替真主完成神圣的使命。"我知道，没有任何阿拉伯人能用比我的话更高贵的言辞来打动人民。"

这天晚上，从穆罕默德的话中诞生了一个崭新的宗教——伊斯兰（Is-lam）。"伊斯兰"在阿拉伯语中表示"归顺"，皈依该宗教精神的人就称为"穆斯林"（Muslin，阿拉伯语的意思是"顺从者"，即伊斯兰教的信徒，又称"穆民"）。

伊斯兰教的教义一开始在麦加城受到保守势力的反对。公元 622 年穆罕默德离开麦加前往麦地那，在这里穆罕默德才建立起自己的神权国家。这一年，被视为穆斯林的纪元元年。伊斯兰教受到阿拉伯人民的广泛拥戴，信徒纷纷聚集到麦地那，力量逐渐强大起来。穆罕默德 630 年返回麦加，

632 年统一阿拉伯半岛。同年穆罕默德因病去世,最丰厚的遗产是伊斯兰教。继任者继续穆罕默德的事业,连年征战,到公元 750 年形成了版图辽阔的阿拉伯帝国。

(二) 翻译的时代

求知向学是穆斯林的天命,对此,穆罕默德特别说明:"哲理是穆民失去了的骆驼,必须寻找回来。""你们去求学吧!哪怕知识是在中国,因为求学对每一个穆斯林来讲都是天命。"许多阿拉伯人不避艰险,长途跋涉,远离故土去寻求学问,一些人因此而丧生异域,也被视为与参加伊斯兰"圣战"的牺牲者同样光荣。

公元 4 世纪左右,罗马帝国排斥异教,许多希腊学者携带大量的科学文化典籍逃到了波斯,后来波斯成为阿拉伯帝国的领土,这些文明遂成为阿拉伯人取之不尽的精神财富。

伊斯兰的科学文化是通过吸收与掌握比较成熟的文明的知识建立起来的。因此,"翻译"成为阿拉伯科学的真正起点。阿拔斯王朝前期(750—847),生产发展,经济繁荣,交通畅通,国库充盈,社会稳定,为文化和学术的发展提供了可靠的物质基础和社会保障,加之中国造纸术的传入,极大地方便了书籍的著述、抄写与文化的传播,因而翻译事业更得到进一步发展,形成了一场声势浩大的"百年翻译运动",对阿拉伯文化产生了深远的历史影响。

早期的影响主要来自波斯和印度。例如,在公元 8 世纪 60 年代,就有一个印度使团到巴格达传授印度科学和哲学,帮助把印度的天文学和数学文献从梵文翻译成阿拉伯文。但是,在接下来的一个世纪,翻译工作逐渐集中于希腊的科学著作。公元 832 年,巴格达的政府首脑哈里法麦蒙(Al-Ma'mun)在巴格达仿照亚历山大里亚也建立起了著名的"智慧宫"(Bayt al-Hikma),下设天文台、图书馆、翻译处,在那里集中了大批学者和专家,专事收集、整理、翻译和研究古希腊的著作。结果,希腊有关自然哲学、数学和医学的全部文献几乎都被翻译成了阿拉伯文,从而使得阿拉伯文成为当时文明和科学的国际性语言。

遍布各地的每一座清真寺当然主要是宗教中心,但同时也是读书识字和做学问的中心。"马德拉萨"(madrasa)则是另一种学术机构,即学馆,由一些有声望的学者主持，招收学生，聚众讲学。世俗的科学就是在这些传授较高学问的机构中找到了栖身之所。图书馆常常附属在清真寺和学馆里，有专人照管，并对公众开放。如 13 世纪的巴格达有 30 多所学馆，每一所都有自己的图书馆。在 10 世纪时，开罗也有一所智慧宫（Dar al'-ilm），藏有图书约 200 万册，其中约 1.8 万册属于科学书籍。到 1500 年，大马士革有 150 多所学馆。设在马拉盖的天文台也有一座图书馆，据考证，藏有 40 万卷图书。阿维森纳（Abu Ali Al-Husayn Ibn Abdallah Ibn Sina 或 Avicenna，980—1037），阿拉伯著名的医学家，在他留下的著作里有一段对地处亚洲伊斯兰世界边缘地带的穆斯林居住地布哈拉城中的皇家图书馆规模的生动描写：

> 我在那里看到许多放满图书的房间，装有图书的书箱摞成一层又一层。有一个房间专门放阿拉伯哲学和诗歌类书籍，另一个房间放法律书籍，如此等等。各门类的科学图书也单独有一个房间。我翻阅了一下古希腊作者的著作目录，查找我需要的图书。在这里的收藏中，我看到了极少有人听见过书名的图书，我本人则是在那以前从未见到过，而以后也再没有在别处看到过。

就是在这样的历史背景下，阿拉伯人开始了自己的科学创造。

二 阿拉伯的数学

（一）花拉子米与《代数学》

经过近一个半世纪的翻译工作，阿拉伯人进入吸收和创造时期，从 9 世纪到 14 世纪，先后出现了一批著名的数学家，他们在吸收希腊、印度数学的基础上，创造了阿拉伯数学，为数学的发展作出了重要贡献。

阿拉伯原来只有数词，没有数字，在征服埃及、叙利亚等国后，先是使用希腊字母记数，后来接受印度数字，经过改进后，在 12 世纪传入欧洲，所以欧洲人称其为"阿拉伯数字"。这些数字主要是通过阿尔·花拉子米（Mohammad ibn Musa al-khowarizmi，约 780—850）的著作传入欧洲的。

阿尔·花拉子米是阿拉伯数学史上早期最重要的代表人物。花拉子米就学于中亚古城默夫(Meve),813 年后到巴格达任职,成为"智慧宫"领头学者。今天的"代数学"(algebra)一词就起源于花拉子米的数学著作。这部阿拉伯文的数学手稿翻译为拉丁文后书名为 *Al-jabr w' al muqabala*。Al-jabr 的原意是"还原",就是指把负项移到方程的另一端变成正项;muqabala 意即"对消",即把方程两端相同的项消去或合并同类项。清初,西方数学传入中国,Algebra 曾音译为"阿尔热巴达",1859 年由清代数学家李善兰定名为"代数学"。

花拉子米的代数著作用十分简单的问题说明解方程的一般原理。正如他在序言中所说:

> 在这本小小的著作里,我选的材料是数学中最容易和最有用途的,是人们在处理下列各项事务中经常需要的:在有关遗嘱和继承遗产的事物中,在分析财产、审理案件时,在买卖和人们的一切商业交易中,在丈量土地、修筑运河的场合中,在几何计算和其他各种学科中……

花拉子米把这些实际问题化为一次或二次方程的求解问题,他把未知量称为"硬币""东西"或植物的"根",现在把解方程求未知量叫做"求根"正是来源于此。

花拉子米在《代数学》中系统地讨论了六种类型的一次或二次方程问题。这些方程由下列三种量构成:根、平方、数。根就是未知数 x,平方就是 x^2,数就是常数项。花拉子米的书中全用文字来叙述,如:

平方等于根	$ax^2 = bx$
平方等于数	$ax^2 = c$
根等于数	$ax = c$
平方和根等于数	$ax^2 + bx = c$
平方和数等于根	$ax^2 + c = bx$
根和数等于平方	$bx + c = ax^2$

右列是其相应的代数方程,其中 a,b,c 都是整数。

在《代数学》中,花拉子米还讲述了几种方程的证明。对于方程 $x^2 + 10x = 39$,花拉子米给出了两种不同的几何证明。他的第一种证法是在边长为 x 的正方形的四个边上向外作边长为 x 和 5/2 的矩形(图 4.1 之

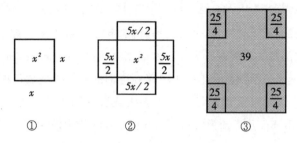

图 4.1 花拉子米的"配方图"

②），其面积为 $x^2 + 10x = 39$，再把这个图形补充为边长为 $x + 5$ 的正方形（图 4.1 之③），这个大正方形的面积等于 $x^2 + 10x + 25 = 39 + 25 = 64$，因此其边长为 8，所以原来较小正方形的边长 $x = 8 - 5/2 - 5/2 = 3$。这种方法就是现在中学数学中的配方法。

花拉子米的讲解是这样的详尽和系统，对于每一个例子都细致地指明配平方的步骤，使读者很容易掌握其方法，因而广为流行。他所列举的例子如 $x^2 + 10x = 39, x^2 + 21 = 10x, 3x + 4 = x^2$ 一直为后世数学家所沿用。数学史家卡平斯基（Karpinski）称"方程 $x^2 + 10x = 39$ 就像一条金链贯穿着几百年的代数学"。正是在这个意义上，花拉子米被冠以"代数学之父"的称号。

（二）阿拉伯的三角学

三角学在阿拉伯数学中占有重要地位，它的产生和发展与天文学有着密切的关系。在阿拉伯人所继承的数学遗产中，与三角学有关的著作有印度天文名著《历数书》、托勒密的《天文学大成》和梅内劳斯的《球面论》，这三部著名文献是阿拉伯三角学发展的基础。但是，阿拉伯人在希腊"弦表"的基础上引进了新的三角量，如正割、余割，并揭示了这些三角量的性质和关系，给出了平面三角形和球面三角形的全部解法，并制造了一系列的三角函数表。其中最重要的工作是纳速·拉丁（Nasir Eddin, 1201—1274）的贡献，这是因为，纳速·拉丁在《论四边形》中建立了三角学的系统知识，从基本概念到所有类型的问题的解法，从而使得三角学脱离天文学而成为数学的独立分支。这部著作对于三角学在欧洲的发展有着决定性的影响。数学史家苏特（H. Suter, 1893）感慨地说："假如 15 世纪欧洲的三角学者早知道他们的研究,不知还有没有插足的余地?"

这里还应介绍的一个数学成就是伊朗数学家、天文学家阿尔·卡西(Jamshid Al-Kashi,？—1429)在他的代表作《圆周论》中关于 π 的精彩计算。在图 4.2 中,AB 是直径,D 是弧 BC 的中点,卡西的计算依据这样一个定理

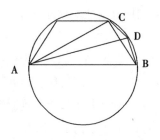

图 4.2　阿尔·卡西的"割圆术"

$$AD^2 = \frac{1}{2}AB\ (\ AB + AC)$$

令 $AC = C_n$, $AD = C_{n+1}$,则有

$$C_{n+1} = \sqrt{r(2r + C_n)}\ (\text{r 为圆的半径})$$

记 $BC = a_n$,直径为 d,则由毕达哥拉斯定理知

$$a_n = \sqrt{d^2 - C_n^2}$$

卡西取 $d = 2$,造了 28 张大表格,依次计算内接正 3×2^{28} 边形的边长,$n = 1$,2, 3,……,28,则有

$$a_{28} = \sqrt{2 - \sqrt{2 + \sqrt{2 + \cdots + \sqrt{2 + \sqrt{3}}}}} \cdots\cdots\text{28 重根式}$$

他再以同样的方法计算外切正 3×2^{28} 边形的周长,取它们的算术平均值作为圆的周长。最后得到圆周率是 3.1415926535897932。这 17 位数字全是准确数字。近千年来,由祖冲之保持的小数点后 7 位的纪录终于被打破了。

三　阿拉伯的天文学

(一) 伊斯兰教与天文

穆斯林的宗教活动对天文学提出了三个特殊的要求,其复杂性经常超过社会的实际需要。

第一是伊斯兰的太阴历。太阴历以 12 个朔望月作为一年。由于通常 12 个朔望月不满一个回归年,所以公历要在适当的时候以一个外加的月来补充,使得每年可以大致上与四季循环同步。但是穆罕默德的教义显然反对这样的置闰。所以穆斯林的"年"至今仍比回归年短 11 天。其后果之一

是,穆斯林的神圣月份斋月(Ramadan)可以出现在一年中的任何季节。每一个月的起始之日是新月——不是天文学上的新月(即太阳、月亮和地球在同一视线上),而是月牙首次在黄昏的天空出现。这就需要靠实际观测。但天空并不总是晴朗的,这就可能出现:一个城市的观测者在某个黄昏看到了新月,而相邻的城市的观测者在这一天没有看到,结果这两个城市将会在不同的日子开始同一个月份。为了避免这类事情,就需要天文学家利用球面几何的知识编制精巧的天文表帮助计算,以便产生包括每月之始可能的新月信息的年历。这个问题甚至今天在伊斯兰世界仍是一个挑战。

第二个宗教性的需求迫使天文学家关心祈祷的时刻,这样的时刻按照规定有五个:日落、黄昏、拂晓、正午、下午。对于不同的纬度,如何报告这些时刻,激起了阿拉伯天文学家的兴趣。早在公元9世纪,花拉子米就曾编制了对应于巴格达纬度的祈祷表,随后,第一部根据巴格达地区太阳地平高度确定白昼时刻和根据亮星地平高度确定夜间时刻的表也很快就出现了。这些问题的解决仍然需要解算球面三角形。

第三个对天文学的特别要求是确定"奇布拉"(qibla),即"朝圣方向"。根据伊斯兰教的法令,所有的清真寺朝向必须向着麦加的宗教圣殿"克尔白"(Kaaba,意为"天房",在麦加大清真寺广场中央,殿内供有神圣黑石)。专业的阿拉伯天文学家们将心思花在如何运用已知的地理学和天文学数据从数学上确定"奇布拉",促进了球面三角学的发展。

(二)对托勒密学说的继承与发展

早期阿拉伯的天文学知识主要来自波斯和印度。托勒密的《天文学大成》翻译后改变了这种局面,阿拉伯人对托勒密的崇拜可以从该书的译名表现出来:《至大论》(Almagest)。不过托勒密行星天文学模型的有效性,不仅依赖于它们自身的几何构造,也依赖于其中所用参数的精确程度。托勒密的工作传到阿拉伯人手中时,时间已经过去了几个世纪,这些参数显然需要加以改进,因此,建造大型观测天文台就是必需的了。在开罗,根据法蒂玛王朝哈里法的维齐尔(vizier,伊斯兰国家的高官大臣)的命令,于1120年开始建造一个天文台,次年这位高官被谋杀,但工程在他的继任者的领导下继续进行,到了1125年,仪器已经造好而房屋尚未完工,这位继任领导也被哈里法下令杀死,他所谓的罪名中包括"与土星交往"。天文台被摧毁,职员被迫逃亡。

有两个天文台在阿拉伯的天文学中发挥了重要作用。第一个在马拉盖（Maragha，在今伊朗北部），是当时波斯的蒙古统治者旭烈兀（Hulagu）为波斯天文学家图西（Nasir al-Din al-Tusi，1201—1274）建造的，1259 年动工。在图西的领导下，坚持天文观测，在 1271 年完成了一部天文历表《积尺》（Zij），三年后图西离开马拉盖前往巴格达，他的离去使马拉盖天文台结束了创造性的时期，尽管观测活动一直持续到了下一个世纪。另一个重要的天文台是乌鲁伯格（Ulugh Beg，1394—1449）在中亚的撒马尔汗（Samarkand，在今乌孜别克境内）建立的。乌鲁伯格在 1447 年继承王位之前，早就是行省的统治者了。建立这个天文台不需要请赞助人——他本人也是一个十分热心的成员。乌鲁伯格天文台的仪器都很有气派，其中一台六分仪的半径竟超过了 40 米，这正是伊斯兰天文学家天文观念的展示：仪器的尺度越大，精度也就越高——遗憾的是，这个观念是错误的。乌鲁伯格天文台最大的成就是天文表，其中有包括一千多颗星的恒星表。恒星表中许多恒星的位置是撒马尔汗的天文学家们测定的，成为中世纪重要的星表之一。

许多阿拉伯的天文学家尊敬托勒密，但是修订了他的参数。穆罕默德·巴塔尼（Muhammad al-Battani，约 850—929）就是其中之一，他在幼发拉底的阿尔拉卡（al-Raqqa）度过了绝大部分学术生涯。他的《积尺》包括对太阳相对于地球的周年视运动轨道的一个改进，经过穆斯林的西班牙，传到了基督教世界。哥白尼对此书颇多引用，在《天体运行论》中提到此书作者的名字不下 23 次。

西班牙哈里发王朝（又称后倭马亚王朝，中国史称白衣大食）最早的天文学家是科尔多瓦的扎尔卡利（Al-Zarkali，1029—1087）。他的最大贡献是于 1080 年编制了《托莱多天文表》。这个天文表的特点是其中有仪器的结构和用法的说明，尤其是关于阿拉伯人特有的仪器——星盘的说明。在《托莱多天文表》中还有一项重要内容，就是对托勒密体系作了修正，以一个椭圆形的均轮代替水星的本轮，从此兴起了反托勒密的思潮。

西班牙的穆斯林天文学家对托勒密体系颇有微词，因为他们希望建立的是一个符合物质世界实际的宇宙体系。他们深受亚里士多德学派思潮的影响，这种思潮在拉什得（Muhammad ibn Rushd，1125—1198，他在拉丁世界为人所知的名字是阿维罗伊，Averroes）的哲学著作中得到了体现。他承认托勒密模型的预言确实能够和观测到天体运动相符合。但是在他看来,只有同心球层才能组成真实的宇宙。拉什得在他的同时代人中有些追随者,如比特鲁基(Abu Ishaq al-Bitruji,拉丁名字是 Alpetragius)。他们反对托勒密的本轮假说,理由是行星必须环绕一个真正物质的中心体,而不是环绕一个几何点运行。因此,他们以亚里士多德所采用的欧多克斯的同心球体系作为基础,提出一个旋涡运动理论,认为行星的轨道呈螺旋形。但是,他们在这方面并未获得成功,因为欧多克斯过去也没有能够解释行星的前进和逆行,而现在需要解释的天体运动要多得多而且更复杂了。

其后,信奉基督教的西班牙国王阿尔方索(Alfonso)十世,于 1252 年召集许多阿拉伯和犹太天文学家,编成《阿尔方索天文表》。近年有人认为这个表基本上是《托莱多天文表》的新版。

正当西班牙的天文学家抨击托勒密学说的时候,中亚一带的天文学家比鲁尼曾提出地球绕太阳旋转的学说,他在写给著名医学家、天文爱好者阿维森纳的信中,甚至说到行星的轨道可能是椭圆形而不是圆形。

马拉盖天文台的纳尔西丁·图西在他的《天文学的回忆》中也严厉地批评了托勒密体系,并提出了自己的新设想:用一个球在另一个球内的滚动来解释行星的视运动。14 世纪大马士革的天文学家伊本·沙提尔(Ibn al-Shatir)在对月球运动进行计算时,更是抛弃了偏心均轮,引进了二级本轮。两个世纪以后,哥白尼在对月球运动进行计算时,所用方法和他的是一样的。

阿拉伯天文学家们处在托勒密和哥白尼之间,起了承前启后的作用。

四　阿拉伯的医学

(一)拉齐兹的贡献

医学是一门有明显使用价值的科学,并且很有可能,医学最早得到了穆斯林的资助,希腊、罗马和阿拉伯的医学著作也最早得到了翻译。如希波克拉底、盖伦(Galen of Pergamon, 130—200)等人的医学著作都屡次被翻译过并详加注释,被孜孜不倦地学习。大约从公元 9 世纪开始,阿拉伯的医学家开始表现出独立的观察精神,甚至开始了对前人的明智批评,由此引发出向新途径发展的倾向。

阿拉伯时期的许多重要的医生都是波斯人。这里首先要提到的是拉齐兹（Rhazes 或 Abu Bakr Muhammud ibn Zakaria, 865—925）。他出生在德黑兰，他的著作在几个世纪中一直为全世界的医生所研习，并被视为无可疑议的权威而引述。身为一代名医，拉齐兹却死于贫困。他留下了医学、哲学、宗教、数学以及天文著作约 200 多部。在保存下来的著作中有三部是很重要的，第一部是有关实用医学与治疗的百科全书式的著作，阿拉伯文名为 *al Hawi*，西方文献中称为《全书》（*Liber Continens*），第二部重要著作是《献给阿尔曼苏的医书》（*Liber Medicinalis ad Almansorem*），书中包括十篇论文的概要，都是论述重要的医学问题。从医学史的观点看，拉齐兹最重要的著作是论述天花的一部，名为《说疫》（*Liber de Pestilentia*）。这部书被认为是创造性的，它根据一位医生个人的经验与观察写成，这位医生晓得如何详细地检查病人并从他的观察中做出最智慧的结论。拉齐兹辨别出两种传染病：真正的天花和麻疹。对这两种病的描述都是按照它们的病症，给出鉴别诊断的指征。论到病程的预后时，作者谆谆告诫应密切注意心脏的机能以及脉搏、呼吸和排泄物。拉齐兹因为对炼金术的研究还在化学上作出了重要贡献。

阿拉伯的医学正是有了拉齐兹的著作而进入了全盛时期，从此不再局限于重复希波克拉底和盖伦的言论。拉齐兹实际上是应用了他自己的经验。他还留下许多格言，其中著名的有：

> 盖伦和亚里士多德意见相同的问题，医生们容易做决定；但是他们意见不同的问题，那就很难使医生们一致。

> 医学内的真理是人所达不到的目标，而写在书上的一切，其价值远不如一位肯于思考与推理的医生的经验。

（二）阿维森纳：医者之圣

阿维森纳无疑代表着阿拉伯医学的黄金时代。

阿维森纳出生在布哈拉（Bukhara，今乌孜别克共和国）附近的小村庄，父亲是当地的统治者。他自幼学习阿拉伯文和《古兰经》，10 岁即可背下全部的《古兰经》。父亲延聘名帅，细心教育他。最后一位导帅哲学家纳特里指导他阅读了亚里士多德的著作、欧几里得的《几何原本》、托勒密的《天文学大成》，但是，有许多特纳里无法解释的难题，是经过阿维森纳的解释才使他明白的。特纳里感到没有更多的学问可以传授，就离开了阿维森纳。

阿维森纳 16 岁成为名医，18 岁就掌握了他那个时代的神学、阿拉伯文学、几何学、数学、物理学、逻辑学和哲学的全部知识。在其他所有医生均告失败后，他成功治愈了布哈拉萨曼王朝的苏丹努·伊本·曼苏儿的疾病，从而赢得了苏丹的宠信，被允许进入苏丹的图书馆。

公元 1001 年，阿维森纳来到花拉子米（位于土库曼共和国境内）的首府古尔甘吉（Gurganj），后来被迫到里海东南部的古尔甘（Gorgan，土库曼斯坦）。在这里阿维森纳花了两年的时间完成了《起始与回复》，并开始写他的杰作《医典》。他在拉伊城（Raiy，今德黑兰城西南）治好了马吉德·多拉王的病，后来被任命为首相，开始写作关于哲学的百科学术性的巨著《灵魂治疗大全》。

因部落之间的战争，阿维森纳被捕后被投入监狱。在狱中的四个月中，他写完了三本书：《活着的人们，死亡之子》《指导大全》《心脏病治疗》。获救出狱后他逃亡至伊斯法罕（Isfahan，在今伊朗境内），在那里度过了生命的最后 14 年，1037 年 8 月因病去世，享年 57 岁。

阿维森纳的一生相对而言太短促了，但是他在每时每刻、在任何情况下都坚持工作，甚至在旅途中的马背上都在写作。据统计，阿维森纳撰写的著作中，阿拉伯文的有 456 部，波斯文的有 23 部。现在世界各图书馆的目录里记载的阿维森纳的著作起码有 160 部。

在一幅中世纪的雕版画中，阿维森纳坐在宝座上，头戴桂冠。在他的两

图 4.3　希波克拉底（左）、阿维森纳（中）、盖伦（右）

侧分别有希波克拉底和盖伦。如果说盖伦和希波克拉底是医学之父,那么这位不知名的艺术家似乎在说,阿维森纳则是他们的大师和英雄。

对阿维森纳的才华作这样象征性的表现是完全有道理的,因为在中世纪,Avcennna 和 medicine 实际上是同义词。他的巨著《医典》总汇了医学知识之大成,介绍了希腊、印度、伊朗和阿拉伯各国最卓越的医生的成就。书中有些诸如脉象的叙述,也使人联想到中国的医学。作者所涉及的范围之广,思想逻辑的严密,立论的言简意赅,对医学疑难的新探索,同时还提出新问题及其解决办法,以及思想的清新和独创性等等——所有这些,均使《医典》成为一部无与伦比的著作。

《医典》共五卷,第一卷论述一般原理。它给医学下了定义,并论述了医学的范围。接着阐述了质,各器官的质,年龄和性别的质,各种器官病,肌肉、神经、动脉与静脉,能力与功能,各种疾病及其病原学,症状与症象,脉搏,尿,不同年龄的摄生法,预防医学,如何处理质的异常,气候的影响以及治疗法。

第二卷由两部分组成。第一部分论述如何通过实验和影响来确定药剂的调和。对研究药物的条件也作了规定,例如要在人体上做实验,药物不受体外和体内变化的影响,根据对抗疗法对小病进行实验,以及确定药物是否在质和量上均适于疾病的性质和严重程度,等等。同时也论述了关于药物作用的一般原理以及采集与保存各种药物的方法。第二部分按字母顺序列出了 760 种药物。

第三卷论述了病原学、症象、诊断法、预后以及疾病的系统疗法。本卷叙述了头部的疾病,例如脑质异常,以及头痛、羊角风、麻痹症等,眼、鼻、耳、喉等疾病,食道、生殖—泌尿系统的各种疾病,肌肉、关节及脚病。

第四卷论述一般疾病。第一部分涉及发烧及其疗法;第二部分涉及疖和肿胀,麻风、小儿科、创伤及其一般疗法,伤害、溃疡以及腺肿胀;第三部分涉及毒药;第四部分涉及"美容术"。

第五卷是处方学,介绍了特殊的药方及解毒药、药丸、子宫托、栓剂、散剂、糖浆、煎药、糖膏、补药等的制作法,治疗不同疾病的处方及量度。

《医典》极为丰富地记载了阿维森纳在行医过程中所积累的原始观察资料。例如,如何区别纵膈炎和胸膜炎,为什么肺结核有传染性,性病和性反常,神经病等,并仔细地介绍了各种皮肤病,还涉及了 760 种药物及其药理学。阿维森纳关于药物学和药理学的论述运用了实验的方法，观测到"一致""差异"和"伴随"的变化，这些方法常与现代科学方法相联系。

《医典》的历史影响是巨大的。在问世约一个世纪后，便由意大利的翻译家杰拉勒德译成拉丁文，在西方深受欢迎。15 世纪的最后 30 年内发行了 16 次，到 16 世纪又发行 20 多次，甚至 17 世纪后半叶仍有人刊印和阅读。

五　阿拉伯的光学和化学

（一）阿尔·哈曾与光学

只有一个物理学的分支在阿拉伯的土壤上得到了有效的培育，这个分支就是光学；而且也许只有一个人能突出地享有这个分支的光荣，那就是阿尔·哈曾（Abu'Ali al Hasan,965—1038）。他出生在底格里斯河畔的巴士拉（Bosra），后来被提升为大臣。哈曾曾经放言：他可以设计一种机器，用于治理尼罗河的洪水。这引起了埃及哈里法的重视，他任命哈曾专门负责治水工程。不幸的是，这位哈里法竟然要求哈曾造出这架机器，造不出来就要被杀头。因此，哈曾只得装疯。

哈曾从希腊人那里学到了几何光学的基本知识，在重复托勒密做过的工作过程中，哈曾测量了入射角和折射角，并证明了托勒密关于入射角和折射角之比是常数的说法是错误的。但是，哈曾也未能发现真正的折射定律。哈曾通过对球面镜和抛物柱面镜的研究，发现通过一点的光线越多，则该点的热就越强。他造了一面由几个不同的球环组成的镜子，每一个球环都有它自己的半径和中心，然而对球环要有所选择，使反射的光线准确地集中到同一个点上。下面是著名的"阿尔·哈曾问题"：给定发光点和眼睛的位置，寻求球面镜、圆柱面镜或圆锥面镜上发生反射的某一点。这个问题早在托勒密研究光学时就已经发现，但由哈曾对之进行熟练而又复杂的讨论后，它在欧洲就闻名了。哈曾最著名的著作是《光学》，书中涉及视觉、折射、暗匣针孔成像、凹面反射镜、凸透镜、彩虹及其他光学现象。

阿尔·哈曾是详细描述人眼的第一个物理学家。他说，他是根据解剖学著作作出他的解释的。眼睛某些部位的名称起源于译成拉丁文的阿尔·哈曾的描述,例如"网膜""角膜""玻璃状液"等术语。

(二) 阿拉伯的炼金术

化学起源于炼金术。炼金术的源头似乎可以追溯到古希腊。随着希腊著作被不断翻译成阿拉伯语,阿拉伯的炼金术也随之形成了。在主要的阿拉伯炼金术著作中,吉伯(Geber,即贾比尔·伊本·哈亚,Jabir in Hayyan,约720—813)的全集和拉齐兹的著作最为重要。据说,大约有3000多篇炼金术的文章出自吉伯之手,他对金属的属性和化学的操作方法都有详细的描述。拉齐兹则是一位医生,行医的需要使他对炼金术情有独钟。他在论炼金术的《秘密中之秘密》(*Secret of Secrets*) 一书中详尽地描述了某些物质的化学特性。他把矿物体分成六类:(1) 物体:各种金属;(2) 精素:硫磺、砷、水银和碙砂;(3) 石类:白铁矿、镁氧,等等;(4) 矾类;(5) 硼砂类:硼砂、荷性钠(钠碱)、草木灰;(6) 盐类:食盐、荷性钾(钾碱)、"蛋盐"(可能是硝石)。

阿拉伯的炼金术与宫廷有着密切的关系,并受到统治者的支持,成为一种影响极大的传统,许多科学家都卷入其中。炼金术之所以得到资助人的极大重视,一是它可以制造"长生不老"的药,再就是它可以把贱金属变为金子。然而对于从事这项活动的人来说,炼金术是对自己智力的极大挑战,也是对个人精神的磨炼。为了从事他们的科学,阿拉伯炼金术士发明了新的设备,如各式坩埚、长颈瓶、净化瓶和接受器;在实践过程中,认识了许多化学过程,包括溶解、煅烧、溶化蒸馏、腐化、发酵和升华。

也应指出,并不是所有的阿拉伯科学家都沉湎于炼金术。阿维森纳在他的著作中就指责了炼金术,特别指责了关于矿物蜕变的说法,从而向他那个时代最为人们普遍接受的概念提出了挑战。阿维森纳只承认有技艺的工人用种种特殊的着色方法,可以将其他金属仿造成假金假银,但认为金属的蜕变是根本不可能的,无论从科学的角度还是从哲学的角度来看都是站不住脚的。13世纪以及后来的整个拉丁世界的几乎所有论著,都引用了阿维森纳的这个观点。

六　阿拉伯科学的世界意义

（一）阿拉伯科学的衰落

伊斯兰世界的科学活动的活力究竟是在什么时候开始衰退的,学者们的意见尚不一致。有人认为,衰退开始于 12 世纪以后,尤其是在西部地区;另有人提出,新的重要的科学探索活动在东部持续了很久,直到 15 和 16 世纪还在进行。然而,大家都不否认,阿拉伯的科学和医学在公元 1000 年前后的几个世纪曾达到它们历史上的黄金时代,在那以后,原创工作的创造性便衰退了。

引起学者们关注的是:这一切是如何发生的呢? 美国学者戴维·林德伯格在其所著《西方科学的起源》中总结出以下两个原因:

第一,保守宗教势力的阻挠日益增强。有时这种阻挠采取了公开反对的形式,比如 10 世纪时,科尔多瓦发生了一起焚毁外来科学书籍的事件。然而,更经常的情况是,这种阻挠产生的影响令人难以察觉——不是让科学活动彻底灭绝,而是通过加强非常狭隘的实用定义而改变科学的特点。也就是说,科学在伊斯兰世界由于接受了一个非常严格的婢女角色而被同化了——它丧失了自己的外来品质,最终变成了伊斯兰科学,而不是在伊斯兰土壤上生长的希腊科学。

第二,内部宗派斗争和城邦战争。一般说来,欣欣向荣的科学事业需要和平、繁荣和物质资助,而这三种要素在中世纪晚期的伊斯兰都不复存在。在西部,大约 1065 年后,基督教开始了重复征服西班牙的战争,这场激烈的战争一直持续到两个世纪后整个半岛被基督徒的军队所控制为止。1085年,托莱多落入基督徒军队之手,科尔多瓦于 1236 年陷落。在东方,蒙古人早在 3 世纪就开始对伊斯兰边境施加压力,1258 年他们攻占巴格达,阿拔斯哈里法的统治就此终结。在消耗巨大的战争面前,经济崩溃了,由此造成资助的丧失,这使得科学无力维持自身。

幸运的是,伊斯兰科学的成果在丧失之前有了同基督教的接触,文化传播的过程重新开始了。

(二)历史不应忘记

西方文化从阿拉伯文化中学到了很多东西,科学中的一些专业术语就很能说明问题,如:代数(algebra)、零(zero)、酒精(alcohol)、碱(alkali)和蒸馏器(alembic)、炼金术(alchemy)、年鉴(almanac),以及一些星星的名字,像毕宿五(Aldebaran)和参宿四(Betelgeuse)。当希腊的科学与哲学被西方人自己完全遗忘的时候,伊斯兰文明将之保存和发展下来。古代世界保存下来的希腊科学著作,几乎全被译成了阿拉伯文。后来,这些书大都又从阿拉伯文译成拉丁文。

亚里士多德著作的保存和翻译,是伊斯兰文明所取得的影响最为深远的成就之一,这不仅是因为借助阿拉伯人的翻译,亚里士多德学说在西方得到重新认识,而是因为靠着阿拉伯人特别是阿维罗伊的诠释,西方人才更深刻地理解了亚里士多德。阿维罗伊在中世纪以及文艺复兴时期的西方享有崇高的地位,他甚至被拉斐尔画进了那幅著名的《雅典学院》。在西班牙的小镇上,人们塑造了他的雕像,传说抚摸他的脚就可以得到他的智慧,所以,阿维罗伊塑像的脚永远都是闪亮的。

但是,我们决不能仅仅从保存和翻译上来评价阿拉伯的贡献,这样大大低估了阿拉伯人的创造性,因为,事实雄辩地说明,任何思想、理论或学说,如果不首先伊斯兰化并归入伊斯兰的总世界观,则都进不了伊斯兰思想的城堡。

最后,我们对阿拉伯科学在人类文明史上的意义作出简要的概括:

> 由《古兰经》启示激发出的精神和伊斯兰继承的各种文明的科学相结合,产生了伊斯兰科学。伊斯兰世界通过其精神力量将所继承的科学转化为一种新的物质,这种物质既不同于过去的科学,又是过去科学的继续。伊斯兰文明的国际性源出于伊斯兰教启示的世界性,并反映在伊斯兰世界的地理分布上。这一特性使伊斯兰能够创造人类历史上最具有真正国际性的科学。(赛义德·侯赛因·纳赛尔)

思考题

1. 阿拉伯数学的主要成就及其在数学发展史的地位是什么?

2. 伊斯兰的宗教活动对天文学有什么特殊的要求？

3. 阿拉伯的天文学家为什么不接受托勒密的"偏心"说？

4. 如何评价阿维森纳在医学史上的贡献？

5. 怎样理解阿拉伯科学是"人类历史上最具有真正国际性的科学"？

阅读书目

关于阿拉伯的科学可以参阅下列书籍的相关章节：

1. 〔美〕詹姆斯·E. 麦克莱伦第三、哈罗德·多恩：《世界史上的科学技术》，王鸣阳译，上海科技教育出版社，2003 年。

2. 〔美〕戴维·林德伯格：《西方科学的起源》，刘晓峰等译，中国对外翻译出版公司，2001 年。

3. 〔英〕米歇尔·霍斯金：《剑桥插图天文学史》，江晓原、关增建、钮卫星译，山东画报出版社，2003 年。

4. 梁宗巨等：《世界数学通史》，辽宁教育出版社，1995 年。

5. 〔意〕卡斯蒂廖尼：《医学史》，程之范主译，广西师范大学出版社，2003 年。

希望深入了解伊斯兰科学和文明的读者，可以进一步参阅以下文献：

1. Seyyed Hossein Nassr: *Science and Civilization in Islam*, Barmes and Noble Books, 1992.

2. Donald R. Hill: *Islamic Science and Engineering*, Kazi Publications, 1996.

3. Toby E. Huff: *The Rise of Early Modern Science*: *Islam*, *China*, *and the West*, Cambridge University Press, 1993.

第五讲

科学在欧洲的复兴

一　对中世纪的简要回顾

"中世纪"(the Middle Ages)是欧洲人在 17 世纪时新创的一个词,它被用来表达一个漫长而沉闷的时期,大约从公元 500 年到 1500 年。对于欧洲文明来说,它处于成就辉煌的古典希腊与生气勃勃的文艺复兴之间。"中世纪"曾经被历史学家贬斥为"黑暗世纪"(Dark Ages),在思想、文化和科学技术上毫无贡献,这其实是历史的偏见。就世界范围而言,东方的中国文明和近东的穆斯林文明都达到了它们的辉煌时代,即使在欧洲内部,人们也没有在逆境中消沉,他们坚持不懈、发奋努力,不仅继承了传统的精华,而且在某些方面,还根据客观环境的变化,创立了新的社会规范和思想体系,为欧洲步入近代社会奠定了重要的基础。

公元 476 年,西罗马皇帝被日耳曼联军废黜,罗马帝国的倾塌预示着西方文明史翻开了新的一页。地中海周边地区,此时已不再被一个庞大的帝国所统治。到大约公元 700 年时,在原罗马文明的疆域,出现了三种不同类型的文明:拜占庭文明、伊斯兰文明和中世纪早期的西方文明。在 6 世纪至 11 世纪之间,西方基督教文明显然是最落后的,这四五百年里,西方世界一直处在君士坦丁堡和麦加的阴影之下。

一位阿拉伯地理学家曾描写道:

> 那些人身材高大,性格粗暴,举止粗鲁,智力低下……生活在最北方的人们特别的愚笨、粗鲁和野蛮。(罗伯特・E. 勒纳等:《西方文明史》第一卷,第 266 页)

这就是中世纪早期西欧文明的真实写照。但是在经历漫长的等待后，大约在公元1300年左右，西欧突然一跃而起成为强大的力量，其政治、经济、文化的繁荣只有遥远的中国能与之相称。

（一）中世纪早期西方基督教文明

基督教最初是由耶稣和圣保罗建立的。罗马帝国的横征暴敛与道德败坏，促使基督教更广泛地传播于民间。耶稣相信他肩负着把人类从罪恶与苦难中拯救出来的使命，他痛斥贪婪和放荡，规劝人们热爱上帝和邻居。耶稣宣告了自己的教义：（1）主乃人之父，人人皆兄弟；（2）己所不欲，勿施于人；（3）宽恕并且爱你的敌人；（4）以德报怨；（5）力戒虚伪；（6）简化宗教仪式；（7）靠近主的国；（8）复活与天堂。

不过，当基督教刚开始小心翼翼地传播时，没有人能够预见到它在392年会被宣布为罗马帝国的唯一宗教。基督教在欧洲文明史上的作用是巨大的，这主要表现在以下几个方面：庞大的教会组织机构；鲜明的教义思想信念；严格的个人道德法规。但是，当教会使其管理体制日趋合理的时候，就必然变得世俗化，从而在精神上背离了耶稣的简朴信念。

（二）第一次农业革命

历史学家把大约从1050年到1300年的这一时期称为中世纪盛期，这是西欧第一次明显地从落后状态变成世界上强大力量的时期。在导致这场变化的各种因素中，农业技术革命无疑是最重要的因素。

首先，是重犁的使用。11世纪起，欧洲文明的重心逐渐地从地中海向北方转移。北方是广袤、湿润、肥沃的冲积型平原，罗马轻便的"浅犁"只能犁起地表而不能深耕。翻耕土地的需要，促使重犁得到发明。而且，这种重犁不仅能够对付肥厚的土壤，当它装上新的部件，就能够翻耕垄沟，使土壤充分保持透气；对于低洼的荡地，这种垄沟又成了极好的排灌系统。总之，要是没有重犁，欧洲北部的农田开垦和精耕细作以及伴随而来的一切事情都是不可想象的。

其次，是庄稼轮作的三圃制，即在一年中，三分之一的耕地休耕，三分之一的耕地种植谷物，另外的三分之一地块则留给燕麦、大麦和豆类。这种耕作制度既保持土壤的肥力，也有效地分配劳动力，促使庄稼增加二分之一到三分之二的产量,完全是农业的一个奇迹。

第三项重要的革新是磨坊的使用。罗马人知道水磨,但几乎不用,也许是因为他们有足够的奴隶。但从大约 1050 年开始,欧洲出现了一个建设水力磨坊的热潮,水力磨坊技术成熟后,人们的注意力又转向了驾驭风力。从此,像荷兰那样没有湍急溪流的低地,高大的风车如同工业化时代的烟囱一样矗立起来,展示出人类力量的进步。磨坊起初的作用是碾磨谷物,但不久它们就被派上了新的用场:拉锯、榨油、酿造啤酒、加工布匹。

经济上的繁荣随即带来了贸易和制造业的发展,这又引发和支持了城镇的成长。在新兴的城镇中,人们找到了一种新的生活方式,文化事业开始复苏和繁荣起来。欧洲文明终于走出低谷,看见了黎明的曙光。

(三)知识的复兴

中世纪全盛时期在知识方面取得了四项相互联系但又各不相同的重要成就,它们是:(1)基础教育和扫盲的发展;(2)大学的诞生和发展;(3)获得古希腊和伊斯兰的知识;(4)西方人在思想上的进步。它们中的任何一个在西方学术史上都具有重要意义,而当它们合在一起,就标志西方知识重新占优势的时代开始了。

约公元 800 年,查理大帝规定他统治下的每一个主教区和隐修院都应兴办学校。但在当时的条件下,这一指令能否得到落实还是个疑问。然而在 1050 年后,欧洲学校的发展进入了全盛时期,而且,学校课程的内容也逐渐丰富起来。这时,学校对教士的培养不完全是为了阅读祈祷书,他们还需要知道法律、历史和文法。图 5.1 中形象地描绘了教会学校的知识结构:

图 5.1 中世纪的"学术塔"

"智慧女神"一手持着字母表引导听话的孩子走向"学术塔"，另一手在用钥匙打开"学术塔"的大门。"学术塔"的底层是基本的课程；向上一层的三个窗口上分别写着"逻辑""修辞"和"文法"；再向上一层的三个窗口上分别写着"音乐""几何"和"天文"，其三个代表人物依次是毕达哥拉斯、欧几里得和托勒密；塔顶上端坐主教模样的人，左右两侧分别写着"神学"与"形而上学"。显然，这个层次的课程是为培养专门人才设立的，也就是大学。

大学的兴起是中世纪全盛时期教育繁荣的重要方面。最初，大学是从事一般教会学校无法从事的高级研究的机构：高深的文学艺术、法律、医学以及神学。意大利最早的大学是波伦亚（Bologna，又译博洛尼亚）大学（1142 年），它以法律和医学著称。在阿尔卑斯山脉北部，最早的大学是巴黎大学（1160 年），它以文学艺术和神学名冠欧洲。当时，大学还不需要依赖国家或个人的赞助，保持一种独立自治机构的状态，享有法律特权。中世纪的大学主要有两种类型，即由学生或教师组织起来的行会，如波伦亚大学是学生行会雇佣老师，巴黎大学是教师行会向学生收费。13 世纪后，大学在欧洲各地纷纷创立，它们以独特的功用促进知识在欧洲的传播，甚至被比喻为"为整个世界烤面包的炉子"。

大学培养出来的人才在促进古希腊学术的复兴和阿拉伯著述的翻译中起到了重要的作用。随着基督徒 1085 年攻陷西班牙的托莱多和 1091 年收复意大利的西西里，一个将阿拉伯学术和希腊文献翻译成拉丁语的伟大时代开始了。这不仅是一个伟大的翻译时代，更因其间多种语言的辗转移译，而真正成为国际性的伟大事业：如果译者懂阿拉伯文，他就直接翻译，如果不懂，他就可能与一个阿拉伯人或犹太人合作；有时还有这样的情况，如果他懂西班牙文，他就雇一个人将阿拉伯文译成西班牙文，自己再将西班牙文译成拉丁文。一部希腊著作偶尔还从多种语言转译成拉丁文，比方说，从希腊文到叙利亚文，再到阿拉伯文、西班牙文，最后才到拉丁文。尽管多次转译不可避免地存在严重的曲解，但是，欧洲人对知识的渴求，使得他们似乎有些"饥不择食"了。

（四）亚里士多德思想的影响

美国科学史家爱德华·格兰特指出："如果没有 12、13 世纪这批翻译家小分队的辛勤劳动，不仅中世纪科学要成为泡影，17 世纪科学革命也几乎不可能发生。"因为,正是经由这个伟大的翻译时代,希腊科学的重要著作基本被翻译到了西方,随后的"经院哲学"基本上建立在诠释希腊著述的基础上。在这批科学和学术文献中,亚里士多德的物理学和哲学起着决定性的作用。

在中世纪的早期,亚里士多德更多是和逻辑联系在一起的,如图5.1"中世纪的学术塔"第一层左面第一个窗口"逻辑"上就标明"亚里士多德"(Aristotle)。大约在1200到1225年间,亚里士多德的经典著作——《形而上学》《物理学》《论灵魂》《论天》《气象学》等被翻译成了拉丁文。他的学说为中世纪的学术展开了一个新的世界。他的思想不但更加富于理性,而且更贴近生活常识,与历来充当古代哲学主要代表的柏拉图主义大有差别。亚里士多德的知识领域,无论在哲学方面或自然科学方面,都比当时所知道的宽广得多。

要吸收亚里士多德和其他希腊的学术思想,使其合于中世纪基督教的思想传统,并不是一件容易的工作。在很大的程度上,这种消化吸收主要是托马斯·阿奎那(Thomas Aquinas, 1224—1274)完成的。托马斯·阿奎那创造性地吸收了亚里士多德学说,构造了一个介于基督教教义和亚里士多德主义之间的体系,这些思想主要包含在他的两大著作《神学大全》和《箴俗哲学大全》中。所以有人说,很难分清阿奎那是把亚里士多德基督教化了,还是把基督教亚里士多德化了,或者是两者兼有。其实,这些都无关紧要,重要的是,阿奎那使用某种方式让亚里士多德的理论变成支持基督教教义的一种完备的智力体系,有了这个体系,中世纪的"经院哲学"才有可能作出关于上帝、人和自然的那一套理性思辨。例如,中世纪著名诗人但丁(Dante Alighieri, 1265—1321)的诗作《神曲》(*Divina commedia*),就把亚里士多德的宇宙模型改造成基督教可以接受的版本,发展了中世纪的宇宙图景。

但是,亚里士多德学说并不是专为基督教定制的"比萨饼",他的某些观点明显不适合宗教教义的"口味"。例如,亚里士多德认为:(1)世界是永恒的——这否定了上帝的创世;(2)物体的属性不能离开实体而存在——这与宗教圣餐学说相抵触;(3)自然的过程是规则的、不可改变的——这排除了奇迹;(4)灵魂并不比肉体活得更久——这否定了灵魂不朽,而这正是基督教的根本信仰;等等。

如何诠释亚里士多德的自然哲学和形而上学,在基督教的"哲学家"与"神学家"之间引发了激烈的争论。最终,1277 年的一项裁决使冲突达到了顶点。那一年,巴黎的主教在教皇的支持下公开谴责了亚里士多德学说中的 219 条"可恶的错误",并发布了禁单,宣布:凡持有禁单中所列见解的人,哪怕是其中一个,都将受到开除教籍的处罚。这就是著名的"1277 大谴责"(The Condemnation of 1277)。

对此人们不禁要问:1277 年的禁单是否实际地影响了中世纪的科学进程? 或者说,禁单是否削弱了人们对亚里士多德自然哲学的决定论的信念,将中世纪科学从亚里士多德宇宙学、物理学的偏见及其论证方式的羁绊中解放出来了呢? 尽管这些问题至今还没有一个令人满意的定论,但是有一点是完全清楚的:16 世纪的近代科学革命正是从否定亚里士多德宇宙学、物理学中的谬误与偏见开始的。

二 文艺复兴

13 世纪让欧洲人看到了黎明的曙光,可是接下来的一百多年却多灾多难:暴雨、严寒、饥荒和恐怖的黑死病(1347—1350),这似乎还不够,无休止的战乱(如英法百年战争)更是让城镇荒芜、横尸遍地。但这是中世纪走向黎明前的最后黑暗,此时的欧洲人虽身处逆境,但没有消极等待,而是坚定地调整自身以适应改变了的环境,为欧洲文明的复兴保存了火种。最终迎来了文明的曙光,那就是照亮整个欧洲的"文艺复兴"。

(一) 意大利的文艺复兴

文艺复兴(Renaissance)起源于意大利有着多种原因:首先是意大利拥有欧洲最先进的城市社会,意大利的贵族们通常居住在城市中心,直接从事银行业或商业贸易;其次是意大利与古典文化相联系的意识比西欧其他地区更为强烈,古罗马的遗迹在整个意大利半岛随处可见;最后是意大利经济的繁荣,正是有了物质财富作为基础,意大利的王宫贵族们才可以延揽有才气的文学家、艺术家,让他们为自己歌功颂德,同时也激发了文学与艺术的繁荣。例如,著名的佛罗伦萨美第奇家族靠银行业发家,主宰佛罗伦萨的政治,成为文学和艺术的赞助人。

1453 年,土耳其人攻陷了君士坦丁堡,拜占庭帝国灭亡。城中许多学者携带古希腊文化典籍逃往意大利,更多的人选择了佛罗伦萨,种种因素促使佛罗伦萨成为意大利文艺复兴的发源地,也成为"意大利的雅典"(威尔·杜兰)。

意大利人称呼这个新时代为"再生"(rinascita),这种"再生"不仅是文学艺术的繁荣,也不仅是古典学识的再现,更表现在意大利人在地中海明媚阳光照耀下对新生活的憧憬:新兴中产阶级的出现促使人们享受现世;大学、知识和哲学的发展启迪了人的心智;广泛地认识世界开阔了人的心灵。这一切凝汇在一起,形成了那个时代的精神特征:人文主义。

弗朗西斯·彼特拉克(Petrarch, 1303—1374)被视为最早的人文主义者的代表,他认为经院哲学沉湎于抽象推理而全面误入歧途,人们应该向古代经典著作学习,因为那里充满了伦理学的智慧之光。而列奥那多·达·芬奇(Leonardo da Vinci, 1452—1519)则是"文艺复兴时期的巨人",他不仅是位天才的画家,更在科学研究上作出了卓越的贡献。作为一位画家,他认为绘画应该尽可能准确地模仿大自然。他研究人体的解剖、眼睛的构造、光学的定律以及鸟类的飞翔。在他的作品中,一根草叶、一只鸟翼、一个瀑布都建立在对自然的仔细观察上。作为民用和军事工程师,他还去了解动力学和静力学的原理,测绘过弹道曲线。达·芬奇有一句名言:"一个人如喜欢没有理论的实践,他就像水手上了一只没有舵和罗盘的船,永远不知道驶向何方。"达·芬奇留下了丰富的笔记,当然这些笔记是用暗码写的——他根本没想把它们公之于世。所以有人说:"假如达·芬奇把他的研究成果都发表出来的话,科学就一下子跳到一百年以后的局面。"

在大约 1500 年以后,文艺复兴运动传到其他欧洲国家,逐渐演变成了一场"国际运动"。

(二) 来自东方的技术

不同文明之间的交流是促进经济繁荣、文化进步的有力杠杆,但可悲的是这种"对话"往往是战争。不过,战争的需要刺激了新式武器的发展,同时也带动了新技术的发明与应用。

火药本身是中国的发明,但把它有效地用于战争却始于中世纪后期的欧洲。重炮约在 1330 年于战场上使用,但早期的火炮非常原始,站在后面比站在炮前更危险。15 世纪中期火炮技术大大改进,从而在 1453 年改变了历史的进程:一是土耳其人运用德意志和匈牙利的大炮攻陷了君士坦丁堡;二是法国人运用重炮占领波尔多城,从而结束了百年战争。大炮使得谋反的贵族领主难以蜷缩在城堡内,因而也就起到了巩固国家君主体制的作用。

指南针最早起源于中国,但在欧洲得到了更广泛的应用。1300 年左右,磁性罗盘帮助船只远离陆地,甚至闯进大西洋,开通了意大利与北部各国的海上贸易,从而带来造船业的繁荣与航海技术的进步。接着地理大发现的时代开始了:1492 年,哥伦布发现新大陆;1497 年,达·伽马绕过好望角,到达印度;1519—1522 年,麦哲伦完成环球航行。这样,世界在欧洲人的眼中突然变小了。

中国的造纸技术在欧洲传播,使得纸张取代羊皮纸成为最普通的书写材料,因而读书识字的成本就更低了。随着文化学习更加普遍,对廉价图书的要求日益增长。1450 年前后,谷腾堡(J. Gutenberg)独立发明的活字印刷术充分满足了这种要求。图书的普及增强了进步思想的传播与交流。因为,革命的思想一旦被印刷成数以百计的小册子,要想扑灭它绝非易事。从这种意义上说,是印刷术保证了宗教改革的实行。

(三) 宗教改革

1514 年,德国美因兹教区的主教艾伯特为了竞选大主教,筹募给罗马的"献金"修建圣彼得大教堂,在得到教皇的默许后,开始在北方大部分教区发售"赎罪券",宣称"购买者的灵魂可以不受炼狱的折磨,而尽快升入天堂"。这件事激起了维滕贝格大学年轻讲师路德的义愤。1517 年 10 月 31 日,马丁·路德(Martin Luther)将自己撰写的"95 条论纲"张贴在维滕贝格大教堂的墙上,其中一条说道:"教皇的钱包比富豪还要鼓胀,为什么他不用自己的钱建造圣彼得大教堂,而是要去掏穷苦基督信徒百姓的口袋呢?"

路德的本意是和教皇"论理",但"论纲"中的内容否定了教会的权威,体现了对天主教的叛逆。恰好这时闵采尔领导的农民运动正在各地蓬勃兴起。这样,"95 条论纲"就好像烈火遇上干柴,把整个农民运动点燃了起来,同时,也揭开了宗教改革的序幕。

1520 年教皇发布"圣谕"开除路德的教籍。愤怒的路德撰写了一系列文章为自己辩护。这些文章借助机器印刷广为传播,使路德获得了人民的广泛支持。宗教改革在西方思想史上的影响是深远的,它直接导致了基督教分裂为新教(基督教新教)与旧教(天主教)。新教改革派倡导改革教义,返回原始的质朴状态,要求放松教义控制,允许个人在一定程度上自由地对《圣经》作出自己的解释。这样就在科学和宗教之间构成了一种张力,从某种意义上讲,有利于鼓励人们探索自然的奥秘。所以,才有后来著名的宗教改革家约翰·加尔文(John Calvin,1509—1564)作出的两大重要贡献:第一,积极鼓励对自然科学的探索;第二,倡导以"适应"方式阐释《圣经》,排除了科学探索发展的主要障碍。

加尔文强调物质世界的创造和人类身体的创造都证实了上帝的智慧和性格,如他在《基督教原理》中写道:

> 让每个人都有办法获得快乐,这样上帝就高兴,这就不仅在我们头脑中植入了我们已在宣讲的这宗教的种子,也使他创造整个宇宙结构的完美性深入人心;而且他天天都把自己置入我们的视野,这样一种方式使得我们只要一睁眼就必然看到他……为了显示他的高超智慧,上天和地面都向我们提供了无数证据,这不仅仅有用颇为发达的天文学、医学和其他自然科学加以说明的证据,而且还有那些一个文盲农夫也会去注意的证据,他只要一睁开眼就必然看到这些证据。

当然,宗教与科学的关系远非简短的文字能够叙述,也绝非一两个孤立的事件所能概括。但是,由宗教改革引发的不同教派的冲突,却最终把欧洲拖入了"三十年战争"(1618—1648)。值得注意的是,近代科学革命就是在这场宗教改革的背景下展开的。

三　变化世界中的人与自然

(一) 新观念与新世界

1500 年以来,"新思想"的传播,如同和煦的春风,逐渐吹散了笼罩在欧洲上空的"中世纪"的阴霾。新旧智力环境在本质上有以下不同:

第一,中世纪、文艺复兴以及宗教改革时期的思想家都认为过去的知识是最可靠的智慧源泉；而 17 世纪以来的思想家却不盲从古代权威，决心依靠自己的才智领悟知识，他们以"大胆求知"为座右铭，强调科学的自主性和思想的自由活动。

第二，古代思想家（如柏拉图、亚里士多德、托马斯·阿奎那等）认为，智慧越抽象就越伟大，因为这种智慧有助于使人类的思想远离尘世的"污浊"，就像永恒的神性一样能给人类带来幸福。但是，新型的思想家坚信，如果知识不能被利用就毫无价值。

第三，古代思想家以及大多数人认为，宇宙是由神秘的力量所驱使，除巫师外，人类对这种力量几乎无法理解且肯定无法控制。但是，在 1660 年前后，一种机械论的自然观荡涤了神秘主义，妖魔成为只存在于儿童读物中的角色。此后，自然界被认为像最精致的机械钟一样运转，天体运行规律可以被准确无误地预测，大自然本身可以被人类充分理解。

这场基本思维方式的巨变发生在天上：1543 年哥白尼《天球运行论》的出版开启了一场影响深远的科学革命；这场巨变发生在地上：1492 年哥伦布发现新大陆，开阔了欧洲人的视野和胸襟，商业贸易与航海探险一起向欧洲人展示了无限广阔的前景；这场巨变还发生在人间：1543 年维萨留斯（Andreas Vesalius，1514—1564）《人体结构》宣告人体不再是"灵魂之宫"的禁区，从而为血液循环的发现奠定了重要的基础。

诗人约翰·多恩在 1611 年感叹道：

> 新哲学使一切都受到怀疑，刚刚燃起的火种很快又被扑灭了，地球和太阳消失了，人们对何去何从茫然无措。……一切被弄得支离破碎，连续性被打破了。

一个新的世界观在逐渐兴起。

（三）培根："知识就是力量"

培根（Francis Bacon，1561—1626）出身显贵，父亲是伊丽莎白女王的掌印大臣，他自己在官场上也仕途顺达，1584 年进入议院，1601 年起受到女王的重用，1603 年受封为男爵，1618 年成为大法官，1621 年再封为子爵。正值青云直上的时候，却因被控告受贿而断送了政治生涯。此后，他埋头著书立说，以出色的文笔写下了许多脍炙人口的散文。这些文字鞭挞经院哲学，宣传新的科学方法,为促进人类知识的增长作出了积极的贡献。

培根的主要观点在 1620 年出版的《新工具》中得到充分的阐述。他认为,科学只有在与过去固有的错误分道扬镳,并且"逐渐取得确定性"后才会发展,而"被迷信和形形色色的神学所玷污的哲学……危害最大"。他倡导通过仔细记录亲身经验来发展知识,相信共同的科学研究和观察会产生有用的知识,进而改变人类的命运。培根的主要思想在《新工具》的封面上生动地体现了出来:英国的无敌舰队驶出"海格里斯柱"(直布罗陀海峡——古代世界的边界),进入

图 5.2　培根《新工具》封面

茫茫大海去寻找那即将到来的未知而美妙的事物。驶向大洋的船只下面的文字是:"只要很多人愿意一往直前,知识将会发展。"

培根倡导实验,但在一次雪能防腐的实验中受了风寒,导致气管炎而身亡。

(三) 血液循环的发现

文艺复兴时期,在艺术上出现了一种新的倾向,强调精确地再现自然,科学地应用透视学,而首要的是出现了这样一种观点:人体是美丽的,是值得研究的。正是对解剖学的热心研究,使人们对自己的身体获得了一种全新的理解,进而导致血液循环的发现。

人们对血液在体内的形成和作用的认识有着很久的历史。亚里士多德认为,食物在胃里"烹调"过后形成食物雾气(food vapors),这些雾气上升到心脏,然后心脏把它们变成血液,血液经过运行,把营养送到身体的各个部分而直接为身体各部分所吸收。因此,他认为心脏是体内最重要的器官,它

是智慧的所在地,并给血液以动物性的热量,血液系统的搏动是血液在心脏里碰到了呼吸时吸进的"元气"而沸腾的结果。

最早对心血管系统作出完整描述是古罗马的医生盖伦。盖伦的出生地是小亚细亚爱琴海边的帕加马,此地以产羊皮纸著名。在他出生之前母亲就怀有一个梦想:儿子一定会成为一位名医。果然,年轻的盖伦成为罗马城专为角斗士服务的著名外科医生。后来,盖伦游历了罗马帝国,撰写了大量的医学与哲学著作。古代晚期伊斯兰医学家们所整理和学习的正是盖伦的著作。但是,由于当时宗教观念的限制,盖伦不能直接解剖人体,他只能依靠那些容易得到的动物,所以在著作中犯下一些明显的错误就不足为奇。

盖伦收集了所有的古人已经知道的关于血液和脉管系统的知识,运用自己的观察和哲学思想,综合成一个尽管不正确但却是完整的血液理论。在盖伦看来,血液由消化了的食物不断合成而形成,进入肝脏获得"自然灵气"(natural spirits),通过静脉流向身体的所有部位,滋养人体的组织,促进生长。静脉血在耗尽"自然灵气"后流入右心室,在这里"兵分两路":一部分血液经动脉与静脉进入肺部,变成"烟气"呼出体外;值得注意的是,盖伦认定在右心室与左心室之间的心隔(septum)存在一些微孔,少量静脉血穿过心隔进入左心室,转变成"活力灵气"(vital spirits),富有活力灵气的血通过动脉被输送出去。最后的转化产生于大脑,在这里血液被转化成"动物灵气"(animal spirits),通过神经网络到达全身。

在盖伦的生理系统图示中,血液没有回路。但是,一千多年来盖伦被尊为医学权威,他的生理学学说则被奉为金科玉律。

似乎是一种巧合,解剖学上真正具有革命意义的时代,也是从 1543 年开始的。这一年,维萨留斯出版了他的《人体结构》(*De Humani Corporis Fabrica*)。

1531 年,维萨留斯进入巴黎大学学习医学,他的聪明才智引起了他的老师的注意,被选为老师的助手,协助其编写教科书《根据盖伦的观点医科学生应学习的解剖学的基本原理》。作为一位敏锐的观察者,维萨留斯很快就认识到盖伦著作中的错误。在他心中,一个新的信念产生了:医科学生不应研究盖伦,而是直接解剖人体。

离开巴黎后维萨留斯在比利时鲁汶(Louvain)大学教了一年书,后来在帕多瓦获得了医学学位,被任命为该校的外科学讲师。除了旅行和教学外,维萨留斯不断写作。1543 年,他的《人体结构》出版,书中指出盖伦在解剖学上的 200 多处错误,因而成为论述人体的杰作。该书出版后,他被委任为神圣罗马帝国皇帝查理五世(Charles Quint)的御医,1564 年,在前往耶路撒冷朝圣后准备返回帕多瓦时,不幸客死途中(桑特岛)。

在撰写《人体结构》时,维萨留斯表明了自己的志向:"真实地描写人体的构造,而不管这种描写与古代权威的观点有什么不同。"但是,像那个时代的其他人文学者一样,维萨留斯孜孜寻找的是古代原著中那些细小的错误。所以他保留了大部分盖伦的学说,但是,在心脏中隔是否存在微孔问题上,陷入了沉思。维萨留斯写道:

> 中隔像心脏的其他部分一样厚密而结实,因此,我看不出即使是最微小的颗粒怎么能够从右心室通过它而转送到左心室来。

但是,维萨留斯并没有发现血液的循环,而是诉诸神灵的启示:

> 我们不得不被全能上帝的亲手业绩感到惊诧不已,例如,血液从右心室渗到左心室的通道就是人眼所不能看到的。

1555 年,维萨留斯出版了《人体结构》第二版。在其中,他又一次回到心室中隔微孔这一问题上来。但是那时他已经观察到,"尽管这些凹陷有时显而易见,但就人们感觉所及,它们均未从右心室贯通到左心室"。于是,维萨留斯终于抛弃了盖伦——显然这是一次痛苦的决定。

维萨留斯的著作确定了心脏的结构,但却没有确定心脏的功能,其生理学基础仍然是盖伦式的。但是《人体结构》确实为引导发现心脏在血液循环中的作用开启了第一扇窗子。特别应当指出的是,在维系于维萨留斯及其在帕多瓦的接班人之间的持续的师生关系上,这本书具有重要的纽带作用。维萨留斯的继承者是雷尔多·科伦波(Realdo Colombo, 1516—1559),他是维萨留斯的助手,1559 年描绘出小循环,即血液从心脏右侧流经肺并由此而进入左心室。接下来是加布里勒·法洛比斯(Gabriel Fallopius, 1523—1562),其继承者是法布里修斯(H. Fabricius, 1537—1619)。法布里修斯是著名的解剖学家、科学胚胎学的奠基人。1603 年他在《论静脉中的瓣膜》一书中最完整地描述了静脉瓣膜的结构、位置和分布。但他没能突破传统观念,认为瓣膜仅仅起制止和延缓血液流动的作用,以避免血液过多地流入手足并在那里聚集。法布里修斯的学生就是哈维(William Harvey 1578—1657)。这种非同寻常的师生之链,表明了从维萨留斯到哈维之间有着紧密而直接的联系。

但是,一个革命性的人物出现在这条师生链之外,他就是西班牙的米格尔·塞尔维特(Michael Servetus,1511—1553)。

塞尔维特是一位天文学家、数学家,作为一位解剖学家,他曾受教于维萨留斯的老师,从他的一部书《论糖浆……根据盖伦的观点》(1536),可以看出他也是盖伦的追随者。塞尔维特是一位神学家、宗教激进分子,反对三位一体的教义,作为一位既不容忍天主教徒又不容忍清教徒的一神教派的教徒,他的处境是很危险的。1553 年,他由于攻击加尔文被捕,虽然逃出监狱,但仍被缺席审判,处以火刑,愤怒的天主教徒焚烧了他的模拟像。4 个月后他在日内瓦被捕,被基督徒烧死,一起被焚烧的还有其《基督教的复兴》一书。

《基督教的复兴》强烈地表现出塞尔维特的宗教观念,但是,更有意义的是在第 15 章中讨论呼吸、精气和空气的关系。塞尔维特抛弃了盖伦的血液从右心室渗透到左心室的观点,正确描述了肺循环:从右心室流出来的血液经过肺动脉被排注到肺部。在肺部,吸入的空气使得静脉血变得更加稀薄,颜色发生了变化。血液再从这里经过肺静脉流到左心室,然后通过动脉系统分散出去。遗憾的是这部当时印刷了几千册的书仅有 3 本幸存下来,很难想象对后人产生过什么影响。

正是在这样的背景下,哈维登场了。哈维最初在剑桥大学接受教育,1597 年来到帕多瓦——这里是医科学生的圣殿——在法布里修斯门下求学。获得学位后,于 1602 年返回英国,成为英王詹姆士一世的御医。后当选为欧洲最有声望的英国皇家内科医师学会会员(1607 年)。

1628 年哈维出版了《心血运动论》,该书虽然篇幅不大,但却展示了哈维本人的丰富的观察证据,以及对解剖学文献的详尽了解。哈维首先论述心脏本身,通过对约 40 多种动物的心脏和血液运动的考察,他观察到,在所有的情况下,心脏收缩时会变得坚硬,随着收缩的产生,动脉会扩张。这种周期性的扩张从手腕的脉搏中就可以感到。据此,他假设,之所以产生这种情况,是因为血液正在被泵入动脉。于是,哈维注意到,心脏的作用也许可以与水泵相比。这种比拟,在哈维的书中是自然的,如嘴喻为钳子,胃比成磨盘,肺像风箱,静脉、动脉就是布满全身的水管。

哈维在解剖中发现没有肺的动物没有右心室,证明右心室与肺的通路相连接。心脏的隔膜密集、坚硬,血液并不流过。因此,血液必须都经过肺部来更新。他

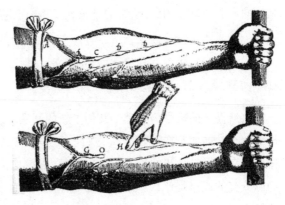

图 5.3　哈维的捆扎实验

解释了心脏瓣膜的地位和作用,并说明了靠心脏处的动脉具有较为坚硬结构的原因:承受每次血液推进的冲击。同时也解释了静脉瓣膜的作用:敞开着朝向心脏的通路,阻止血液倒流。

这些都是对心脏生理功能的正确解释,但是为什么血液在体内是周而复始、循环产生的呢?哈维做了一个著名的"判决性"的数学计算:假定心脏每次跳动输出 2 盎司血(这从解剖中可以确定),正常的脉搏每分钟跳动 72 次,那么左心室在 1 小时就要泵出 540 磅!远远超出了正常人体的体重。而一般动物体内最多只有几磅血。人们一定要问:这么多的血是来自哪里?又流向何方?因此,血液必须是通过全身而循环运动的,而且它的运动必然连续不断,而不是由肝利用食物不断合成的,更不是不断地从起点流向终点。哈维写道:

> 我开始思考,是否在循环中实际上可能并不存在运动,而我确实发现这种运动真的存在;最后我看到,被左心室的作用压入动脉的血液统统被分布到体内。这些血液被分成几个部分,以其流经肺部的同样方式,被右心室压入肺动脉,然后再经过静脉和大动脉,以已经说过的方式转向左心室。我们也许可以把这个运动称为循环。这个循环是按照亚里士多德所说的相同的方式产生的:空气与雨水仿效着天体的循环运动,因为潮湿的土地被太阳晒热而蒸发,这些升入空中的水蒸气就凝结起来,并以雨水的形式降落下来,又一次湿润土地。

最后,哈维转向对静脉瓣膜的观察,他指出,血液总是朝向心脏而绝不

是背向心脏流动。因此,哈维的结论就显得充满信心:

> 我们绝对有必要得出这样的结论:动物体内的血液被迫进行循环,
> 并处于一种永不停息的运动状态;这是心脏通过搏动而产生的行为或
> 功能;这是心脏运动和收缩的唯一结果。

血液循环的确立为生理学开创了新的开端。这时,人们开始提问:血液运载什么? 如何及在何处装卸它们? 又如何、在何处及为什么放弃它们? 这些思考引导进一步的研究。最后的问题是:血液从最外侧的动脉分支到静脉分支的通路是什么? 这个问题直到1661年马尔比基发现毛细血管后才解决。

回顾血液循环发现的过程,特别值得我们思考的是,循环的发现不仅仅是"革命性"的创新思维,其中更多的是对古代天才的崇敬。在《心血运动论》中,哈维似乎更愿意将肺循环的发现归因于盖伦,而他的循环思想直接来自于亚里士多德。这正是文艺复兴时代的特点:新材料的发现,和着对古代学说的崇敬、各种机械论实例的兴趣,甚至夹杂自然法术与神秘的类比,共同发酵出那个时代知识的进步。

四　数学的新进展

(一) 中世纪早期数学在欧洲的地位

为了传播基督的教义,教会开办了许多学校。在这些学校的课程里,数学内容尽管很少,但地位还是相当重要的。教会学校中的课程分为四科和三文。四科包括算术(纯粹数的科学)、音乐(数的应用)、几何(关于长度、面积、体积和其他诸量的学问)、天文(关于运动中的量的学问),三文包括修辞、逻辑和文法。

教会培养教士希望他们能通过说理捍卫神学和驳斥异端,而数学则被认为是训练神学说理的最好学科。教会提倡学习数学,还因为它对编制历法、预报节日大有用处。每个修道院中至少要有一个人能够作历法的计算。当然,数学在中世纪保持着它的生命力,另一个重要因素是占星术的需要。特别是中世纪后期,每个王宫都奉养着占星术士,他们帮助王公大人谋划政治决策、军事征战和个人事务。社会的需要,使得大学里也设有占星术的课程,占星术需要天文知识,必须懂得数学,故而占星术被看成是数学的一个分支。

数学显然不能在一个只信天国、向往来世的文明中繁荣生长。数学的创造需要一种自由的学术气氛,但是对中世纪的欧洲而言,现世生活的需要和经济发展的刺激则是鼓励人们投身数学的直接动力。1100 年左右,新的变化开始了。欧洲人通过贸易和战争与阿拉伯人发生了直接接触。保存在伊斯兰世界的希腊著作被重新发现,王公贵族、教会领袖支持学者们去发掘这些学术宝藏。随着希腊著述的复活,欧洲人知道了欧几里得、阿基米德、阿波罗尼斯,甚至阿拉伯数学家阿尔·花拉子米的著作也被介绍到了欧洲。学术的复兴正好迎合了经济的繁荣,对数学的需要,使得欧洲人在计算技术、符号代数等新的数学知识上作出了自己的贡献。

(二)斐波那契

斐波那契(Leonardo Fibonacci,约 1170—1250)生于比萨,父亲为商人,曾任海关总督。他随父亲到北非,幼年受教于伊斯兰学校。后来又在地中海沿岸旅行,留心各国数学。经过观察、比较,他认为阿拉伯国家的记数法及算术很好,于是在 1202 年写成《计算之书》(*Liber Abaci*)。此外他还写了《几何实践》(*Practica Geometriae*,1220)、《平方数书》(*Liber Quadratorum*,1225)、《花朵》(*Flowers*,1225)。

《计算之书》共 15 章。斐波那契在序言中说:"我把自己的一些方法和欧几里得几何学的技巧加进印度的方法中去,于是决定写成现在这本十五章的书,这样人们对这些东西不会再是那么生疏了。"所以,书中首先介绍印度—阿拉伯数码及其记数法,然后详细介绍了整数、分数、代数和一次同余式等。

意大利由于其特殊的地理位置而成为东西方文化交流的中转站,商贸往来促使人们需要熟练地掌握计算技能,所以斐波那契的书很快就传遍了欧洲,促进了欧洲数学的复兴。

《计算之书》中一个有趣的问题被称为"斐波那契的兔子",即"假定大兔子每月生一对小兔,而小兔在两个月后长成大兔子,也开始生小兔。那么问:自一对兔子开始,一年后可繁殖多少对兔子?"这个问题引出了著名的"斐波那契数列"：

$$1,1,2,3,5,8,13,21,34,\cdots\cdots$$

它的构造特征是：自第 3 项开始，前面相邻两项的和就是后面一项。如 1 + 1 = 2，2 + 3 = 5，3 + 5 = 8，……，13 + 21 = 34，等等。这个看起来不起眼的数列，却蕴含着非常深奥的数学知识。特别应当指出的是斐波那契数列与大自然的关系：

（1）斐波那契数列经常和花瓣的数目相合。

3……………百合和蝴蝶花

5……………金凤花、飞燕草

8……………翠雀花

13……………金盏草

21……………紫菀

34，55，84……雏菊

（2）相继的斐波那契数的比越来越接近 0.618034。例如，34/55 = 0.618182，55/89 = 0.617978，89/144 = 0.618056……这个数正是著名的黄金分割数。

（三）斯蒂文与十进小数

自 1642 年哥伦布发现美洲大陆以来，欧洲的商业蓬勃发展起来了。远洋航行需要精密的计算，商贸往来更需要便捷的数学，过去的笨拙方法越来越无法适应经济的发展了。因此，学者们想方设法改进复杂的计算方法，荷兰的斯蒂文（Simon Steven，1548—1620）就是其中的一个。

当时的荷兰还是西班牙的殖民地，荷兰人为摆脱殖民统治进行了长达 40 年的独立战争。斯蒂文是荷兰独立军中的一名主管会计。当时人们经常使用的利率是 1/10、1/11、1/12……直到 1/20，如果每次都个别计算，显然是非常麻烦的。斯蒂文为此而设计了一个利息表，为会计工作提供了极大的方便。

"有了利息表计算起来是方便多了，可是这么大的数字乘来除去还是很麻烦。麻烦出在哪里呢？"斯蒂文陷入了思考，发现利率为 1/10 的利息相对容易计算。于是，斯蒂文决定把利率的分母统一为 10、100 或 1000。1584

年,斯蒂文制定并出版了一个利率为 1/10—5/100 的利息表。

在十进分数的基础上,斯蒂文创造了十进小数的表示方法,他把①②③④⑤写在数字的上方或右边,表示整数后边的部分。如

$$\frac{259712}{1000000} \rightarrow \begin{array}{cccccc} ① & ② & ③ & ④ & ⑤ & ⑥ \\ 2 & 5 & 9 & 7 & 1 & 2 \end{array}$$

或

$$941\frac{304}{1000} \rightarrow 941⊙3①0②4③$$

这种表示方法的好处是容易比较两个数字的大小,而且计算方法比分数计算还要方便。1585 年,斯蒂文出版了《论十进算术》一书,这本书仅有 6 页,却是当时世界上第一本介绍小数及小数计算方法的书。斯蒂文的符号在今天看来也许有些笨拙,但其方法不久便获得普遍接受。在小册子的最后,斯蒂文还建议在度量衡及币制中也应用十进制,这些都在西方产生了深远的影响。

(四) 纳皮尔与对数

文艺复兴时期在许多知识领域中,数值计算是非常重要的,例如,天文学、航海学、商业贸易、工程和军事,它们对计算速度和准确性的要求可以说与日俱增。在数学的历史上,这些增长的要求由于四项重要的发明而逐步得到满足。这四项发明是:印度—阿拉伯数码、十进小数、对数和计算机。现在我们要介绍第三个,即 17 世纪早期由纳皮尔(John Napier, 1550—1617)完成的对数的发明。

纳皮尔出生于苏格兰的一个贵族家庭,在小时候就表现出引人注目的天才和丰富的想象力。比如,他预言将来会有许多威力强大的军事机械,而且还设计了它们的示意图:其中有一种枪炮,能清除方圆几公里内所有超过一英尺的高大动物;还有一种水下航行器;另有一种战车,它有"一张大嘴",能"毁灭前进路上的任何东西"。在第一次世界大战期间,他的这些理想实现了:机关枪、潜水艇和坦克车。然而,真正引发数学计算的一场革命的,却是他对数的发明。

请注意下面两行数列:

0	1	2	3	4	5	6	7	8	9	10	……
1	2	4	8	16	32	64	128	256	512	1024	……

现在,我们计算 16 × 64,可以在第一行找到它们相应的数 4 与 6,计算
4 + 6 = 10,10 在第二行中对应的数 1024 就是我们要计算的乘积。对于除
法,只要把"和"改为"差"。这种化"乘除"为"加减"的方法,正是纳皮尔对
数的精髓。下面的对数公式是每位中学生都十分熟悉的:

$$logAB = logA + logB$$

$$log \frac{A}{B} = logA - logB$$

而今天谁又能想到,在当时正是这一简单的性质,却"以其节省劳力而延长
了天文学者的寿命!"(拉普拉斯)所以,对数发明后,不到一个世纪几乎传
遍了世界,成为不可缺少的计算工具。伽利略甚至说:"给我空间、时间和
对数,我即可创造一个宇宙!"

曾几何时,放在皮盒里挂在身上的对数计算尺,是大学校园里学习工程
的学生的标志。而现在,袖珍计算器的普及,却使它们都被送进了博物馆。
但是,对数的活力却依然未减。因为对数函数和指数函数的关系是分析学
的关键部分。因此,它们在数学教育中占有重要的地位。这里顺便指出,现
在对数普遍地被认为来源于指数。例如,如果 $n = b^x$,我们就说 x 是 n 的以
b 为底的对数。事实上,纳皮尔在创立对数概念的时候,并没有指数的概
念。对数的建立先于指数,这是数学发展史上的一件趣闻。

(五)韦达与符号代数

数学符号对数学的发展所起的作用是不容置疑的。我们尽管无法对每
一个数学符号的产生作出详细的历史考证,但是,一些重要的符号的出现,
仍然在历史上留下了深深的印记。

在 15 世纪,人们最先使用的加和减的符号是 p 和 m,这时德国商人用
" + "和" – "的记号表示重量的增加和差缺,很快地," + "" – "记号便为数
学家们所采用。公元 1481 年之后,这些符号开始广泛出现在人们的手稿
上。乘的符号" × "要归功于 W. 奥托(1574—1660),但当时遭到了反对,
这个记号容易与字母 X 相混淆。等号" = "是雷科得(Robert Recorde,
1510—1558)的创见:两条等长的平行线真是再相等不过了!

虽然用字母代替未知量,早在丢番图(Diophantus,约 246—330)的时代
就曾使用过,但一直没有形成一种共有的习惯。在 16 世纪,像 radix(拉丁

语"根")、res(拉丁语"东西")、cosa(意大利语"东西")、coss(德语"东西")
这类词,都曾被用来作未知数。使得符号代数发生重要变革的是法国人韦
达(F. Viete, 1540—1603)。

韦达所受的专业训练是法律,可他把全部的业余时间都用于钻研数学。
韦达潜心于卡丹(Jerome Cardan, 1501—1576)、塔塔利亚(Tartaglia,原名
Niccolo Fontana,1499—1557,塔塔利亚是绰号,意为口吃者)、斯蒂文和丢番
图的著作,从而产生了使用字母表示数的想法。韦达不仅用字母表示未知
量和未知量的乘幂,而且用字母来表示已知量。他把符号性代数称做"类
的计算术",而算术则是同数打交道的。这样,代数就脱离具体的数的束缚
而抽象为研究一般的符号的形式和方程的学问。

韦达的著作以独特的形式包含了文艺复兴时期的全部数学内容。当
然,精彩之处还是在代数方面,想想看,今天的中学生,有谁不熟悉一元二次
方程的"韦达定理"呢?

(六)数学与科学革命

本节所介绍的印度—阿拉伯数码、十进小数、符号代数、对数等等,对于
接受过高等数学教育的人来说,实在是再初等不过了。但是,我们决不可因
此低估这些数学知识在推进科学进步的历史上发挥的重要作用。只有达到
代数方法的熟练,才有可能为笛卡尔(René Descartes,1596—1650)创造解
析几何作好必要的准备,而没有笛卡尔的解析几何,就根本不会有其后的牛
顿与莱布尼兹(Gottfried Wilhelm Leibniz,1646—1716)的微积分,进而引力
问题就决不会得到解决,整个牛顿体系就不会获得成功;也正是因为开普勒
杰出的数学才能,才使得第谷丰富的观察材料真正变成推动天文学革命的
关键因素。正如伽利略所说:"自然这部大书,是用数学语言写成的,它的
字母是三角形、圆和各种几何图形。"

巴特菲尔德在他著名的《近代科学的起源》一书中曾这样写道:

> ……科学也给人以这样深刻的印象,即它们正在迫使数学站到整
> 个时代的前沿。正如我们所知,没有数学家的种种成就,科学革命是绝
> 不可能的。

思考题

1. 基督教神学是如何改造亚里士多德学说的？为什么说亚里士多德学说与宗教教义的冲突是不可避免的？

2. "1277 大谴责"对中世纪的科学是否产生了影响？

3. 文艺复兴时期的人文主义的基本特征是什么？

4. 试以火炮、指南针、印刷术为例,谈谈技术在促进社会变革中的历史作用。

5. 文艺复兴以来,欧洲的智力环境发生了怎样的变化？

6. 近代科学强调实验、观察,那么为什么在有许多观察的结论与盖伦的理论相悖的情况下,盖伦的理论还能保留下来呢？

7. 在哈维发现血液循环的过程中,他所做的"判决性实验"是什么？他关于"大宇宙—小宇宙"的类比来自何处？

8. "革命性的创新"是否意味着必定与传统割裂呢？结合"血液循环"的发现谈谈自己的体会。

阅读书目

1. 〔美〕爱德华·格兰特:《中世纪的物理科学思想》,郝刘祥译,复旦大学出版社,2000 年。

2. 〔美〕艾伦·G. 狄博斯:《文艺复兴时期的人与自然》,周雁翎译,复旦大学出版社,2000 年。

3. 〔美〕戴维·林德伯格:《西方科学的起源》,王珺等译,中国对外翻译出版公司出版,2001 年。

4. 〔美〕洛伊斯·N. 玛格纳:《生命科学史》,李难等译,百花文艺出版社,2002 年。

5. 〔瑞士〕雅各布·布克哈特:《意大利文艺复兴时期的文化》,何新译,商务印书馆,1979 年。

6. 〔英〕阿利斯特·E. 麦克格拉思:《科学与宗教引论》,王毅译,上海人民出版社,2000 年。

第六讲

近代科学革命之天文学革命

近代历史,笼统地讲,始于文艺复兴、地理大发现和宗教改革。但是很难指出一个确切的标志性的年份,来表征它与中世纪的诀别。文艺复兴为科学的复兴作好了准备。1543 年,哥白尼的《天体运行论》和维萨留斯的《人体结构》出版,这一年在科学史上是从中世纪到近代的过渡期中最有代表性的一年。

科学的复兴始于 16 世纪中叶,到 17 世纪开花结果。哥白尼之后,还有第谷、伽利略、开普勒、吉尔伯特等大家,他们使得 16 世纪的后半段充满了朝气蓬勃的科学精神。1583 年,19 岁的伽利略发现了摆的等时性;1572年,26 岁的第谷发现了一颗超新星,他还从 1576 年到 1597 年在汶岛坚持了20 年的天文实测,为开普勒的天文发现奠定了基础。

这段时期还是基督教神学对异端思想进行大肆迫害的年代。1540 年罗耀拉设立耶稣会,对宗教改革者和异端分子进行暗杀;1553 年解剖学家塞尔维特因"异端思想"罪被烧死;1600 年布鲁诺因"异端思想"罪被烧死;1633 年伽利略在宗教法庭上被迫公开宣布放弃自己关于地动说的科学信仰。

当然中世纪基督教神学的负隅顽抗、垂死挣扎也不能阻挡科学的进步,伽利略之后又出现了牛顿这样一颗科学史上的巨星,《自然哲学的数学原理》一书的出版意味着在科学史上树立起了一块里程碑。人类理性对自然的了解达到了前所未有的高度。

17 世纪后半叶,还是近代科学研究开始组织化和建制化的时期。这一点在科学史上的重要意义毫不亚于某个具体的科学发现。1657 年,佛罗伦萨建立西芒托学院;1662 年,伦敦成立皇家学会;1666 年,巴黎成立法兰西科学院。

在这一时期,还出现了大量的科学仪器。科学仪器延伸了人们的感官,使得人们对自然有了更深入的了解。

然而近代科学的革命却是从一个传统的领域——天文学中发起的,要充分理解这场天文学革命的特点及其对科学进步的影响,需要从革命的对象——古希腊天文学说起。

一 古希腊天文学

在各古代民族中,天文学的理论和实践都达到了比较成熟的程度。而在古希腊文明中,天文学尤其发展出了与众不同的特点。古希腊天文学与哲学有密切的关系,尤其是柏拉图的哲学。在柏拉图的哲学中,全部现实知识是符合于形式或理念的超感世界的,可感世界的事物不过是理念的模糊反映或粗糙仿造。在柏拉图的两个世界之间,数学占据了一个重要的中间地位,数学训练是步入哲学的真正准备。在柏拉图创立的雅典学院门口写着"不懂数学者,不得入内"的告示。在对数学的态度上,柏拉图主义表现了与毕达哥拉斯学说的密切联系,因此我们常提到"毕达哥拉斯派的柏拉图主义"一词。

在这样的哲学倾向下,柏拉图眼中的天文学不涉及可见天体的可感知的运动,而只与想象的天空中数学点的完美运动有关。这些点,能描出均匀的圆圈。天文学家的工作就是用各种匀速圆周运动的组合来解释天体运动的不规则性。

柏拉图主义要求用匀速圆周运动来描述天体的运动,这为数理天文学的发展开辟了道路。一个与柏拉图同时代的年轻人欧多克斯(Eudoxus,约前409—前356),在柏拉图的原则指导下提出了天体的同心球理论。该理论对行星的逆行作了巧妙的解释。欧多克斯只用了一对同心圆,就将行星这种视运动效果表达了出来。他设想行星在匀速转动的天球的赤道上。第一个天球的两极向外延伸植入其外的第二个同心天球。第二个天球也匀速转动,转动轴与里面那个不同,当外面的天球转动时,也带动里面的天球转动。因此行星的运动就来自这两个天球转动的合成。如果这两个天球的转动速度相同而方向相反,并且这两个天球的转动轴在方向上又没有太大的不同,那么行星运动的轨迹将前后往复,呈8字形——马鞍形。

根据欧多克斯的方案,五大行星中每一个的模型,其两层天球中的外侧那层的转动,是由更外面的第三层天球所带动的,这第三球层的转动速度,选择为该行星在黄道(即太阳周年视运动的轨道)上由西向东运行的平均速度;而这第三层天球的转动,又是由最外层的第四天球所带动,这最外层的天球提供行星绕着地球由东向西的视运动。第三、第四球层产生了行星的基本运动,而里面的两层天球则至少是定性地描述了行星有时候出现的逆行。

对于月亮运动,欧多克斯构造了一个三层球叠套的系统。最外层的产生由东向西绕着地球的周日视运动。另两个球层的转动周期,分别为一个月和根据交食记录得出的18.6年。其中的变量,或者说"参数",可以进行适当的选择,以便使这一模型得以成功地表达月亮的运动。然而,欧多克斯为太阳运动所构造的三层球叠套系统,却不那么令人满意。

这样,欧多克斯一共设置了27个同心球:恒星一个,五颗行星每颗四个,太阳和月亮各占三个。这种理论鲜明地表现了希腊人是从数学角度考虑天文学问题的,不涉及使真实天体运动起来的机理,也不追究这些球体是由什么形成的,它们彼此怎样在物理上相互适应,它们的动力从何而来。这些球体是数学上的球体。而在柏拉图主义者看来,这个系统是理想的实在,通过感官感知的星空则是一个不完美的复制品。

应该说,希腊天文学家虽然在思想上有柏拉图主义的倾向,但是仍颇具科学精神,他们认识到实测结果是评价数学表述的标准,数学推论最终要和观测所揭示的现象相一致。欧多克斯体系没有做到这一点。一些数理天文学家,无论是从数学概念还是从物理实在的角度,都看到了同心球体系的严重缺点。譬如,同心球模型中行星与地球中心之间的距离不会发生变化,但有些行星的亮度有变化,这强烈提示它们与地球的距离有变化;而太阳和月亮的目视尺度事实上也有变化,这也确实表明了它们之间的距离变化。

亚历山大大帝东征之后,希腊传统的天文学中融合了两河流域的天文学。两河流域的天文学注重从数值上探索行星运动的规律,来预报行星的位置。因此,尽管欧多克斯的体系淋漓尽致地体现了几何上的典雅,希腊化时期的天文学家也再难容忍它与实测之间的偏差。

希腊化时期的数学家阿波罗尼乌斯(Apollonius)为用匀速圆周运动描

述天体的运行提出了两种方案。在第一个方案中,行星绕地球作匀速圆周运动,然而地球并不处在圆周的中心,而是偏向一边。在偏心圆上,行星依旧作匀速圆周运动。但是因为地球不在圆心位置,所以从地球上看起来,行星的速度就会有变化。在第二个方案中,行星在一个较小的圆周或称为"本轮"(epicycle)上做匀速运动,本轮的中心则在另一个大轮——"均轮"(deferent)上匀速运转,地球位于均轮的中心。行星在本轮上的运动,如果相对本轮在均轮上的运动而言足够快的话,行星就将出现逆行。不难看出,在数学上,行星在偏心圆上的运动,等价于它由本轮、均轮所产生的运动。

喜帕恰斯(Hipparchus)采纳了阿波罗尼乌斯的数学方案,提出了一种不同于欧多克斯体系的描述天体运动的理论。但喜帕恰斯本人没有什么著作留下,他的理论由托勒密进一步精练和发挥,并被写入了托勒密的集大成之作《至大论》(Almagest)中。

托勒密从阿波罗尼乌斯和希帕恰斯那里继承了偏心圆、本轮和均轮之外,另外又引入一个重要的概念——"对点"(equant)。托勒密假定地球位于离开一个给定圆周之圆心一定距离的点上,"对点"则为地球位置的镜像,位于圆心的另一边,该点和圆心的距离与地球和圆心的距离相等。然后他用这个点来定义圆周上的运动。圆周上的点不是以匀速运动,而是以变速运动,速度变化的规律是,让一个在"对点"上的观测者看来是匀速的。因此,"对点"的设置是对天体运动必是匀速圆周运动这一古希腊原则的冒犯。但是显然,托勒密考虑得更多的是精确的行星位置预报和数学上的便利,而不是真实与否的问题。

《至大论》大约写于公元 145 年,提供了宇宙的几何模型,并能对日、月和五大行星这七个天体的运动给出相当精确的预报。借助于《至大论》,数理天文学家和星占学家可以计算出未来任何时刻的行星星历表,在表中给出行星位置的黄经和黄纬值。如果要列数那些书对世界历史产生了巨大影响,《至大论》毫无疑问就是其中一本。直到 16 世纪,天文学家的思想实际上还受这本书的支配。

在《至大论》导言中,托勒密论述了不能把地球看做是运动着的星体——从根本上说,这来自于亚里士多德的物理学。他承认从数学上可以把星空的周日运动看做是地球绕自转轴的周日运动的反映,但他坚持这在物理上来说是荒谬的。他的主要论据是:如果地球从西向东旋转,我们应该可以看到地球上所有的东西向西移动,而不应与地球紧紧相随。这个反驳在以后的许多个世纪里不断地被提出来反对地动说。后来这个问题被具体表述为:一块石头垂直向上抛出,其落点应该在投掷点的西边。这条反驳意见是站在亚里士多德错误的"惯性定律"基础上的。直到伽利略提出他的惯性定律之后,这条反对地动说的论据才被反驳回去。

《至大论》第一卷的最后几章论述了希腊测量学和三角学原理。在准备了必要的数学工具后,托勒密在第一卷的其余部分和第二卷论述了球面天文学的所有内容。第三卷论述太阳的运动,利用了偏心圆运动的概念来解释四季长短不一的原因。第四、第五卷讨论月球运动。第六卷描述日食和月食。第七、第八卷给出了包括 1022 颗恒星的星表,提供了每颗星的黄经和黄纬及亮度,还讨论了喜帕恰斯发现的岁差。第九到第十三卷论述了五颗行星的运动。

需要说明的是:(1)在托勒密体系中,地球不是天体运动的中心,但静止不动。因此称这个体系为"地静说"比"地心说"更为恰当。(2)并非所有的希腊天文学体系都是"地静说"。萨摩斯的阿利斯塔克(Aristarchus,约前 310—前 230)提出过一个日心宇宙体系,他还估算了日、月、地三者的大小和距离,得出太阳的体积比地球的体积至少大 250 多倍的结论。(3)数学天文学的唯一目的是对天体运动作运动学描述。此外还有物理天文学,其目的是研究说明人们所看到的天文现象实际上是怎样发生的。从《至大论》原先的名字叫做《数学汇编》可知,托勒密主要是从数学上考虑天体的运行的。

二　哥白尼和他的《天体运行论》

哥白尼全名尼古拉·哥白尼(Nicolas Copernicus),1473 年 2 月 19 日诞生于波兰托伦的一个富商之家。10 岁丧父后,由其一位兼任主教的叔父抚养。其后多年在波兰的文化中心克拉科夫学习数学和绘画。1496 年起哥白尼到意大利游历,10 年内先后在波洛尼亚、帕多瓦和斐拉拉三所大学攻读医学和宗教法规。在波洛尼亚期间,哥白尼与该校天文学教授迪·诺瓦拉(de Novara)有密切的接触,后者正是在自然哲学中复兴毕达哥拉斯思想的领袖。

当时的意大利是欧洲文艺复兴的中心，学者们向古希腊的遗产汲取思想的源泉，并在自由的氛围里对诸多现存的僵化学说和制度提出批评和挑战。在天文学上，托勒密的学说就是这样一种被批评的对象，人们讨论它的错误和改进它的可能性。

为了更准确地描述和预测行星的运动，托勒密的后继者们引入了越来越多的本轮，其体系的复杂程度大大背离了毕达哥拉斯派的柏拉图主义所追求的数学上的简单和完美性。哥白尼在思想上倾向于毕达哥拉斯派，认为天体应该有简单、完美的运动，也应该有简单、完美的数学描述。在哥白尼看来，托勒密体系在这一点上还不能算"合格"。所以他想到如果宇宙的中心是太阳而不是地球，那么对天体运行的理解和描述就可能会简单得多。

1505 年哥白尼返回波兰，任弗洛姆布克天主教堂的教士。在繁杂的行政事务工作之余，他开始思考如何把宇宙中心移到太阳上去。从 1512 年起，他开始在新假说基础上推算行星的位置。1530 年左右，哥白尼将他的学说写成概论，以手稿的形式在欧洲学者间广泛流传。后在数学家雷梯库斯（Rheticus，1514—1574）的强烈要求下，哥白尼同意出版全书，敬献给罗马教皇保罗三世。传说第一本书送到哥白尼手里几小时之后，他就与世长辞了，那是 1543 年 5 月 24 日。

该书的初版被冠以《托伦的尼古拉·哥白尼论天球的运行（共六册）》这样一个名称，后来一般简称为《天体运行论》（严格的叫法应该是《天球运行论》）。《天体运行论》的手稿曾经佚失了 200 多年，1873 年在托伦根据重新发现的手稿出了"世俗版"，这是该书的权威版本。

哥白尼学说的革新内容主要在《天体运行论》的第一册中得到描述。在这内容丰富的第一册中，哥白尼描绘了他的宇宙图景：太阳位于宇宙的中心，水星、金星、地球带着月亮、火星、木星和土星依次绕着太阳运行，最外围是静止的恒星天层。根据这幅宇宙图像，哥白尼可以很简洁地解释行星视运动中的"留""逆行"等现象，以及水星和金星的大距。而在托勒密体系中，为了解释同样的现象，需要引入许多特设的假定，从而破坏了理论的完整性。

哥白尼声称他的宇宙体系比托勒密体系优越，是因为他的体系更简单和完美。这点在《天体运行论》的第一册中得到了淋漓尽致的体现，但从第二册开始到第六册中的论述却在简单和完美性方面打了折扣。在具体描述和推算行星的运动时，哥白尼也不得不引入偏心圆和本轮，从而在数学上，太阳不能理直气壮地成为行星的绕转中心了。因此通常称"哥白尼体系"为"日心说"是不严格正确的。另外，哥白尼共引入 34 个本轮来推算行星的运动，这比托勒密体系最多时的 80 个本轮少多了，但是推算工作仍不能称简单。或许我们对哥白尼声称的其学说的简单性可以这样来理解：只有在对行星运动进行定性描述时，它才是简洁的、和谐的。

毋庸讳言，哥白尼从托勒密那里获益匪浅，他从《至大论》中得到了许多观测数据和几何方法以及编制星表的资料，对有些问题的处理完全因袭《至大论》。哥白尼甚至比托勒密还接近古希腊的天文学家和哲学家，他坚持用匀速圆周运动这种天体所应有的"完美运动"来描述行星的运动。以至于当代一些学者评论说，《天体运行论》与其说是在解释宇宙，还不如说是在解释托勒密。

《天体运行论》初版的序言称该书只是提供了一种解释行星运动的数学方法。据考证，这篇序言不是出自哥白尼原意，而是监督该书出版的路德派教士奥西安德擅自加入的。把哥白尼体系看成是一种数学模型还是一种宇宙的真实图景，这将直接影响教会对《天体运行论》的态度。

《天体运行论》出版之后，有少数数学家接受了哥白尼的学说，而一些著名学者如弗朗西斯·培根等则明确表示反对地动说。因此，哥白尼学说的影响还很有限，并未构成对纳入经院学派的托勒密学说的冲击。并且依据当时的物理学和天文学知识，人们还无法理解地球在运动这一事实。哥白尼学说遭受了各种"合理"的责难。如果地球在绕太阳运动，那么应该可以观测到恒星的位置有一个周年的变化，上抛的物体不该掉到原地，地球有被瓦解的危险等等，对这些问题的解答确实要等到物理学和天文学进一步发展之后。

在无法获得观测事实支持的情况下而接受一种学说，多少带有一点信仰的成分。伽利略一开始可能就是这样一位哥白尼学说的信仰者。但伽利略除了信仰之外，还进行有说服力的研究，他的许多物理学和天文学发现都直接驳斥了亚里士多德派的物理学和托勒密的天文学，从而对哥白尼学说形成有力的支持。因此当伽利略满腔热忱地宣传哥白尼学说时，亚里士多德派占多数的学术界便催促教会采取措施，在 1616 年禁止了伽利略说话，并由红衣主教柏拉明宣布哥白尼学说是"错谬的和完全违背《圣经》的"，

《天体运行论》在未改正之前不许发行，哥白尼学说则可以当做一个数学假说来讲授。

当然，科学界对哥白尼学说的接受不必理会教廷的裁决，也不必等到证明地球在绕日运动的直接证据的发现。伽利略如此，开普勒如此，后来的笛卡尔和牛顿也是如此。正是这些科学巨匠的权威确立了哥白尼学说的地位。事实上1822年教廷正式裁定太阳是行星系的中心的时候，直接证明地球在绕太阳运动的证据并没有被发现。直到1835年白塞尔用精密的仪器发现了恒星视差之后，才直接证明了地球确实是在绕太阳运动。

从科学史的角度来看，哥白尼的地动思想不是什么独创。因为在古希腊天文学体系当中，并不是所有的体系都是"地心系"的。萨摩斯的阿利斯塔克在综合毕达哥拉斯和赫拉克雷迪斯的一些观点的基础上就提出过日静地动的思想。然而在托勒密体系在欧洲占统治地位长达千余年后，哥白尼再提出一个地动日静的学说，并在几何严格性方面堪与托勒密体系相匹敌，确实需要非凡的见识和勇气。从某种程度上说，哥白尼学说在思想方法上给予后人的深刻启发，甚至大于它在天文学上的影响。

科学哲学家总结哥白尼革命的意义时说，其一它是天文学基本概念的革命，其二它是人类认识自然界的一次巨大飞跃，其三它引起西方人在价值观念上的转变。但也有人把哥白尼革命的意义仅仅局限于天文学方面，只是把天球和天体的周日和周年运动归结为地球绕自转轴转动和绕太阳公转的反映而已。

三　伽利略的天文发现

伽利略的天文发现主要是通过望远镜作出的。他在1609年听说了荷兰人发明的一种玩具——望远镜，它用两块透镜的组合可以把很远处的物体"拉近"从而看得更清楚。此时的伽利略正处在创造能力的顶峰，他马上想到可以用望远镜来作天文观测，并且立刻亲自动手制造望远镜。在他于1610年出版的《恒星的使者》一书中，伽利略介绍了他制造出第一架用于天文观测的望远镜的经过。据他自述，用这架望远镜观察物体时，"同肉眼所见相比，它们几乎大了一千倍，而距离只有三十分之一"。伽利略制造的望远镜本质上同荷兰望远镜一样，但是伽利略具备精深的光学知识，所以他的望远镜远比荷兰眼镜制造商们的制品好，以至荷兰人首先发明的这种构造的望远镜后来被称做伽利略望远镜。

伽利略通过望远镜看到的天体世界，是前人从来没有看到过的，也是保守的教会学者不敢看的。伽利略的第一项重大天文发现是木星的四颗卫星。他起先在 1610 年 1 月 7 日看到了其中的三颗，几天后看到了全部四颗。为了谋求托斯卡纳大公首席数学家的职位，伽利略把它们命名为"美第奇星"。而现在这四颗卫星被叫做伽利略卫星。木星卫星的发现使得哥白尼构想的太阳系有了一个令人信服的类比，并直接支持了哥白尼提出的宇宙没有唯一的绕转中心的猜想。

将近 1610 年底，伽利略发现金星像月亮一样也有相位变化。这一发现证明金星是在绕太阳转动，从而证明了托勒密体系的错误。伽利略还发现银河实际上是无数恒星的聚合。他还看到月球上的山峰在太阳光的照射下投射出长长的阴影，并根据阴影的长度估计出了山的高度。

伽利略的另一项重要的天文发现是观察到了太阳黑子。当然这项发现的荣誉还应该跟与他同时代的另外两三位天文学家分享。开普勒已经知道太阳表面有黑子存在，甚至没有利用望远镜。法布里修斯在伽利略之前已经用自己的望远镜看到了太阳黑子。另一位很早观察到太阳黑子的是沙伊那。但伽利略正确地解释了太阳黑子应该附着在太阳表面，而不是像当时一些学者认为的是漂浮在太阳上空。伽利略晚年双目失明，很可能与他长期用望远镜观察太阳有关。

伽利略用望远镜作出的天文发现，是对当时还占统治地位的亚里士多德学说的一个沉重打击。通过望远镜看到的太阳黑子、月球上的山丘等驳斥了亚里士多德所认为的天体是完美无缺的观点，从而也间接支持了哥白尼的学说。

四　第谷的精密天文学

哥白尼的日心说对中世纪思想的冲击是巨大的，但是在实际运用方面，当时迫切需要精确的星表，而这要求有精确和系统的观测资料。第谷·布拉赫（Tycho Brahe，1546—1601）对那个时代的需要看得很清楚，并全力以赴地去满足这个需要。

第谷于 1546 年 12 月 14 日出生于丹麦的一个贵族家庭,还是孩童时就进了哥本哈根大学。一次在预报时间里发生的日食引起他对天文学的兴趣,于是他不顾正常学业,找来托勒密的著作读起来。以后他在多所大学求学,求教于第一流的数学和天文学教师。

1563 年木星与土星在恒星的天空背景下发生了"合"(conjunction),16 岁的第谷对这一简单的天文学现象十分感兴趣。他发现 13 世纪《阿尔方索星表》(根据托勒密行星模型计算出的)对于"合"日期的预测误差达到一个月,即使基于哥白尼模型的《普鲁士星表》也有两天的误差。这使他确信必须在精确观测的坚实基础上,对天文学进行一次改革,而这样的精确性只能来自经过改进的仪器和观测技术的结合。

1572 年 11 月仙后座爆发一颗超新星,第谷对此作了详细观察,并于 1573 年发表了一篇《论新星》的论文。1576 年丹麦国王资助第谷,并赐给他一座岛屿。第谷在岛上建造了城堡和天文台。从 1576 年到 1597 年,他在这座叫汶岛的海岛上坚持了 20 年的天文观测。

1588 年丹麦国王去世之后,第谷失宠。第谷不改挥金如土的习性,而他的各项津贴和俸禄被逐渐取消。到 1597 年他不得不举家迁离汶岛。1599 年鲁道夫二世赐予他一笔资金,将他安排在布拉格附近的一个城堡里。第谷在这里建起了一座天文台,并为将来的研究工作物色助手。这时一位年轻的德国天文学家开普勒加入了第谷的工作。但是新天文台的工作还没有真正开始,第谷突然病倒,于 1601 年 10 月 24 日去世。

第谷的天文学工作主要在实测方面,他研究了精密天文学的大多数问题,包括研制建造高精度的天文仪器,获得精确而系统的观测资料,以很高的精度测定了许多重要的天文常数。

他对仙后座超新星(现在称这颗超新星为第谷超新星)的观测证明,这颗恒星对周围的恒星没有可察觉的周日变化,也没有像行星那样的自身运动。因此第谷得出结论,这个新星肯定位于恒星区域。而按照当时的亚里士多德宇宙学,恒心区域不可能发生物理变化。第谷后来对彗星的观测也得出同样的结论。

以亚里士多德哲学为基础的托勒密地心说是不能坚持了,但第谷也不接受哥白尼的日心说,他自己提出了一个后来被称做第谷体系的太阳系模型:水星、金星、火星、木星和土星围绕太阳旋转,太阳和月亮围绕地球旋转,地球仍是宇宙固定不动的中心。第谷不接受哥白尼学说的理由是,沉重而呆滞的地球在运动的说法与物理学的原理相违背,同时也不符合《圣经》的教义。再者,自古以来人们就知道,如果地球绕太阳转动,那么恒星的位置必将产生周年视差。但是从来没有人观察到过这种移动,第谷本人也无法测到它,而他有充足的理由为自己的观测精度感到满意。

对天文学后来的发展最有意义的是第谷对行星的观测。他积累了大量的行星观测资料,但是因早逝而没能根据这些观测结果建立一个数值行星理论。他在病榻上把这项工作托付给开普勒。据说他嘱咐开普勒要按照第谷的体系,而不是按照哥白尼的体系构建新理论。

五 开普勒的行星运动定律

开普勒(Johannes Kepler,1571—1630)早期接受的教育主要是神学方面的,后来认识了数学和天文学教授梅斯特林,开始对数学和天文学感兴趣,并开始信仰哥白尼的学说。日趋自由的思想使得他没有资格在教会中任职,他后来谋得一个天文学讲师的资格。在业余时间他开始了行星问题的研究,于1596年出版了著作《宇宙的奥秘》。他把这本书寄送给了第谷,两位天文学家从此开始通信。

激励开普勒进行研究的一个基本信念是:上帝按照某种先存的和谐创造世界,这种和谐的某些表现可以在行星轨道的数目与大小以及行星沿这些轨道的运动中追踪到。开普勒最初试图发现构成宇宙结构基础的简单关系而取得的一些成果载于《宇宙的奥秘》一书中。《宇宙的奥秘》遵循了柏拉图主义的信条:宇宙是按照几何学原理来构造的。

开普勒作了一系列正多面体,每个多面体有一个内切球,同时又是下一个正多面体的外接球。他发现,正八面体的内切和外接球面的半径分别同水星距离太阳的最远距离和金星距离太阳的最近距离成比例;正二十面体的内切和外接球的半径分别代表金星的最远距离和地球的最近距离。正十二面体、正四面体和立方体可类似地插入到地球、火星、木星和土星的轨道之间。

正多面体只有五种,而行星只有六颗,这很容易让人觉得它们两者之间联系的必然性。在开普勒看来,这俨然是上帝创造世界的"秘方"。实际上根据开普勒这种构造计算出来的行星距离与观测所得并不完全一致，但开普勒在当时简单地把这种偏差归咎于观测的误差。

开普勒最终能在行星运动理论上取得突破性的成就，受益于他获得的两大遗产：哥白尼的日心体系和第谷的精确观测资料——火星的位置资料。

开普勒利用本轮和偏心圆模型对火星运动进行了计算，发现计算结果与观测值之间有 8 分的误差。开普勒对第谷的观测精度深信不疑，因此他抛弃了上述从托勒密到哥白尼一直使用的本轮和偏心圆模型。

为了寻找替代理论，开普勒暂时放开火星，开始研究地球的运动。刚开始研究地球运动，开普勒就发现，依然需要偏心圆，只是地球的偏心率比火星的更小。这样，为了搞清楚偏心问题，开普勒转而注意起行星的运动速度不均匀这一现象。

开普勒证实了行星在远日点和近日点的速度大致与行星到太阳的距离成反比。于是他把这个结论加以推广，认为行星的速度与离开太阳的距离成反比——事实上这个结论是错误的。

开普勒不把哥白尼体系当成纯粹的数学虚构，而是把它作为实在的东西接受，并进而考察行星绕日运动的物理原因。起先，开普勒怀着神秘的想法，认为行星具有灵魂或意志，它们有意识地使行星运动。等到发现行星的速度与到太阳的距离成反比这一结果，开普勒抛弃了灵魂的想法，提出力（vis）作用于行星的见解。

吉尔伯特把地球看做一个大磁体，开普勒受他启发，认为行星受到磁力的推动而运动。他认为，这种力不是超距力，这种叫做 species 的非物质性的力是从太阳发出的，由于它的旋转而推动行星；这种力的大小与到太阳的距离成反比。

在这里，开普勒体现了一种对亚里士多德物理学的反叛和继承。在亚里士多德那里，天体运动是自然运动，没有必要作出更详细的说明。把天体运动看做是有力引起的，意味着抛弃以"固有位置"为根基的运动论。但是，这里开普勒只是把地上的亚里士多德力学推广到了天上。行星的速度和所受力都与到太阳的距离成反比，完全符合运动速度与所受力成正比的亚里士多德运动学规律。

获得以上重要但错误的结论之后，开普勒重新回到了火星的运动学。他首先提出了确定任意时刻火星的位置问题。这需要给出火星运动经过的路程如圆弧 QM 和火星从 Q 到 M 所需的时间之间的关系(见图6.1)。这对当时的数学而言是不可能的。

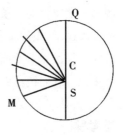

图 6.1

于是开普勒采取了如下近似法。圆弧上一点 M 处的速度与 MS 成反比。因此,通过 M 处一定长度的弧所需要的时间可用 MS 的长度来表示。这样一来,通过弧 QM 所需要的时间是动径 MS 的和。

按照阿基米德的理论,动径之和就是扇形的面积。但是阿基米德的这个结论只有在 S 位于圆心 C 处时才正确。而开普勒却大胆认为它在偏心圆的情况下也成立,于是给出了动径扫过的面积与时间的关系:成正比。从推理过程来看这是一个很粗糙的结论,但开普勒由此得到了面积速度恒定的定律(开普勒第二定律)。

开普勒就这样找到了计算给定时刻的行星位置的方法。据此,从给定的三个位置就能计算出该行星的远日点位置、偏心率。开普勒挑选了火星的几组三个位置进行计算,发现结果互相不一致。于是开普勒抛弃了从柏拉图以来把天体看做沿圆形轨道运动的信条,并得出结论说:火星轨道不可能是圆形。

为了找到正确的轨道形状,开普勒起先考虑卵形轨道,但计算结果难以与面积定律符合。后来他尝试椭圆,经过冗长的计算和"简直发疯似的思索",最后确认,唯有椭圆才是火星的轨道。并且,开普勒再次大胆地把从火星得来的规律推广到所有行星。

一个世纪以前,哥白尼已经开始寻找满足几何简单性要求的行星系统。开普勒解决了哥白尼的问题,他所达到的简单性在天文学史上超出了前人的梦想——仅仅一种圆锥曲线就足以描述所有行星的轨道。偏心圆和本轮的全部复杂性淹没在椭圆的简单性中了。

当然接受椭圆简单性是有代价的,那就是抛弃圆及其拥有的完美无缺、不易性和有序性的古老内涵。开普勒心中也许从来没有忘记圆所具有的诱惑力。在他看来,面积定律的价值在于它提出了新的一致性来取代圆周运动的一致性。

我们既可以说开普勒完善了哥白尼学说,也可以说他破坏了哥白尼学说。在1609年出版的《新天文学》中,开普勒发表了行星运动的第一定律和第二定律;在1619年出版的《宇宙和谐论》中他进一步发表了行星运动的第三定律。这三条行星运动定律现在一般表述为：(1)行星沿椭圆轨道绕太阳运动，太阳位于椭圆的一个焦点上；(2)从太阳到行星的矢径在相等时间里扫过相等的面积；(3)各行星公转周期的平方与轨道半长径的立方成正比。它们被称做开普勒定律，为牛顿发现万有引力定律奠定了基础。

思考题

1. 希腊天文学有哪些显著特点？

2. 哥白尼《天体运行论》体现出怎样的革命性和保守性？

3. 伽利略的天文发现对旧知识体系产生了怎样的冲击？

4. 第谷为什么不接受哥白尼的学说？

5. 为什么说开普勒既完善了哥白尼学说，又破坏了哥白尼学说？

阅读书目

1. 〔英〕米歇尔·霍斯金：《剑桥插图天文学史》，江晓原、关增建、钮卫星译，山东画报出版社，2003 年。

2. 〔波兰〕尼古拉·哥白尼：《天体运行论》，叶式辉译，武汉出版社，1992 年。

3. 〔美〕理查德·S. 韦斯特福尔：《近代科学的建构》，彭万华译，复旦大学出版社，2000 年。

4. 〔美〕戴维·林德伯格：《西方科学的起源》，王珺等译，中国对外翻译出版公司，2001 年。

5. 〔英〕亚·沃尔夫：《十六、十七世纪科学、技术和哲学史》，周昌忠等译，商务印书馆，1985 年。

第七讲

近代科学革命之新物理学革命

如果说天文学是近代科学革命的切入点,那么物理学就是近代科学的核心领域,而近代的各种力学理论和实验又是触发物理学革命的关键。从开普勒把地上的力学扩展到天上开始,斯特文斯、伽利略、笛卡尔、惠更斯、牛顿等大师们以各自的方式对物理学的进步作出了贡献。参与这场物理学革命的这些大师们,从理论到实践,为近代科学奠定了一个全新的传统。

一 近代以前的力学

(一)冲力理论

按照亚里士多德的运动理论,每个物体都有自己的固有位置,离开固有位置的物体,只要不受阻碍,都要作返回固有位置的运动,这叫物体的自然运动。除自然运动之外的物体运动统统是强制运动。强制运动只有在外力不断地作用时才产生,作用停止,运动也立即终止。

亚里士多德是一个面对自然的坦率观察者,上述论述显然来自经验,譬如车夫拉车的经验、划船的经验等。但是,亚里士多德的运动论在对抛射体进行解释时产生了矛盾。

一个被抛射出去的石头或铁饼怎么能在空气中飞行呢?亚里士多德认为,抛射物体的手或机械,使与被抛射物体接触的媒质(空气)层也运动起来,而且能把动能传给它。接着这个媒质层对下一个媒质层反复进行同样的作用,一层一层的媒质便推动了抛射体。而在其他地方,亚里士多德主张媒质阻碍运动。

这一矛盾早就为人们所注意。6 世纪的哲学家菲洛普努斯(Philoponus)就拒绝亚里士多德对抛射运动的解释。他认为空气阻碍物体运动而不是促进物体运动。抛射体之所以能飞行,是因为投掷的人或机械把某种非物质的动力传给了物体本身,也就是说,把强制运动的作用转移到物体内部。

这种想法后来被法国巴黎的唯名论者加以采纳和发展。其中心人物巴黎大学的让·布里丹(Jean Buridan,1300 前—1358 后)提出使动者把冲力(impetus)嵌入受动物体的理论:冲力的方向和物体的运动方向相同,使动者停止作用后,使抛射体继续运动的就是这种冲力。由于空气的阻力和重力的作用,冲力不断减弱,抛射体的运动也不断减慢。当冲力耗尽,重力处于支配地位,抛射体便开始向固有位置运动。物体包含的物质的量越大,对冲力的容量也越大。

冲力是经院哲学框架内的东西,以近代力学的概念来衡量,它不过是各种概念的混乱的掺和而已。但是人们一直在对它进行修正,长期以来成为人们论述运动的基准。伽利略早期就是一个冲力论者。

摆脱和超越冲力理论,到达近代力学的过程中,对天体运动的考察起到了极为重要的作用。其一是开普勒的工作,其二是为地动说奠定力学根据的伽利略的工作。

(二) 开普勒的天体力学思想

第六章"开普勒的行星运动定律"一节提到开普勒推导出行星运动第二定律时,引入了天体引力的思想。按照亚里士多德的观点,天体所作的匀速圆周运动是天体的自然运动,因此没有必要为天体的运动寻找物理原因。但是开普勒认为天文学理论不应该仅仅是说明、解释所观测到的现象的一套数学方法,它同样也必须建立在合理的物理学原理之上,行星运动的规律应该可以从导致行星运动的原因中导出。

基于这样的考虑,开普勒率先考察起行星绕日运动的物理原因。受到吉尔伯特磁学理论的启发,开普勒认为行星受到磁力的推动而运动。他把太阳看成一块大磁铁,行星是些小磁铁。太阳发出磁力并且本身旋转,由此推动行星。这种力的大小与到太阳的距离成反比。

在这里,一方面,开普勒抛弃了亚里士多德的建立在"固有位置"基础上的运动理论;另一方面,开普勒只是把地上的亚里士多德力学推广到了天上。行星的速度和所受力都与到太阳的距离成反比,完全符合运动速度与所受力成正比的亚里士多德运动学规律。在亚里士多德的物理学中,天上和地下的物体遵循不同的物理规律。但开普勒确信自然的一致性,因此他把地上的力学推广到了天上。

(三) 斯特文斯链

当开普勒的主要兴趣集中在天上时,他的同时代人荷兰人斯特文斯(Stevinus,1548—约1620)更关心地上的现象。1586年斯特文斯完成《静力学原理》一书,书中他发展了阿基米德关于静力学方面的工作,解决了斜面上的平衡问题。在书的封面上,画着这样一幅图(见图7.1),它标志着在理解平衡方面的一大进步。

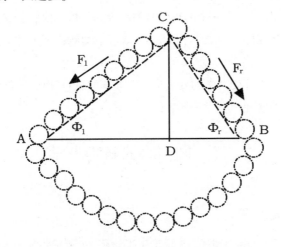

图 7.1　《静力学原理》封面图

用许多小球组成一根链条,放在一个棱柱形的支撑体上,棱体的每个面都光滑。因为右边(较短一边)的小球比左边(较长一边)的小球少,有人以为因为重量不同,链子要从左向右运动。而既然链子是连续的,这一运动就应一直不停,链子会永远转下去!

但是斯特文斯是重实际而严肃认真的人,他否定了这种可能性,认为链子应当处于平衡。因为左右两个斜面上的小球数目明显与斜面的长度成正比,所以若用 F_l、F_r 表示每边单个小球上的力,于是有

$$F_l \times AC = F_r \times BC$$

或者

$$F_l / F_r = BC / AC$$

用角 φ_l、φ_r 的正弦来表示这两个斜面,则有

$$sin\varphi_l = CD/AC \,; sin\varphi_r = CD/CB$$

所以上式可以写成

$$F_l / F_r = sin\varphi_l / sin\varphi_r$$

用文字来表达就是:放在斜面上的一个物体所受到的沿斜面方向的重力与倾角的正弦成正比。

按照亚里士多德的理论,落体通过给定距离所需要的时间与落体的重量成反比。但在斯特文斯所著《论称量》一书的附录中,记载了一个他与合作者所做的落体实验,反驳了亚里士多德的学说。他们从 30 英尺的高处同时丢下两个铅球,其中一个的重量是另一个的十倍。他们发现,重球落地的时间并不是轻球的十分之一;相反,两球落地的响声听起来好像是同一个声音。

斯特文斯为近代力学的发展注入了新鲜的思想,而到了伽利略手里,包括力学在内的物理学发生了彻底的变革。

二 伽利略的新物理学

(一) 伽利略生平

伽利略于 1564 年 2 月 15 日出生于比萨,三天后伟大的文艺复兴艺术家米开朗基罗去世。历史学家把这一生一死说成是从研究艺术向钻研科学过渡的标志。伽利略的父亲是一位数学家,一个没落的贵族。他希望伽利略去学医,因为一个医生挣的工资是一个数学家的三十倍。但伽利略显然并不认为学医有多大意思,他的头脑里思考着的是另一些问题。

伽利略循着阿基米德的足迹,进行观察、实验,把具体的事物化为抽象的数学关系,从中推导出对事物的简单、概括的数学描述。伽利略对物理现象的独立研究,使得他相信那些被奉为权威的亚里士多德物理学内容中有许多严重的错误。1632 年,伽利略把他的研究成果发表在《关于托勒密和

哥白尼两大世界体系的对话》一书中。该书采用对话体的形式,对话的双方有三个人,萨而维阿蒂和沙格列陀是伽利略的朋友和拥护者,辛普利丘是公元 6 世纪时亚里士多德著作的注释者,在书中扮演传统和权威的捍卫者。三个人在四天里作了四次内容广泛的谈话。第一天论证了地球和行星一样,是一个运动的天体;第二天讨论了周日运动;第三天讨论了周年运动;第四天讨论了潮汐问题。

伽利略的《对话》是近代天文学史上三部最伟大的杰作之一(另两部是哥白尼的《天体运行论》和牛顿的《自然哲学的数学原理》)。在伽利略发表《对话》之前,他因信仰哥白尼学说而受到教会警告,"日心说"已经被宣布为"歪理邪说"。《对话》一出版即轰动了整个学术界。教皇乌尔班八世虽然是伽利略的好朋友,但在当时内外交困和学术界的压力下,不得不对伽利略采取措施。

伽利略被传召到罗马宗教法庭受审,他宣布放弃信仰,宗教法庭感到满意而判处他终身监禁,并命令他三年里每星期都要背诵《诗篇》中的七首忏悔诗。传说伽利略在公开放弃信仰之后喃喃自语说:"可是,它还是在运动的呀!"但应该把这仅仅看做是传说。《对话》1835 年被从天主教的禁书录中去掉。

在被监禁几个月之后,伽利略获准到佛罗伦萨附近的阿切特里过隐居生活。这时他对科学的热忱仍不减当年,只是不再涉及可能引发与教会冲突的问题。1636 年他完成了另一本重要的科学著作《关于两种新科学的谈话》,该书于 1638 年在荷兰出版。《谈话》仍采用对话的形式,人物与《对话》中的完全相同。伽利略在这本书中从非科学因素中摆脱出来,全力把他创立的动力学系统地介绍给了读者。伽利略的天文发现无疑非常重要,但从纯科学的观点来看,他对力学的贡献更为重要。伽利略对于落体定律、钟摆和抛射体运动的研究,树立了科学地把定量实验与数学论证相结合的典范,至今仍是精密科学的理想方法。

(二) 实验方法的运用

早在 1581 年,当时还在比萨大学学医的伽利略,有一次到教堂去做礼拜,显然他没有虔诚地聆听上帝的福音。伽利略心不在焉地看着摇晃的蜡烛架子,看到它摆动越来越小,最后慢慢停了下来。他寻思:每次摆动的时间是不是也越来越短呢？对此他数着脉搏作了测量。结果令他奇怪,尽管每次摆动的幅度越来越小,但每摆动一次的时间总是一样的。回家后伽利略用一根绳子绑了一块石头重复了这个实验,发现结果是一样的。他进一步用各种不同长度的绳子绑了不同重量的石头做同样的实验,发现:对于给定的绳子长度,不管绑的是重石头还是轻石头,摆动周期都相同。这就是我们现在都熟悉的单摆装置的问世。伽利略还在学医,他建议用标准长度的单摆来测量病人的脉搏,这就是"脉搏仪"的发明。但是这是他对医学的最后一次贡献了。经过与父亲的一番争论后,伽利略改变了他的大学学习计划,开始研究数学和其他科学。

为什么单摆的周期与摆动的大小无关？为什么重的石头和轻的石头系在同一绳子的一端时,是以相同的周期摆动的？伽利略无法解决第一个问题——因为这需要微积分的知识,而微积分要到100年后才由牛顿发明出来。伽利略也没有解决第二个问题——这要等到爱因斯坦关于广义相对论的工作问世才能解决。虽然无法回答问题,但提出问题也是一个重要贡献。而且,没有答案也不妨碍伽利略利用绳子和石头做实验。

单摆的运动是重力引起下落的特例。如果我们放开一块石头,没有东西拴住它,它就会一直掉到地上。但是石头如果拴在绳子的一端,绳子的另一端固定在天花板上,那么石头被迫沿着一段圆弧下落。不管轻的或重的石头,它们拴在同一根绳子上,到达最低点的时间总是相同的。那么,这两块石头在同一高度放手后,掉到地上的时间也一定相同。这个结论与当时公认的亚里士多德的观点相抵触——后者认为重的东西比轻的东西下落快！为了向别人证明自己是正确的,伽利略从比萨斜塔上扔下了两个重量不同的球,结果两个同时扔下的球同时着了地。历史考证似乎证明这次演示没有真的做过,但是伽利略肯定做过类似的实验——也许不是在塔顶上,而是在自家屋顶上。

(三) 数学方法的使用:计算与定理

伽利略在实验中观察到,当石头被放开后,它在空中下落的速度越来越快。他想知道这种越来越快的下落运动符合什么样的数学定律。由于自由落体运动得太快,伽利略没有现代的高速照相机,所以无法对落体运动进行详细研究。但是,他想出了"稀释重力"的办法。他用球在斜面上滚动,斜面越陡,球滚动得越快。在垂直面的极限情况下,球沿这个面自由落下。在这个实验中伽利略面临的主要困难是测量小球走过不同距离所需要的时间。当时钟表还没有发明,他想出来的解决办法是用"水钟",通过一个大容器里流出的水量来测量时间。他记下小球从起点开始在相同时间间隔内走过的距离,发现这些距离成 1:3:5:7…… 的比例。当斜面更陡时,相等时间里小球走过的相应距离也变长,但是它们的比例保持不变。伽利略推测这个规律在自由下落的极限情形下也一定成立。在数学上,上面这个规律很容易改写成:小球走过的总距离与所经过时间的平方成正比。如果把小球在第一段时间间隔内所走过的距离取作单位长度,那么在以后一系列时间间隔的末尾,小球走过的总距离将是 $1^2:2^2:3^2:4^2$……

根据观察到的运动距离与时间的依赖关系,伽利略得出结论说,这一运动的速度一定是与时间成简单的正比关系,即:

$$速度 = 加速度 \times 时间$$

伽利略还证明了,在从静止开始的匀加速运动中,运动物体走过的距离是它在整个时间内以不变的速度运动时所应走过距离的一半。因此:

$$距离 = \frac{1}{2} \times 速度 \times 时间 = \frac{1}{2} \times 加速度 \times 时间^2$$

这种从现象中抽出物理规律,并用数学公式表述之的研究方法成为近代以后科学的基本特征。

(四) 运动的合成和运动的相对性

伽利略对动力学的另一个重要贡献,是关于运动合成的观念。对于水平抛出的石头,伽利略认为这块石头参与了两个独立的运动:(1)速度恒定的水平运动,这个速度是抛石头的手给它的;(2)速度与时间成正比的自由落体运动。

伽利略的这个运动合成的观念具有深刻的物理意义。假定从一艘快速运动的帆船的桅杆顶上投下一块石头。当放手的瞬间石头也具有与船一样的水平速度,所以放手之后它还会继续以这一水平速度运动,直到它落到桅杆底部前,一直保持这个水平速度。石头运动的垂直部分是加速的自由落体运动,所以它将正好落在桅杆底部的甲板上。在现在看来这是一个很明确的事实,但在伽利略时代,大家相信亚里士多德的教导,认为物体只有受到推力时才运动,推力一旦消失,运动就要停止。根据这种观点,在桅杆顶上投下的石头会垂直掉下来,而船在继续前进,这样石头会掉在船尾附近的甲板上。中世纪经院哲学的特点就是对这类问题翻来覆去讨论不休,而没有一个人会愿意爬到正在行驶的船的桅杆顶上扔一块石头试试。有意思的是,伽利略也没有亲自去做过这个实验,他认为实验的结果完全可以从一些假设的前提推导出来。

在这里,伽利略涉及了一条运动学的基本原理——运动相对性原理。在 1632 年出版的《关于托勒密和哥白尼两大世界体系的对话》一书中,伽利略对运动的相对性作了生动的描述:

> 设想把你和你的朋友关在一只大船的舱板下最大的房间里,里面招来一些蚊子、苍蝇以及诸如此类有翅膀的小动物。再拿一只盛满水的大桶,里面放一些鱼;再把瓶子挂起来,让它可以一滴一滴地把水滴出来,滴入下面放着的另一只窄颈瓶子中。于是,船在静止不动时,我们看到这些有翅膀的小动物如何以同样的速度飞向房间各处;看到鱼如何毫无差别地向各个方向游动;又看到滴水如何全部落到下面所放的瓶子中。而当你把什么东西扔向你的朋友时,只要他和你的距离保持一定,你向某一个方向扔时不必比向另一个方向用更大的力。如果你在跳远,你向各个方向会跳得同样远。尽管看到这一切细节,但是没有人怀疑,如果船上情况不变,当船以任意速度运动时这一切应当照样发生。只要这运动是均匀的,不在任何方向发生摇摆,你不能辨别出上述这一切结果有丝毫变化,也不能靠其中任何一个结果来推断船是在运动还是静止不动。

在封闭的船舱中做任何力学实验都不可能发现一只船是停泊在港口还是行驶在海上。这个说法现在称之为"伽利略相对性原理"。此后几乎花了 300 年,这个原理才由爱因斯坦推广到在一个做匀速运动的封闭系统中观测光学和电磁现象的情况。

三 笛卡尔的机械主义方法论

笛卡尔出生于法国拉埃镇,是当地一个政要的儿子。1604 年笛卡尔进了当地一所刚开张几个月的耶稣会学校,一直学习到1612年。由于笛卡尔身体极差,学校特许他每天可以睡到上午11点起床。在学校里笛卡尔觉得一切知识都是那么不确定,只有数学给他一种确定感。然后笛卡尔到巴黎进入布瓦杜大学就读法律专业,毕业后应征进入一所军事学校。1618年笛卡尔师从德国物理学家依萨克·比克曼(Isaac Beeckman)学习数学和力学,并开始寻求一种统一的关于自然的科学。1619年他加入巴伐利亚军队,从1620年到1628年在欧洲各地包括波西米亚、匈牙利、德国、荷兰、法国游历,最后选定荷兰作为他的长久居住地,并开始潜心著述。

1628年他完成了《指导哲理之原则》。继而1634年完成《论世界》,全书以哥白尼学说为基础,总结了他自己在哲学、数学和许多自然科学问题上的看法。1632年罗马教会对伽利略的迫害传到荷兰,笛卡尔未敢出版此作,因此该书直到1664年笛卡尔去世后才出版。1637年又完成《谈谈方法》,该书包含三篇独立成篇的附录:《折光学》《气象学》和《几何学》。在《几何学》中笛卡尔提出了重要的"笛卡尔坐标系"概念,代数学从此可以运用到几何学中,解析几何因此得以奠定基础。仅此一贡献,笛卡尔便可名垂科学史。1641年完成《第一哲学沉思录》。1644年完成《哲学原理》和《冥想录》。

1649年,瑞典女王克里斯蒂娜(Queen Christina)久仰笛卡尔大名,要拜他为师,笛卡尔欣然前往,受聘斯德哥尔摩宫廷哲学家一职。但是勤勉的女王要每周三次在清晨5点学习几何学知识,笛卡尔不得不改掉自幼年起便养成的每天11点起床的习惯,在北欧凛冽的寒风中一大早就赶到女王宫殿。几个月后的1650年2月11日,笛卡尔死于肺炎。

笛卡尔比伽利略晚出生32年,但只晚去世8年,可以算是同时代人。笛卡尔首次提出坐标系概念,对光学也有一定研究,还特别研究了碰撞运动,提出运动中总动量守恒的思想,这是稍后的动量守恒原理的雏形。

笛卡尔对惯性概念的发展作出了重要的贡献,他首先坚持惯性运动必须是直线运动,而在圆或曲线上移动的物体必然受到某种外部原因的制约。他因而提出了圆周运动中的离心倾向,这是从力学上分析圆周运动的第一步。

尤其重要的进步是笛卡尔打破了仍旧禁锢哥白尼、伽利略和开普勒等人头脑的有限宇宙概念,提出了无限宇宙的概念。笛卡尔的宇宙是一个充满物质的空间,这些充满空间的物质的运动形成无数的旋涡。笛卡尔提出,我们太阳系就处于这样一个旋涡中,这个旋涡如此之巨大,以至于整个土星轨道相对于整个旋涡来说只不过是一个点。旋涡的绝大部分区域充满了微小的球,由于彼此之间不断地发生着碰撞,这些小球变成了完美的球体。笛卡尔把这些小球称做"第二元素"。而第一元素是极度精细的微粒,即所谓的以太——一个17世纪发展了的与亚里士多德的以太概念有所不同的概念。笛卡尔的宇宙中还有第三种物质形式,它们是一些更大的微粒,构成行星等大物体。每一颗行星都倾向于逃离旋涡中心,但构成旋涡的其他物质的离心倾向所产生的反作用与之抗衡,在这种动力学平衡下,行星的轨道就被确定了。

笛卡尔的旋涡理论是第一个取代中世纪水晶球模型的宇宙学说。虽然开普勒的行星运动理论具有更优越的简单性和数学上的严密性,但是开普勒定律所依据的原理来自毕达哥拉斯和柏拉图的哲学,还夹杂一些亚里士多德的物理学,这是近代的机械论哲学所不能接受的。所以,笛卡尔的旋涡模型一度成为17世纪占主导地位的宇宙学说。直到牛顿提出万有引力定律,旋涡学说才慢慢退出历史舞台。

像伽利略被尊为"近代科学之父"一样,笛卡尔被尊为"近代哲学之父",他的主要成就还是在哲学方面。从人到宇宙,在笛卡尔看来都是一台机器。笛卡尔建立的这种机械论哲学影响深远,成为后来科学家研究自然的基本思想方法。

四　牛顿开创的时代

在整个科学史上,罕有能与从哥白尼到牛顿的天文、物理学发展相匹配的时期。在这一相当短暂的时期里,科学的进步既连续又完整,充分展现了事件逻辑的自然发展。哥白尼把地球看做是一颗行星,以这一革命性的思想为发端,经过伽利略、第谷、开普勒等人的工作,最后达至牛顿对物理世界的伟大综合。

(一)牛顿生平

1642年注定是不平凡的一年,伟大的天才伽利略在这年去世,一个更伟大的天才牛顿在这一年降生。

这一年的圣诞节（儒略历），伊萨克·牛顿（Issac Newton）出生于英国林肯郡的一个中农家庭，他是遗腹子，又是早产儿。12 岁时他进入当地一所文科中学念书。1656 年牛顿第二次结婚的母亲再度成为寡妇，他被召回帮忙料理农庄。显然牛顿是一个很蹩脚的农夫，所以又被送回学校。不过他的舅父发现牛顿的学识不凡，极力主张送他到剑桥大学深造。1661 年 6 月牛顿进入剑桥三一学院。1665 年初毕业，获得文学学士学位。

1665 年和 1666 年，为了躲避伦敦的鼠疫，牛顿大部分时间在他母亲的农庄中度过。期间他除了作出一些数学上的发现外，还做了一些关于颜色的实验。一直为人们传诵的牛顿看到一只苹果落到地上从而启发了他发现万有引力定律的著名事件就发生在这个时期。但是由于数学上的一些准备工作还没有做好，当时牛顿没有严格地推导出万有引力的数学表达式。

1667 年牛顿回到剑桥之后当选为三一学院的研究员，第二年获得文学硕士学位。1669 年 27 岁的他就任数学卢卡斯教授。在这段时间里牛顿恢复了光学研究，并造了第一架反射望远镜，还发现了白光的合成性质。1672 年牛顿被选入皇家学会，并向学会报告了他的有关太阳光的分光实验。此后牛顿做了一些数学和化学方面的研究。

牛顿与他的科学界朋友们的谈话和通信使他的注意力不时回到引力问题上来。1684 年 8 月哈雷造访牛顿，促使牛顿进入对引力问题的紧张研究，并于 18 个月后写成《自然哲学的数学原理》，该书在 1687 年 7 月出版。

也是在 1687 年年初，牛顿作为剑桥大学的代表之一，到国会就剑桥大学的特权问题与詹姆士二世辩论。从这个事件开始，牛顿逐渐参与公共事务和社会活动。1689 年他代表剑桥大学当选为国会议员，然而据说他在国会从不发言。有一次他站了起来，议会厅顿时鸦雀无声，恭候这位伟人发言。但牛顿只说了句"应把窗子关上，因为有穿堂风"。1690 年国会解散后，牛顿回到剑桥，在好几年里花了许多精力致力于《圣经》经文的研究和诠释。他就《圣经》中最玄虚的章节写了 150 万字的考证文章，还计算了"开天辟地"的年代，为公元前 3500 年左右。

1692 年，牛顿忙碌的大脑终于衰竭了，他患了精神崩溃症，休息了将近两年。从那以后牛顿的身体状况再没有恢复如初，但在思维敏捷性方面还是抵得上十个常人。譬如，1696 年一个瑞士数学家挑战性地要欧洲学者解决两个问题。牛顿看了这两个问题后,第二天就匿名寄去了答案。挑战者一眼就看穿了,说:"我认出了狮子的利爪。"在 1716 年牛顿 75 岁的时候,莱布尼兹又提出了一个问题,目的是想难住牛顿。牛顿一个下午就解决了。

1695 年牛顿被任命为造币厂督办,他兢兢业业地操持这个新的职务。当时银币的成色大大降低,督办的职责是监督重铸成色十足的银币,因此事关重大。1699 年,在圆满完成这个任务后,他被任命为造币厂厂长,担任这个职位直到去世。

1699 年他还当选为法兰西科学院外国院士。1701 年,他辞去了三一学院研究员和卢卡斯教授的职位,但还不时研究一些小的科学问题,以及准备《光学》的出版和《原理》的再版。1703 年牛顿当选为皇家学会会长,并年年连选连任,直到去世。1705 年安妮女王授封牛顿为爵士。1727 年牛顿在主持一次皇家学会的会议时突然得病,两周以后在 3 月 20 日去世,享年 85 岁。牛顿安葬在威斯敏斯特教堂,与英国的英雄们葬在一起。总的来说,在早期科学史上,像牛顿这样迅速在国内外得到承认的天才寥寥无几。牛顿的幸运和伽利略的塞运形成了鲜明的对照。

牛顿具有谦虚的美德,他的两句名言为世人所传诵。1676 年在给胡克的一封信中,牛顿写道:"如果我比别人看得远些,那是因为我站在巨人们的肩上。"据说他还讲过:"我不知道世人对我怎么看,但我自己看来我就好像只是一个在海滨嬉戏的孩子,不时地为比别人找到一块更光滑的卵石或一只更美丽的贝壳而感到高兴,而在我面前的浩瀚的真理海洋,却还完全是个谜。"但是牛顿同时代的其他人也站在同样一些巨人的肩上,也是在同一个海滨嬉戏的孩子,却唯独只有牛顿一个人看得较远,并得到更光滑的卵石和更美丽的贝壳。

(二) 万有引力的发现

伽利略的实验表明,不是维持一个物体的匀速直线运动而是改变这种运动才需要一个外力。这就意味着,天文学家所需要解释的问题不是行星为什么不断地运动,也不是行星为什么不按严格的圆周轨道运动,而是它们为什么总是绕太阳作封闭曲线运动,而不作直线运动跑到外部空间去。牛顿对天文学的伟大贡献,正是在对这一问题的思考和回答中作出的。

根据一些可靠的资料,"苹果事件"很可能是真实的。但是从苹果落地到万有引力定律的发现,还有很多问题要解决。根据伽利略的抛射定律,牛顿一开始认为月球和其他行星的轨道运动与抛射体的运动相似,或者说是抛射体运动的一种极限情形:"一块被抛射出去的石头由于自身的重量而不得不偏离直线路径,在空中划出一条曲线;最后落到地面。抛射的初速度越大,石块落地之前行经的路程就越远。因此我们可以设想,随着抛射体初速度的增加,石块落地之前在空中划出的弧长越长,直到最后越出地球的界限,它就可以完全不接触地球在空中飞翔。"

牛顿从苹果落地得到启发,想到把苹果拉向地面的力可能和地球控制月亮的力是同一种力。为了检验使苹果落地的力和维持月球在其闭合轨道上运动的力之间可能的关系,必须弄清楚:(1)究竟根据什么定律,重力随着与地球距离的增加而减少;(2)根据这一定律和所测得的在地球表面上的物体的加速度来计算,月球轨道处的重力加速度将会多大;(3)假设月球的轨道是一个以地球为圆心的圆,计算月球的实际向心加速度是多少;(4)确定由(2)和(3)得出的加速度在数值上是否相等,从而可以认为两者是否由于同一种力的作用而引起。

牛顿的研究基本上也是按照这个思路进行的。如果作匀速圆周运动的物体线速度为 v,周期为 T,半径为 r,向心加速度为 a,则有:

$$a = v^2/r$$

$$v = 2\pi r/T$$

又根据开普勒第三定律有:

$$T^2/r^3 = k$$

k 为开普勒常数。不难得到:

$$a = 4\pi^2/kr^2$$

这就是给出的这种力的数学描述:物体下落速度的变化率与该物体距地心距离的平方成反比。牛顿根据平方反比定律推算出月球距离的重力确定的月球加速度。然而该数值与实测结果相差太大,牛顿对此非常失望。

一些人认为因为牛顿采用了较小的地球半径数值,所以导致了推算上的差异。但是更可能的原因是牛顿在确定地球和被吸引物体之间的有效距离上遇到了困难。能把地球这个大球体的引力看做只是从地心发出的吗?对这个问题的肯定回答,要等到1685年牛顿创立微积分这个数学工具之后才能作出。不管是什么原因,牛顿把重力问题搁置了15年。

1680 年胡克写信给牛顿,建议他研究确定在一个按平方反比定律变化的引力中心附近区域里运动的质点的运动路径问题。牛顿看来没有答复这封信,但确实重新开始了他早年的计算,并计算出在平方反比例定律的力的作用下的轨道是一个以吸引体为焦点的椭圆。这样行星的椭圆轨道就得到了一个合理的解释。接着牛顿又进一步证明,如果围绕引力中心的运动是椭圆运动,而此引力中心是椭圆的一个焦点,那么该力一定是平方反比例的力。

像牛顿一样,哈雷也根据开普勒第三定律推导出了平方反比例定律,但未能走得更远。另一位科学家雷恩也推导出了平方反比例定律。但胡克却声称他已根据这条定律对行星运动作出了完善的解释。雷恩出了一笔奖金,看他的两位朋友谁能在两个月里提出这样的解释。哈雷没有做到;而胡克为他没有及时拿出解释找了个借口,而此后再也没有拿出来过。就在这一年即 1684 年 8 月哈雷造访牛顿,问他若天体之间在平方反比引力作用下会怎样运动。牛顿立刻回答说按椭圆轨道运动。哈雷问他如何得知,牛顿就讲述了 1666 年在农庄里的推算,只是那时的手稿丢失了。哈雷欣喜万分,鼓励牛顿把研究继续下去,并要求牛顿答允把研究成果寄给皇家学会,以便登记备案,确立其优先权。

这次的推算很顺利,因为当时已经获得了比较精确的地球半径值,而且牛顿创立的微积分使他能证明:一个所有与球心等距离的点上的密度都相等的球体在吸引一个外部质点时,形同其全部质量都集中在球心。因此牛顿完全有理由把太阳系各天体看做是有质量无体积的质点。据说面对越来越强烈的成功预感,牛顿激动得算不下去,只好让一位朋友替他算下去。为了详尽地阐述所有的这一切,牛顿开始着手写一本书,18 个月后完成,书名叫《自然哲学的数学原理》(简称《原理》)。

(三)《自然哲学的数学原理》

《原理》初版用拉丁文,于 1687 年 7 月问世。《原理》之所以能够出版,哈雷功不可没。起初,皇家学会准备把牛顿的研究成果发表在《哲学学报》上,但在研究了前面几个部分后,便决定出资把这一著作印成书。但是当时皇家学会正处在长期的经济困难中,缺乏足够的资金出这本书,加上胡克宣称对发现拥有优先权,皇家学会因此放弃了原计划。于是哈雷自费承担了该书的出版,他还为牛顿搜集必要的天文资料,校订清样,指出文中的含混之处,安排印刷和插图,等等。

《原理》共分三篇,再加上非常重要的导论。书中一开头就对力学中的各个基本概念作了定义,包括质量、动量、力等。牛顿是第一个精确使用这些概念的人。在这些定义之后的一条附注中,牛顿假设存在绝对的、真实的和数学的时间以及绝对空间和绝对运动。绝对时间均匀地流逝着而同任何外部事物无关;绝对空间始终保持相同和不动;绝对运动是物体从一个绝对位置向另一个绝对位置的平移。20世纪物理学与牛顿物理学的根本决裂就在于抛弃了这些绝对的、独立的空间和时间概念。

《原理》接着叙述了著名的牛顿运动三定律:(1)每个物体都保持其静止状态或直线匀速运动状态,除非受到外力的作用而被迫改变这种状态;(2)物体的加速度与外力成正比,加速的方向与外力的方向相同;(3)对于每一个作用,总有一个大小相等、方向相反的反作用。第一、第二定律直接从伽利略的结果推演而来,其中第一定律是笛卡尔明确提出的。第三定律是牛顿的发现,正是这一定律使得火箭的飞行成为可能。

《原理》第一篇在作了必要的数学准备后,着重讨论了在平方反比引力作用下两个质点的运动规律,在此基础上讨论了太阳作为摄动天体,对月球绕地球运动的影响,从而在理论上解释了月球运动中早已观测到的各种差项,并且为成功解释岁差和潮汐现象奠定了理论基础。在该篇中,牛顿还完美地解决了一个广延物体的万有引力如何取决于它的形状的问题。

《原理》第二篇主要讨论了物体在阻尼介质中的运动规律,并且用一节专门讨论了弹性流体中的波动和波的传播速度,进一步试图计算声音在空气中的传播速度。

《原理》第三篇主要论述了前面两篇给出的力学规律在天文学上的运用。在该篇一开始,牛顿就给出证据证明太阳系中的各天体是按照哥白尼学说和开普勒定律运动,天体的轨道取决于相互之间的引力。牛顿还从理论上推算了地球赤道部分隆起的程度,并指明月球和太阳引力对地球赤道隆起部分的吸引是产生岁差现象的原因。该篇还从数值上对月球运动的各种差项作了计算。

牛顿的《原理》被公认为科学史上最伟大的著作,在对当代和后代思想的影响上,没有什么别的杰作可以和《原理》相媲美。它问世后200多年间,一直是全部天文学和宇宙学思想的基础。天体的运行、潮水的涨落和彗星的出没,所有这一切都可以用同一力学规律来解释。这确实给人们留下深刻的印象,以至它的影响超出了天文学和物理学的范围。在社会、经济、思想等各个领域中,人们希望仿照牛顿力学的原则,通过对现象的观测得出若干原理,再运用数学手段来解答所有的问题。事实或许不如所愿,但在牛顿开创的这个理性时代,人们确实体会到了一种前所未有的智力自信。

(四) 光学研究

牛顿还在大学时就开始对光学问题发生兴趣,当时他试图制造望远镜,消除望远镜的缺陷。折射望远镜形成的象的周围会产生有颜色的边缘,这叫做色差。为了找出消除色差的方法,他决定研究颜色现象。1666 年他买了一个棱镜,直到 1672 年他在《哲学学报》上发表了一篇有关他的棱镜实验的报告,这是他的第一篇科学论文。其中写道:"把我的房间弄暗,在窗板上钻一个小孔,让适当的日光进来。我再把棱镜放在日光入口处,于是日光被折射到对面墙上。当我看到由此而产生的鲜艳又强烈的色彩时,我起先真感到是一件赏心悦目的乐事;可是当我过一会儿再更仔细观察时,我感到吃惊,它们竟呈长椭圆的形状;按照公认的折射定律,我曾预期它们是圆形的。"

牛顿对他的发现设想了各种可能的解释,做了各种实验。最后他得出结论:日光及一般的白光都是由各种颜色的光线组成,这些颜色是这些光线原始的与生俱来的性质,而不是棱镜造成的。什么样的颜色永远属于什么样的可折射度,而什么样的可折射度也永远属于什么样的颜色。

牛顿的论文挑起了他同胡克、帕迪斯、莱纳斯、卢卡斯以及其他同时代的物理学家们的激烈论争。他们的诘难和牛顿的回答见于 1672 年以后数年的《哲学学报》。通过这些讨论,牛顿关于光的本性的思想逐渐趋于具体化。

起先牛顿倾向于把微粒说和波动说结合起来解释光,他认为宇宙中充满一种叫做以太的介质,光在其中传播,激发振动。不过他拒斥纯粹的波动理论,因为无法使之与光的直线传播相调和。牛顿的以太概念主要提供了对引力吸引的解释。但是当这种解释很快被描述性的万有引力平方反比定律所取代后,牛顿对以太理论的兴趣大为减退,尤其是因为很难使以太介质的存在与行星显然未受阻碍的运动并行不悖。另外,偏振的发现又似乎只有将光比做某种微粒才能得到解释。因此牛顿越来越倾向于微粒假说。

1704 年牛顿的《光学》一书出版。在《光学》第一篇里包含了牛顿有关光谱的一些基本实验:光谱的形成、光谱长度的测量以及颜色和可折射度之间的联系等。经过一系列实验,牛顿终于能够解释折射望远镜的色差。引起色差的原因是由于物镜在其轴的不同点上聚焦一支入射光束的不同颜色的组分,而目镜一次只能聚焦于一种颜色组分,因此其他光线便造成色带。牛顿进一步得出结论说:色差不可能纠正,也就是说,透镜不可能消除色差,除非它不再是透镜。由于对消除色差完全丧失了信心,牛顿干脆放弃折射望远镜,而主张反射望远镜,他还可能是第一个制造出反射望远镜的人。

牛顿还做了实验把各种颜色的光合成为白光,并用实验考察了物体颜色的成因:物体的颜色是由于入射到其上的各种光线被不同物体的表面按不同的比例反射造成的,这些比例取决于组成物体表面的那些薄膜的厚度。

《光学》第二篇研讨薄膜的颜色。其中中心论题是被称为"牛顿环"的现象。

《光学》第三篇和最后一篇研讨格里马耳迪(1618—1663)发现的衍射现象。牛顿亲自在不同条件下观察衍射现象,将之归因于光线在衍射边缘附近通过时发生"拐折"。在最后部分牛顿给出了 31 个疑问,它们提出了各种解释光现象和引力的假说,并指出了进一步探索的路线。

综观牛顿一生的工作,他在科学发展史上的贡献可概括如下:(1)他通过奠定力学自身的公理基础,把力学确立为一门独立科学;(2)他阐明了如何把力学应用到自然科学各个领域;(3)他通过使力学与理论天文学相联系,确立了地上和天上物理学的明确综合;(4)他为光学的理论和实践开拓了新的基础;(5)他对机械论的自然科学概念赋予新的意义;(6)通过所有这些他为整个自然科学领域开创了新的前景。

思考题

1. 冲力理论试图解决什么问题?
2. 为什么说伽利略是"近代物理学之父"?
3. 笛卡尔提出旋涡学说的背景和目的是什么?
4. 牛顿导出万有引力定律的基本思想和关键步骤是怎样的?

阅读书目

1. 〔意〕伽利略:《关于托勒密和哥白尼两大世界体系的对话》,上海外国自然科学哲学著作编译组译,上海人民出版社,1974 年。

2. 〔美〕理查德·S. 韦斯特福尔:《近代科学的建构》,彭万华译,复旦大学出版社,2000 年。

3. 〔英〕亚·沃尔夫:《十六、十七世纪科学、技术和哲学史》,周昌忠等译,商务印书馆,1985 年。

4. 〔荷〕R. J. 弗伯斯、E. J. 狄克斯特霍伊斯:《科学技术史》,刘珺珺等译,求实出版社,1985 年。

5. 〔英〕W. C. 丹皮尔:《科学史及其与哲学和宗教的关系》,李珩译,商务印书馆,1997 年。

第八讲

微积分的创立与发展

一　笛卡尔与解析几何

文艺复兴以来,欧洲的资本主义萌芽开始茁壮成长。工业的发展提高了劳动生产率,同时对科学技术提出了新的要求:机械的普遍使用引起了对机械运动的研究;航海事业的发展要求准确测定船舶在海洋中的位置;火器的使用刺激了弹道问题的探讨。这些问题的鲜明特点是运动与变化。面对这些问题,传统的数学方法已无能为力,人们迫切需要一种新的数学工具,从而引发了变量数学的诞生。

变量数学的第一个里程碑是解析几何的发明。为此作出重要贡献的是两位法国数学家:笛卡尔与费马(Pierre de Fermat,1601—1665)。

前一讲提到过,笛卡尔出生在一个古老的贵族家庭。可他从小就体质虚弱,父亲对他的功课也就听其自然。不过,聪明的笛卡尔自己主动地学了下去。当笛卡尔 8 岁时,他的父亲把他送进拉弗莱什的耶稣会学院。院长夏莱神父立刻就喜欢上了这个面色苍白但充满灵气的小男孩。院长看出要教育这孩子的心智,必须先增强他的体质,并且注意到笛卡尔似乎比同龄的孩子需要更多的休息,于是告诉他,他早晨想躺到多晚就可以躺到多晚。对笛卡尔来说,这真是天赐福音,也使得笛卡尔养成了晨思的习惯。后来,笛卡尔回顾在拉弗莱什的学生生活时,感慨地说,那些在寂静的冥思中度过的漫长而安静的早晨,是他哲学和数学思想的真正源泉。也许正是这种晨思("沉思"),使他悟出一个著名的哲学命题"我思故我在"(Cogito ergo sum,即 I think, therefore I am)。

笛卡尔的功课很好,成了一位娴熟的古典学者。当时的学校教育的传统就是要把这些贵族的子弟培养成一个"绅士"。但是,随着笛卡尔年龄的增长和独立思考能力的增强,他对古典知识中的哲学、伦理学和道德学的权威性教条逐渐地产生了怀疑,越来越感觉到中世纪烦琐哲学家们所谓方法对任何创造性的人类目标都贫乏而毫无用处。"那么,我们怎样去发现新的事物呢?"笛卡尔在不断地思考。

为了摆脱学院中枯燥乏味书本的羁绊,他决定到社会上去见见世面。可是,不久他就厌倦了上层社会轻浮的生活,而选择了从军。军旅生活不仅锻炼了笛卡尔的体魄,更为我们的哲学家的思想中注入了深刻。当然,数学也要感谢战神的庇护,没有一粒子弹击中他! 1619 年 11 月 10 日,笛卡尔随军队在多瑙河畔扎营,酒后狂欢使他心中燃烧起对理性生活的渴望。这天晚上,他做了三个异常生动的梦——第一个梦:他被邪恶的风从教堂中吹到一个宁静的场所;第二个梦:他自己正用不带迷信的科学眼光,观察着凶猛的风暴,当他看透风暴是怎么回事,风暴骤然停息;第三个梦:他在背诵一首诗——"我将遵循什么样的生活道路?"(What way of life should I follow ?)正是这三个梦改变了笛卡尔的整个生命进程。据笛卡尔说,这三个梦向他揭示了"一门了不起的科学"和"一项惊人的发现",从而使他决定献身于这一崇高的事业。笛卡尔并没有明确说出这了不起的科学和这惊人的发现是什么。但是,人们相信那就是解析几何,或者说代数在几何学中的应用,也就是 18 年后笛卡尔在他著名的《方法论》中阐述的重要数学思想。还有一个传说,讲笛卡尔在早上"晨思"的时候,注意到一只苍蝇在天花板的一角爬行,这时,一个闪念出现在笛卡尔的脑海中:只要知道了苍蝇与相邻两墙的距离之间的关系,就能描述苍蝇的路线。

笛卡尔 1637 年发表了著名的哲学著作《更好地指导推理和寻求科学真理的方法论》,该书有三个附录:《几何学》《屈光学》和《气象学》。解析几何的发明包含在《几何学》这篇附录中。解析几何又称"坐标几何",它的重要思想是将平面上的点与有序数对 (x, y) 一一对应,由此实现几何曲线与代数方程的对应。这样,几何问题就可以归结为代数问题。在《几何学》中论述"区分所有曲线的类别,以及掌握它们与直线上点的关系的方法"时,笛卡尔说:

当我想弄清楚这条曲线属于哪一类时，我要选定一条直线，比如 AB，作为曲线上所有点的一个参照物；并在 AB 上选定一个点 A，由此出发开始研究。……

然后，我在曲线上任取一点，比如 C，我们假设用以描绘曲线的工具经过这个点。我过 C 画直线 CB 平行于 GA。因 CB 和 BA 是未知的和不确定的量，我称其中之一为 y，另一个为 x。……

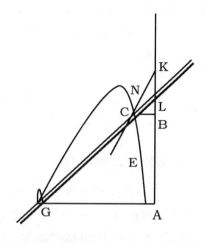

图8.1　笛卡尔的曲线与方程

在图8.1中，笛卡尔确定已知量 GA 为 a，KL 为 b，NL 为 c，最后求出方程

$$y^2 = cy - \frac{cx}{b}y + ay - ac$$

笛卡尔指出"根据这个方程，我们知道曲线 EC 属于第一类，事实上它是双曲线"。

笛卡尔选定直线 AG 作为基线，相当于一根坐标轴，A 点相当于原点，正是如此，笛卡尔建立了历史上第一个坐标系，从而使曲线和方程建立了联系——这就是解析几何最重要的思想！

这样，笛卡尔就把传统数学中对立着的两个研究对象"数"与"形"统一了起来，并在数学中引入了变量的思想，这是数学史上一个划时代的变革。恩格斯对此给予了高度评价，他说："数学中的转折点是笛卡尔的变数。有了变数，运动进入了数学；有了变数，辩证法进入了数学；有了变数，微分和积分也就立刻成为必要的了，而它们也立刻就产生……"

1644 年笛卡尔出版了他的《哲学原理》(*Principia Philosophiae*)，这部书使他在欧洲获得了很高的赞誉，同时也引起瑞典女王的兴趣。当时年轻的瑞典女王克利斯蒂娜才 19 岁，是一个充满男子气的女孩，喜欢骑马狩猎，但更希望成为一个古典学者。她仰慕笛卡尔的声望与学术成就，邀请笛卡尔做她的宫廷教授，笛卡尔一直没有接受。但是，1649 年春天，敲开笛卡尔家门的是一个海军上将，笛卡尔被强请入宫。年轻的女王认为清晨 5 点钟是一天记忆力最好的时候,所以笛卡尔每天都要冒着寒冷到宫里为女王上课。笛卡尔的朋友得了肺炎,为了照看朋友,笛卡尔受到传染,发起高烧,于1650年2月11日不治身亡,享年54岁。

二 微积分的创立

(一) 微积分思想的酝酿

微积分思想的历史萌芽,可以追溯到古代。在阿基米德、刘徽、祖冲之父子关于体积的计算中包含了无穷小求积过程,极限的思想与方法也十分明确。与积分学相比,微分学的起源则要晚很多。刺激微分学发展的主要数学问题是求曲线的切线、求瞬时变化率和求函数的极大值极小值。但是,古代学者处理这些问题都是基于静态的观点。比如,把切线看做是与曲线只在一点接触且不穿过曲线的"切触线",而不是把切线看做是"割线"的极限。

17世纪以来,随着生产实践的深入和对自然现象的深刻认识,对数学提出了大量的问题,主要集中在:(1) 由距离和时间的关系,求物体在任意时刻的瞬时速度和加速度;(2) 确定运动物体在其轨道上任一点的运动方向,以及研究光线通过透镜而提出的切线问题;(3) 求函数的最大值和最小值;(4) 求曲线的长度,曲线围成的面积、体积,物体的重心,等等。

在17世纪上半叶,几乎所有的科学大师都致力于寻求解决这些问题的新的数学工具。正是他们的努力,最终促使微积分诞生。

下面将简要介绍几位先驱者的具有代表性的工作。

1. 开普勒与旋转体体积

开普勒是现代天文学的创始人,他因行星运动三大定律的发现,被称誉为"天空的立法者"。开普勒的第二定律称:联结行星与太阳之间的焦半径在相等的时间里扫过相等的面积。为了估计出一个椭圆扇形的面积,开普勒将椭圆扇形分割成许多的小三角形相加。也许他认为自己只是在运用常识而已,然而,他已解决了一个积分学的问题。这种思想在他的《求酒桶体积之新法》(*Nova stereometria doliorum vinariourum*, Linz, 1615)一书中有系统的阐述,他应用粗糙的积分方法,求出了93种立体的体积,这些体积是圆锥曲线的某段围绕它们所在平面上的轴旋转而成的。

1613年10月30日,开普勒举行了他的第二次婚礼。他准备了几大桶葡萄酒,可是经销商计算酒桶体积的拙劣方法,促使开普勒思考如何计算这类问题,从而为积分学的发明奠定了基础。不过,当时开普勒的文章并没有受到人们的欢迎——或者说是无法看懂。人们还是用老办法来计算酒桶的容积,而议会的头头们则更是责怪开普勒,说他竟然去研究这些无用的数学游戏,而把绘制地图和编制《鲁道尔夫行星表》这样的头等大事给耽搁了,扬言要停发开普勒的薪水。

2. 卡瓦列利不可分量原理

但是,有一个人读懂了开普勒,他就是意大利的数学家卡瓦列利。

卡瓦列利(Bonaventura Cavalieri,1598—1647)出生于米兰,15岁成为耶稣会教士,后就学于伽利略,从1629年起直到49岁逝世,任博洛尼亚大学的数学教授。他是那个时代最有影响的数学家之一,写了许多关于数学、光学和天文学的著作,并最先把对数引进了意大利。但是,他最大的贡献是1635年发表的一篇论文《用新方法促进的连续不可分量的几何学》(Geometria indivisibibus continuorum nova quadam ratione promota, Bologna, 1635)。尽管不可分量的思想可以追溯到古代希腊的芝诺和阿基米德,也许,更直接的启发是来自开普勒。

卡瓦列利的论文表述得比较模糊,但是,人们最终还是明白了他所谓的"不可分量"指的是什么:一个给定的平面片的"不可分量"是指该片的一个弦;一个给定的立体的"不可分量"是指该立体的一个平面截面。一个平面片被当做由平行弦的一个无限集合组成,一个立体被当做由平行的平面截面的一个无限集合组成。这个思想的通俗解释,就是我们常说的:积线成面,积面成体。

在卡瓦列利的论文中,有一条重要的命题:

> 如果两个平面图形夹在同一对平行线之间,并且被任何与这两条平行线保持等距的直线截得的线段都相等,则这两个图形的面积相等。类似的,如果两个立体图形处于一对平行平面之间,并且被任何与这两个平行平面保持等距的平面截得的面积都相等,则这两个立体的体积相等。

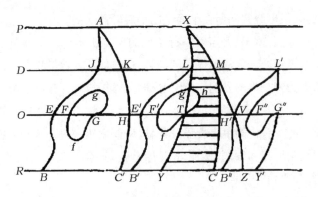

图8.2　卡瓦列利原理

这就是著名的卡瓦列利原理,我国的中学教科书中称其为"祖暅原理"。它直观易懂,可解决许多复杂的体积问题。

3. 费马求极值的"虚拟等式法"

费马是一位律师,但他最大的兴趣是数学,他把业余时间几乎都用于数学的研究上,丢番图的《算术》是费马的"圣经"。费马发现"不可能把一个立方数分解为两个立方数之和,也不可能把一个四次方数分解为两个四次方数之和;一般地,不可能把任意高于两次的幂分解为两个同次幂之和"。用符号表示就是:方程 $x^n + y^n = z^n$,当 $n \geqslant 3$ 时,没有正整数解。费马自称"发现了一个美妙的证明,只是由于书的页边空白太小,没有能把证明写下来"。这就是 300 多年来吸引了无数数学家的"费马大定理"。直到 1997 年,才为维尔斯(Andrew Wiles)所证明。

费马在数学上的贡献是多方面的,如解析几何、概率论和数论。他关于微积分的早期研究使他可入先驱者之列。费马认真研读了开普勒的有关论文,希望能把开普勒的思想转化成一种算法,但是对韦达关于多项式系数与根的关系工作的思考,引导他发现了有关最值问题的一般算法,而这种算法正是微分思想的萌芽。据费马自己说:

> 我在思索韦达方法时……当时在细究它在发现方程的结构方面的应用时,一种可以用在寻找最大和最小值上的新方法涌上心头,通过这种方法,曾经困扰古代和现代几何的同条件有关的一些疑惑最容易被消除。

1637 年,费马在其一份名为《求最大值和最小值的方法》的手稿中,使用了"虚拟等式法"。比如一个传统的问题:把定长的线段 b 分成两段 x 和

$b-x$. 何时乘积 $x(b-x)$ 为最大？费马的方法是：以 $x+e$ 代替 x，即 $x+e \approx x$，因为

$$(x+e)[b-(x+e)] = b(x+e)-(x+e)^2 = bx+be-x^2-2xe-e^2$$

引入"虚拟等式"

$$x(b-x) \approx (x+e)[b-(x+e)]$$

展开得

$$bx-x^2 \approx bx+be-x^2-2xe-e^2$$

消去相同的项，余项除以 e，得

$$2x+e \approx b$$

舍弃含 e 的项，得真正等式

$$x = b/2$$

费马的方法几乎相当于现今微分学中所用的方法，只是以符号 e（费马写作 E）代替了增量 Δ。

4. 巴罗"微分三角形"

巴罗（Isaac Barrow, 1630—1677）是剑桥大学第一任"卢卡斯数学教授"，开设过初等数学、几何和光学等课程。他也是牛顿的老师。巴罗很富有个性，剑术高超、不修边幅、爱好抽烟。他最迷恋的还是神学，1669 年，他接受了国王的邀请到伦敦担任"皇家牧师"，因而举荐自己的学生牛顿担任"卢卡斯数学教授"。由于担任过王室教堂主牧圣职，巴罗很快得到了剑桥大学三一学院院长的任命——这正是巴罗渴望得到的职务。他也把自己全部精力投入到三一学院的建设与管理中，比如，在 1672 年至 1677 年这 5 年间，他几乎是单打独斗地建造了三一学院图书馆。也许是操劳过度，巴罗在壮年时猝死于任上。巴罗被后世评为复辟时期三一学院的最佳院长之一。当然，今天人们知道他，更多地因为他被誉为发现牛顿天才的"伯乐"。

巴罗在他的《几何讲义》（1669）中使用了"微分三角形"的方法来求曲线的切线。如图 8.3 所示，有曲线 $f(x,y)=0$，欲求其上一点 P 处的切线，巴罗考虑一段"任意小的弧" PQ，它是由增量 $QR=e$ 引起的，PQR 就是微分三角形。巴罗认为当这个三角形越来越小时，它与三角形 PTM 应趋于相似，记 $PR=a, TM=t, PM=y$，故应有

$$\frac{PM}{TM} = \frac{PR}{QR}; \quad 即 \quad \frac{y}{t} = \frac{a}{e}$$

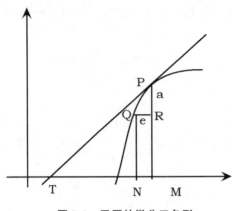

图8.3 巴罗的微分三角形

近似有

$$f(x-e, y-a) \approx f(x,y) = 0$$

在上式中消去一切包含有 e、a 的幂及乘积项，解出 a/e，即得斜率 y/t。巴罗的方法实质上是把切线看做当 a 和 e 趋于零时割线 PQ 的极限位置，并利用忽略高阶无穷小来取极限。

这一时期的代表人物还可以举出沃利斯（John Wallis, 1616—1703）、罗伯瓦尔（Roberval, 1602—1675）、格里高利（James Gregory, 1638—1675）等人，他们都为微积分的创立做了重要的工作。但是,其方法大多因人而异,各行其是。

其时,微积分的诞生正处于一个突破口,需要完成的任务是:

(1)澄清概念:比如何为"变化率"?何为"瞬时速度"?

(2)提炼方法:建立具有普遍意义的一般方法;

(3)改变形式:将几何形式变为解析形式,从而摆脱对具体问题的依赖;

(4)建立微分与积分的联系:这是最重要的,也是最关键的。

最终完成这些任务的牛顿。正如美国数学史家 M. 克莱因所说:

> 数学和科学中的巨大进展,几乎总是建立在几百年中许多人作出的一点一滴贡献之上的。需要一个人来完成那最高和最后的一步,这个人要能足够敏锐地从纷乱的猜测和说明中清理出前人的有价值的想法,有足够想象力把这些碎片重新组织起来,并且足够大胆地制定一个宏伟的计划。在微积分中,这个人就是伊萨克·牛顿。

(二) 牛顿的微积分

牛顿最初对微积分的思考发生于在家乡躲避瘟疫的 1665 年至 1667 年两年间。他在晚年时曾回忆说:

> 1665 年初,我发现近似级数的方法,并得到将任何方次的二项式展开为级数的规则。同年 5 月发现了如何画曲线的切线;11 月我发现

流数术的直接法；次年 2 月创立颜色理论；5 月我进入流数术的反演法，还开始研究重力对月球及其运行轨道的影响问题。

1666 年 10 月，牛顿写出了第一篇关于微积分的论文《流数短论》，该文首次提出了"流数"的概念。1669 年牛顿在他的朋友中散发了题为《运用无穷多项方程的分析学》的小册子，这本书直到 1711 年才出版。牛顿假定有一条曲线而且曲线下的面积为 z（图 8.4），已知有

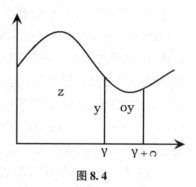

图 8.4

$$z = ax^m$$

其中 m 是整数或分数。他把 x 的无限小的增量叫做 x 的瞬（moment），并用 o 表示，由曲线、x 轴、y 轴和 $x + o$ 处的纵坐标围成的面积，用 $z + oy$ 表示，其中 oy 是面积的瞬，那么，

$$z + oy = a(x + o)^m$$

将右边运用二项式定理展开，当 m 是分数时，得到一个无穷级数，与原式相减，用 o 除方程的两边，略去仍然含有 o 的项，得到

$$y = max^{m-1}$$

用今天微积分的语言来讲就是：面积在任意 x 点的变化率是曲线在 x 处的 y 值。反过来，如果曲线是 $y = max^{m-1}$，那么，在它下面的面积就是 $z = ax^m$。

这里，牛顿不仅给出了求一个变量对于另一个变量的瞬时变化率的普遍方法，而且证明了面积可以由求变化率的逆过程得到。这个事实就是今天高等数学中的"微积分基本定理"。虽然牛顿的前驱者们在特殊的例子中知道并且也模糊地预见到了这个事实，但是，牛顿看出它是普遍的。他应用这个方法得到了许多曲线下的面积。

牛顿对微积分的探讨奠基于他的无穷小方法。瞬是无穷小量，是不可分量，或者说微元。当然，这种方法必须和二项式展开紧密结合起来，经过消去瞬的高阶无穷小才能达到。因此，这样做在逻辑上不清楚。牛顿自己也认识到了这一点，他在《分析学》一文中就说到他的方法"与其说是精确的证明，不如说是简短的说明"。

《自然哲学的数学原理》（1687，以下简称《原理》）是牛顿献给人类文明

的一部杰作，全书以三条力学定律为基础，利用数学方法阐明了包括开普勒行星运动三大定律、万有引力定律等在内的一系列结论，并且证明万有引力定律与开普勒第三定律的等效性，此外还将微积分的方法应用于流体运动、声、光、潮汐、彗星乃至整个宇宙体系，充分显示了微积分这一新的数学工具的威力。正是这本书给牛顿带来了崇高的荣誉，哈雷向国王推荐此书，说到"如果有一本书是值得王子一看的，那么一定要把这本包含了如此多的对自然世界的伟大发现的巨著敬献给国王陛下"。据说，法国著名数学家拉格朗日（Joseph-Louis Lagrange，1736—1813）读完《原理》后感叹："牛顿是历史上最杰出的天才，也是最幸运的，因为宇宙的体系只能被发现一次。"爱因斯坦也十分推崇牛顿的功绩，说："至今还没有可能用一个同样无所不包的统一概念，来代替牛顿的关于宇宙的统一概念。"

不过，无论是当时还是现在，《原理》都是一本使人感到畏惧的书，主要原因是因为《原理》是用几何的语言写成的，而不是用"分析"的语言。不过牛顿在书中熟练地使用极限方法进行数学论证，为此，他在《原理》第一编第一章专门论述"初量与终量的比值方法"，其中第一个引理是：

> 引理1 量以及量的比值，在任何有限的时间范围之内连续地向着相等接近，而且在该时间终了前相互接近，其差小于任意给定值，则最终必然相等。

正是利用这一极限方法，牛顿证明了许多物理学中的结果。在他以几何为基础的物理论证中，几乎都使用了同样的三个步骤：首先在有限的区域建立一个结果，接着断定即便某些量是无穷小结果也成立，最后将这个新结果应用到有限的情形。所以，在《原理》中证明关键之处经常可以读到"在无穷小的情况下，有……"，这几乎就是今天微积分中的"在极限的情况下成立"。

当然，牛顿知道那些抱守传统数学方法的人会反对他的这一概念。在第一章的附注中，牛顿试图答复他的批评者：

> 可能会有人反对，认为不存在将趋于零的量的最后比值，因为在量消失之前，比率总不是最后的，而且当他们消失时，比率也没有了，但根据同样的理由，我们也可以说物体达到某一处所并在那里停止，也没有最后速度，在它达到之前，速度不是最后速度，而在它到达时，速度没有了。回答很简单，最后速度意味着物体以该速度运动着，既不是在它

到达其最后处所并终止运动之前,也不是在其后,而是在它到达的一瞬间。也就是说,物体到达其最后处所并终止运动时的速度,用类似方法,将消失的量的最后比可以理解为既不是这些量消失之前的比,也不是之后的比,而是它消失那一瞬间的比。

也许觉得这样解释太多依赖运动的直观性,接下来牛顿转向了更数学化的语言:

量消失时的最后比并不真的是最后量的比,而是无止境减少的量的比必定向之收敛的极限,比值可以小于任何给定的差向该极限趋近,绝不会超过,实际上也不会达到,直到这些量无限减少。

牛顿的这些话中已明确地使用了"收敛""极限",以及"小于任何给定量的差",如果把它翻译成代数语言就相当于给出"极限"的一个定义;当然这个定义并不等价于现代的定义,因为它仍然没有摆脱"运动",但是已经十分接近。

尽管作出了如此详细的说明,牛顿的做法还是招致了一些批评,其中来自贝克莱主教(Bishop George Berkely, 1685—1753)的批评最为猛烈,他对牛顿这样"招之即来、挥之即去"处理无穷小的做法很不满意,挖苦地称牛顿的最终比是"消失量的鬼魂"。其实,在微积分创立之初,整个逻辑基础存在着很大的缺陷,但是人们当时的注意力集中在微积分算法的有效性,致力于扩大微积分的应用范围,微积分基础的严密性直到 20 世纪才得以完成。

(三)莱布尼兹及其对微积分的贡献

莱布尼兹是 17 世纪伟大的全才,在微积分的发明上是牛顿的竞争者。他 1664 年出生于德国莱比锡,6 岁失去了父亲,但在这以前,他已从父亲那里承继了对历史的爱好。虽然莱布尼兹在莱比锡进了学校,但他主要是靠不断地阅读父亲的藏书自学。8 岁时他开始学习拉丁文,12 岁时已经掌握了它,能够准确地用拉丁文写诗。学了拉丁文,他又继续学习希腊文,也是主要靠自学。

莱布尼兹 15 岁时进了莱比锡大学学习法律。不过法律并没有占去他的全部时间,他开始广泛阅读哲学著作,知道了开普勒、伽利略和笛卡尔所发现的新世界。莱布尼兹了解到只有熟悉数学的人，才能懂得这个比较新的哲学，这样，他又把兴趣转向了数学。

1666 年，莱布尼兹向莱比锡大学申请博士学位，但是被校方拒绝，理由是他当时还不到 20 岁。其实这只不过是个借口，实际的原因是他知道的法律知识比那些迟钝的学究们加在一起还要多。莱布尼兹厌恶莱比锡的教师们的偏狭，永远地离开了他的家乡，前往纽伦堡。1666 年 11 月 5 日，在纽伦堡大学，凭借有关讲授法律的新方法的论文，他不仅被立刻授予博士学位，而且被请求接受该大学的法学教授职位。但是，莱布尼兹谢绝了——他的心中有更大的抱负。

1666 年对牛顿来说是创造奇迹的一年，对莱布尼兹来说也是伟大的一年。在他称之为"中学生随笔"的《论组合的艺术》中，这个 20 岁的天才立志要创造出"一个一般的方法，在这个方法中所有推理的真实性都要简化为一种计算。同时，这会成为一种通用的语言或文字，但与那些迄今为止设想出来的全然不同；因为它里面的符号甚至词汇要指导推理"。这一思想实在是太超越他的那个时代了——直到 20 世纪的今天，人类借助高速计算机才真正实现莱布尼兹的梦想。

莱布尼兹那篇使他获得博士学位的论文得到了美因茨选帝侯的赞赏，这使得他被委以各种重任，先是被指定去修改法典，然后是去做外交官。一直到 1690 年，莱布尼兹对他那个时代的现代数学几乎还是一无所知。当时他 26 岁，在巴黎的外交事务中结识了物理学家克里斯蒂安·惠更斯（1629—1695），惠更斯送给莱布尼兹一份他自己的关于钟摆的数学著作。莱布尼兹被数学方法在行家手里产生的力量迷住了，他请求惠更斯给他上课。惠更斯也看出莱布尼兹具有第一流的数学头脑，高兴地答应了。那时莱布尼兹已经用他自己的方法——普遍符号语言的侧面——作出了一系列的发明。其中一个是远比巴斯卡的机器优越的计算机器，巴斯卡的计算机器只能做加法和减法，莱布尼兹的机器除加减法外，还能做乘法、除法和开方。现在，有了惠更斯的指导，莱布尼兹很快就发现了他自己——一个天生的数学家！

1673 年 1 月到 3 月，莱布尼兹作为选帝侯的外交顾问出访伦敦。不过繁忙的外交事务并没有使他忘掉数学，在伦敦期间，他拜访了一些英国的数学家，参加了皇家学会的会议。他在那儿展出了他的计算器，也向英国的数

学家学到了有关无穷级数的知识。这引发了莱布尼兹的极大兴趣,他立刻利用这种方法做出了关于 π 的表达式:

$$\frac{\pi}{4} = 1 - \frac{1}{3} + \frac{1}{5} - \frac{1}{7} + \frac{1}{9} - \frac{1}{11} + \cdots\cdots$$

惠更斯对莱布尼兹离开巴黎期间做出的工作非常高兴,他鼓励莱布尼兹继续做下去。莱布尼兹把他所有的空闲时间都用在数学上了,在 1676 年离开巴黎去汉诺威为布伦斯威克公爵服务之前,已经做出了一些微积分的基本公式,并且发现了"微积分学的基本定理"。现在,这些公式对于微积分的初学者已经很容易了,但是它们却曾使莱布尼兹和牛顿在发现正确的途径之前苦思良久、反复试探。这儿有一个例子可以说明微积分走过的曲折道路。如果 u 和 v 分别是 x 的函数,那么怎样以 uv 相应于 x 的变化率表示 u 和 v 分别相应于 x 的变化率呢?用符号来说就是,$\frac{d(uv)}{dx}$ 与 $\frac{du}{dx}$ 和 $\frac{dv}{dx}$ 之间的关系是什么?莱布尼兹一度认为应该是 $\frac{du}{dx} \times \frac{dv}{dx}$,这与正确的形式

$$\frac{d(uv)}{dx} = u\frac{dv}{dx} + v\frac{du}{dx}$$

毫无相似之处。

莱布尼兹一生余下的 40 年是在为布伦斯威克家族的毫无价值的服务中度过的。作为这个家族的图书管理人,他有充足的空闲时间探讨自己喜爱的学问。结果是他写下的关于各种课题的论文几乎堆成了山。1682 年,他创办了《博学学报》,并任主编。他的大部分数学论文发表在这个杂志上,这个杂志在欧洲大陆广为流传,从而为莱布尼兹赢得了广泛的声誉。1700 年,莱布尼兹创办了柏林科学院,并且致力于在德累斯顿、维也纳和圣彼得堡创办类似的学院。

莱布尼兹生命的最后 7 年,是在别人展开的他和牛顿谁最早独立发明微积分的争论的煎熬中度过的。历史的事实是:他们都是独立地发现了微积分。牛顿发现在先,而莱布尼兹发表得早。由于狂热的英国人拒绝接受莱布尼兹的微积分符号系统,从而给英国数学带来了巨大的危害;而在欧洲大陆,经过莱布尼兹追随者的努力,微积分得到了迅速的发展。

三　微积分在 18 世纪的发展

在数学发展的历史长河中,欧几里得《几何原本》是数学史上的第一座丰碑。两千年后,微积分的诞生创造性地把数学推到了一个崭新的高度——它宣告了古典数学的基本结束,同时标志着以变量为研究主体的近代数学的开始。

尽管早期微积分的概念还比较粗糙,可靠性还受到怀疑,但它在计算技术上展示出来的那种卓越的力量,使得此前的一切传统数学都相形见绌。透过微积分的发明,人们看到了数学的新福地。整个 17、18 世纪,几乎所有的欧洲数学家都对微积分表现出极大的兴趣并作出了积极的贡献。对传统的批判,对新方法的追求,对新领域的拓展,使他们共同谱写了一曲数学史上的"英雄交响曲"!

(一) 伯努利兄弟

在欧洲大陆,最早追随莱布尼兹学习微积分的是瑞士的伯努利兄弟。莱布尼兹在《博学学报》发表的数学论文,深深地吸引了雅各·伯努利(Jakob Bernoulli, 1654—1705)和约翰·伯努利(Johann Bernoulli, 1667—1748)。雅各原来学习神学,约翰学习医学,是莱布尼兹的数学论文改变了他们的人生轨道,兄弟二人都决意去当数学家。他们成为莱布尼兹最早的学生,也是最早认识到微积分的惊人力量,并将其应用于各种各样问题的数学家。他们经常与莱布尼兹交换思想,可是兄弟二人在学术上却是势不两立的劲敌。

1670 年左右,16 岁的雅各·伯努利把他的兴趣从神学转向数学。他自学了笛卡尔的《几何学》、沃利斯《无穷的算术》和巴罗的《几何讲义》。1684年,他一边与莱布尼兹通信,一边开始自己的数学研究。雅各·伯努利对数学的贡献主要有:极坐标的早期使用、曲率半径、高次平面曲线、等时曲线等。雅各是概率论的早期研究者之一,他的著作《猜度术》是关于概率论数学研究的重要著作。现在,只要你翻开任何一本关于概率论的书,都会见到以"伯努利"命名的各种公式和定律。雅各最为人们津津乐道的轶事是他醉心于对数螺线的研究,这种螺线有着十分奇妙的性质,在多种数学变换下,仍然变成对数螺线。更奇妙的是,鹦鹉螺的生长年轮就是一条对数螺线!大自然中蕴含的神奇的数学奥秘,令雅各深深赞叹。他仿照阿基米德,要求将对数螺线刻在自己的墓碑上,以作永久纪念。

约翰·伯努利比哥哥雅各小13岁,却有着极高的数学天赋。争强好胜的虚荣心使他脾气暴躁、爱妒忌。1691年,约翰用微积分的方法解决了雅各提出的"一根柔软而不能伸长的弦自由悬挂于两固定点,求这弦形成的曲线"。伽利略认为这个曲线是一段抛物线,雅各也这样看,但是却无法解答这个问题,而约翰证明这是"悬链线",因而感到莫大的骄傲。约翰的研究内容很广泛,包括曲线族的正交轨线、解析三角学、指数演算等。他关于最速降线问题的贡献,使他被誉为变分法的开创者。约翰还是一位成功的教师,他培养了欧拉(Leonhard Euler, 1707—1783)、洛比达这样著名的数学家。他的三个儿子也在他的教育和影响下,赢得了18世纪数学家和科学家的盛名。

伯努利家族三代9人中有8位是著名的数学家,这成为遗传学上的不解之谜。人们说他们离不开数学,就像酒鬼离不开酒吧。

(二) 泰勒和马克劳林:牛顿学说的孤独继承者

任何学过微积分的人对泰勒和马克劳林(Colin Maclaurin,1698—1746)的名字都是非常熟悉的。

泰勒是一个热心崇拜牛顿方法的人,曾在《增量方法及其逆》(1715)一书中发展了牛顿的方法。在该书中他奠定了有限差分方法的基础,并建立了单变量的幂级数展开式:

$$f(x + h) = f(x) + hf'(x) + \frac{1}{2!}h^2f''(x) + \Lambda$$

泰勒级数被欧拉广泛应用于微分学。不过,只有当拉格朗日用带余项级数作为其函数理论的基础,泰勒级数的重要性才被确认。

马克劳林是数学史上的一位奇才。他11岁就考上了格拉斯哥大学,15岁取得硕士学位,19岁被任命为阿伯丁大学数学系主任,21岁时发表了他的第一本数学著作《构造几何》(1720)。马克劳林在数学史上最突出的贡献也许是他的名著《流数论》(1742),在此书中他有力地捍卫了牛顿,驳斥了贝克莱的攻击。当然,最重要的是在此书中,马克劳林第一次对牛顿的方法作了系统、明晰的解说。书中可以看到以他的名字著称的零点展开式：

$$f(x) + f(o) + xf'(x) + \frac{1}{2!}x^2 f''(o) + \Lambda$$

18 世纪英国数学界的代表人物还有棣莫弗（Abraham De Moivre，1667—1754）、兰登（John Landen，1719—1790）、辛普森（Thomas Simpson，1710—1761）。可是他们都没有达到欧洲大陆同行的水平。被奉为金科玉律的牛顿学说为英国数学压上了一个沉重的包袱，优先权争议的"胜利"满足了英国的自尊心，但却使他们对莱布尼兹符号体系持有一种冷淡的态度，而只是墨守牛顿《原理》中的几何方法，这是极为不幸的，严重阻碍了英国数学的发展。拉兰得（Lalande）曾悲叹道：1764 年以后，整个英国没有一个第一流的分析学家。狭隘的民族自尊心蒙蔽了英国人的眼睛，而不愿看到莱布尼兹方法在欧洲大陆的迅速进步，所以，整个 18 世纪的英国数学界几乎笼罩在牛顿的阴影之下。

（三）欧拉：分析的化身

"欧拉计算毫不费力，就像人呼吸或者鹰在风中保持平衡一样"，这种评价并不是对欧拉无与伦比的数学才能的夸大。欧拉在世时发表了 530 本著作和论文，死后留下的手稿丰富了此后 47 年的圣彼得堡科学院学报。他的不朽著作合为包括 886 本书和论文的《欧拉全集》，由瑞士自然科学学会从 1907 年开始出版，预计出成 73 本大四开本。

欧拉 1707 年 4 月 15 日诞生于瑞士巴塞尔，父亲是一位牧师。15 岁时欧拉遵从父亲的旨意进巴塞尔大学学习神学。不过，他却迷上了约翰·伯努利的数学讲座。在伯努利的影响下，数学挤走了神学，而且欧拉在数学上的天赋也引起了伯努利的关注，伯努利让他每星期六下午到家里，单独给他授课。约翰的两个儿子非常喜爱欧拉的勤奋和突出的才能，他们成了好朋友，经常一起讨论数学问题。

1727 年，19 岁的欧拉关于船桅杆的数学问题获得了巴黎科学院提名奖，从而在欧洲数学界崭露头角。同年，圣彼得堡科学院向欧拉发出了邀请。在圣彼得堡，欧拉的卓越工作促进了俄国数学的发展。1741 年，欧拉应弗里德里克大帝的邀请担任柏林科学院院士，1766 年又在叶卡捷琳娜女皇的热情邀请下重回圣彼得堡。俄国人民深深地爱戴欧拉,以至于俄国数学史家总是将欧拉当做俄国数学家。

由于过度工作,欧拉在 28 岁的时候右眼就已经失明。1766 年回到俄国后,严酷的寒冬使他左眼的视力急剧衰退,最终双目失明。厄运还没有结束,1771 年,圣彼得堡突起大火,殃及欧拉的住宅,一位仆人冒着生命危险将欧拉从大火中背了出来,可是欧拉的书库、大量的文稿和研究成果却全部化为灰烬。

沉重的打击并没使欧拉屈服,他以惊人的毅力与黑暗作斗争。他让自己的女儿记下他的口述。欧拉超常的记忆力和非凡的心算能力,使得他仍然以惊人的速度发表数学论文。

今天,我们几乎可以在数学的任何分支中都看到欧拉的名字:初等几何中的欧拉线,立体几何中的欧拉定理,解析几何中的欧拉变换,微积分中的欧拉积分,数论中的欧拉函数,等等,真是令人目不暇接。你可能想不到,最常见的数学常数 e,就是以欧拉名字的第一个字母命名的。欧拉关于微积分的 5 部里程碑式著作是:《无穷小分析引论》(1748),《微分学原理》(1755),《积分学原理》(1768—1770),《求证最大和最小值曲线的方法,或等周问题的解答》(1741),《力学,或运动学分析》(1736)。

大量的数学研究并没有使欧拉牺牲他的天伦之乐。欧拉一生结过两次婚,是 13 个孩子喜爱的父亲,他和孩子们一起做游戏,一起念诵《圣经》。1783 年 9 月 18 日的傍晚,欧拉请朋友吃晚饭。当时天王星刚刚被发现,吃饭时欧拉向朋友介绍了对它的轨道的计算。然后喝茶,在逗孙子玩的时候,欧拉突然中风,烟斗从他的手上掉了下来,他说了一句"我要死了……"于是,"他停止了计算,也停止了生命"。

虽然欧拉没有能像笛卡尔、牛顿那样为数学开辟出撼人心灵的新分支,但是没有一个人像他那样多产、像他那样巧妙地把握数学,也没有一个人像他那样利用代数、几何和分析的手段产生那么多令人钦佩的结果,他为数学增添了无限的光彩,在微积分、微分方程、函数理论、变分法、无穷级数、坐标几何、微分几何以及数论等领域都留下了永恒的成就。伯努利后来在给欧拉的一封信中这样赞许他:"我介绍高等分析的时候,它还是个孩子,而您正在将它带大成人。"欧拉虽然没有为学生讲过课,可是他的书对欧洲数学产生了深远的影响。拉格朗日常说:"读读欧拉,读读欧拉,他是我们大家的老师。"欧拉被誉为"分析的化身"。

（四）拉格朗日：一座高耸的金字塔

与欧拉并称为 18 世纪第一流数学家的是拉格朗日。他出生于意大利的都灵，最初的兴趣是古典文学，虽然读过欧几里得和阿基米德的著作，似乎并没有留下多少印象。一次偶然的机会，拉格朗日读到了哈雷写的一篇称赞微积分学比希腊人的综合几何方法优越的文章，他完全被迷住了。在很短的时间内，他完全靠自学掌握了他那个时代的微积分。16 岁时，拉格朗日担任都灵皇家炮兵学院的数学教授，然后开始了他在数学上的辉煌历程。

在都灵，拉格朗日的身边聚集起一帮有才气的年轻人，他们成立了一个研究会，后来这个学会发展成为都灵科学院。科学院的第一卷论文集于 1759 年出版，当时拉格朗日才 23 岁。文集中有一篇拉格朗日关于极大和极小的论文，他在这篇论文中允诺要在一项工作中讨论这样一个题目——用分析的方法推出包括固体力学和流体力学在内的全部力学。这正是他后来的杰作《分析力学》，拉格朗日所说的方法就是今天所谓的"变分法"。他在这个方向上的研究博得了欧拉的赞赏。

拉格朗日 19 岁时把自己关于变分问题的研究寄给欧拉，欧拉立刻就看出了它们的价值，他鼓励这个才气焕发的年轻人继续做下去。4 年后，当拉格朗日写信把解决等周问题的真正方法告诉欧拉时，欧拉回信称赞说新方法使他得以克服他的困难，但没有立刻发表寻求已久的解答，一直等到拉格朗日先发表他的解答。而且，欧拉在发表他的著作时，着意说他是怎样被困难挡住了，在拉格朗日指出克服困难的途径之前，它们是难以越过的障碍。欧拉以其博大的胸怀举荐年轻的拉格朗日成为数学史上隽永的美谈。果然，拉格朗日的工作引起欧洲数学界的注意，23 岁时他当选为柏林科学院的外籍院士。1766 年，当欧拉去了圣彼得堡后，弗里德里克大帝向拉格朗日发出了邀请：欧洲最伟大的国王身边要有欧洲最伟大的数学家。拉格朗日接受了邀请，成了柏林科学院物理—数学部主任，以后的 20 年里，科学院的学报上发表了他一篇接着一篇的伟大论文。

1787 年，路易十六向拉格朗日发出了邀请，希望他能作为法国科学院院士在巴黎继续他的数学工作。当拉格朗日到达巴黎时，他受到王室和科学院的最大尊敬,在卢浮宫被安排了舒适的寓所。1789 年法国革命爆发,拉格朗日不顾政治形势的动荡,接受了新建立的高等师范学校教授的职位,后来又担任巴黎理工学校的教授,亲自制定数学课程,为年轻的学生们上课,向学生们展示了新数学的力量。1797 年,他的主要著作《解析函数论》出版,4 年后又出版了《函数的微积分学教程》。当然,拉格朗日的代表作还是他的《分析力学》(1788),这部书体系优美和谐,以至于哈米尔顿赞叹它是一部"数学上莎士比亚的科学诗篇",后来又有一位作家说这部书"把宇宙描写成为一个由数字和方程组成的有节奏的旋律"。

拉格朗日对数学研究有很深的感悟,他说过:"一个数学家对他自己的工作明白到这样的程度,向早晨在街上遇到的第一个人说明它,并给他以深刻印象时,才能说完全理解了它。"这已被人称为"拉格朗日原则"而传颂到今天。

拉格朗日的工作对以后几个世纪的数学所遵循的路线产生了深远的影响,此后 100 多年的时间里,几乎没有什么发现不是直接和他的研究有联系的。拿破仑与他那个时代的许多数学家都很亲近,他对拉格朗日的评价是:"拉格朗日是数学科学方面高耸的金字塔。"

思考题

1. 如何认识解析几何对数学发展的意义?
2. 微积分产生的时代背景是怎样的? 哪些问题导致了人们开始思考创立新方法?
3. 试解释牛顿的"瞬""流""流数"等概念,分析牛顿对极限的认识。
4. 为什么说关于牛顿与莱布尼兹发现微积分优先权的争议对英国数学的发展产生了消极的影响? 试依此来评述如何正确地看待"爱国主义"与"民族自尊心"。

阅读书目

1. 〔法〕笛卡尔:《几何》,袁向东译,武汉出版社,1992 年。
2. 〔英〕牛顿:《自然哲学之数学原理》,王克迪译,武汉出版社,1992 年。
3. 〔美〕R. 柯朗、H. 罗宾:《什么是数学》,左平等译,复旦大学出版社,2005 年。
4. 〔美〕E. 克莱默:《大学数学》,周仲良等编译,复旦大学出版社,1987 年。

5. 〔美〕M. 克莱因:《西方文化中的数学》,张祖贵译,复旦大学出版社,
   2004 年。

6. 〔美〕V. 卡茨:《数学史通论》,李文林等译,高等教育出版社,2004 年。

7. 李文林:《数学史概论》,高等教育出版社,2002 年。

第九讲

近代化学的建立

人类社会在迈入 18 世纪时,科学已经取得了长足的进步:天文学经过哥白尼、第谷、开普勒等人的努力,实现了由古典天文学向近代天文学脱胎换骨的转变;力学大厦在伽利略奠基之后,经过牛顿的营造,在 18 世纪上半叶,已经向人们展露了它的雄姿;光学在 17 世纪取得了突飞猛进的发展,数学的进步也日新月异……相比之下,在 18 世纪初,化学似乎还在征途上蹒跚。实际上,这种蹒跚是在积蓄能量,化学正在为步入其近代领域作准备。

一　从炼金术到化学

要了解化学学科如何在 18 世纪实现了其近代化进程,需要从 17 世纪之前化学所处的状态说起。

17 世纪之前,没有近代意义上的化学。那时的化学,主要是以炼金术的形式存在着。所谓炼金术,是指在古代社会,人们企图把普通金属变成黄金、白银等贵重金属的方法。炼金术存在时间很长,早在希腊化时期,就有炼金术士的活动。炼金术活动从一开始就打上了神秘主义的印记。现在所知最早的炼金术著作是所谓的伪德谟克利特(Pseudo Democritus)和佐息摩斯(Zosemos)的著作。前者大约出现于公元 100 年左右,书中既有一些实用的配方,也有一些神秘的玄想;后者大约出现于 3 到 4 世纪,书中讨论了炼金术理论,也包括一些炼金术配方。

炼金术之所以在希腊化时期得到发展,与当时的社会背景是分不开的。在当时的地中海沿岸国家,存在着这样一种现象:人们利用一些技术手段,制造出诸如人造珍珠、廉价染料、貌似金银的合金等，以之作为商品，代替那些价格高昂、为人们所喜爱但一般人又无力购买的自然物品出售。这些技术活动的进一步发展，就导致了炼金术的问世。显然，社会的需求为炼金术的产生准备了必要的条件。

与此同时，希腊哲学为炼金术的产生提供了理论上的支持。在早期炼金术时代，斯多噶派是占统治地位的哲学，该学派后来吸收了柏拉图的见解，形成了自己对世界的看法。根据斯多噶派的观点，自然界的每一个实体都是从一粒种子发展起来的，种子从一开头就含有决定成熟实体那些特征的要素，这些要素就是灵魂或灵气。而根据柏拉图的观点，灵魂是可以转世的，这就意味着一种物体的特征可以通过死亡和复生转化为另一种物体的特征。也就是说，物体的特性是可以转变的。

依据柏拉图的哲学，物质在本质上是一样的，人们所感觉到的物质与物质之间的差别，实际上是其特性的不同。比如，人都有肉体和灵魂，构成人的肉体的材料是一样的，但人却有善恶之不同，善和恶就是每个个体的人的特性。要改变人的善恶，需要改变的是人的灵魂而不是其肉体。同样，金属与金属在其构成材料上是一致的，不同金属之间的差异主要表现在其特性例如色彩的不同上，像黄金的黄色、白银的白色等。因此，只要改变金属的特性，就可以改变金属自身。而所有的贱金属都有着摆脱其贱金属身份、努力发展成不怕火炼的黄金的倾向，炼金术所做的事情，就是助其一臂之力，帮它们实现理想。

具体地说，贵重金属例如黄金、白银的主要特性在于其色彩的金黄与银白，如果人们能够通过一定的办法，让贱金属比如锡、铅、铜、铁等具备了黄金、白银的色彩，那么它们就真的变成了黄金和白银。当时的炼金术士们所极力探讨的，就是如何改变这些贱金属的色彩，使之具备黄金、白银的色彩。他们所采用的较为普遍的操作法是这样的：首先把铜、锡、铅、铁这四种贱金属熔合，使其变成一种黑色合金。在这种合金中，铜、锡、铅、铁本来的色彩没有了，这就意味着它们失去了自己的特性，即原来的那些贱金属已经死去了。然后，在这种合金中加入水银、砷或锑，使其变成白色，这样它就具有了银的灵气或特性。接着，再为其加入少量黄金作为种子或发酵剂，以使所有的合金"长成"或"发酵"为黄金。最后，再用硫磺水或染媒剂处理这种白色合金，使其呈现金黄色。在炼金术士看来，经过这些步骤，原有的那些贱金属经历了死而复生的过程,并在其新生的过程中,获得了黄色和光泽等黄金的基本特性,因此,它们也就由贱金属转化成了黄金。

正像希腊的哲学是多元化的一样,炼金术的理论也是多种多样的。早期炼金术者曾经传播过另一种思想,认为金属是两性生殖的产物,因此,金属本身就有雌雄之分,只要鉴别出金属的雌雄,使其交配,就能得到新的金属。早期的一个炼金术者——犹太女子玛丽就曾说过:"使雌雄交配,你将获得你要找的东西。"当然,不是随便哪种金属都能"交配",因此玛丽又说,银子很容易做到这一点,但是铜要交配"就和马与驴,狗与狼"一样难。要找到什么样的金属之间能够"交配",应该靠经验的积累。玛丽的说法虽然很原始,但却被亚里士多德在其《气象学》第四卷里发扬光大,并在伊斯兰教和中古炼金术里占据了一席之地。

从公元 1 世纪起,炼金术在亚历山大里亚流行了大约三百来年,是罗马皇帝戴克里先(Diocletian)下令将其禁止的。公元 292 年,戴克里先下令将炼金术的书统统烧毁。亚历山大里亚的图书馆也在公元 389 年一次基督教叛乱时被捣毁,这使得炼金术的传播变得更为困难。不过,炼金术后来还是复活了,先是在阿拉伯人中间,后来又回到了欧洲。12 至 14 世纪时,炼金术在欧洲特别流行,不但炼金术士们对如何才能把贱金属转变成贵重金属的探讨持续不断,一些学者也乐此不疲。这种风气此后虽然有所衰减,但也不绝如缕,一直持续到 17、18 世纪,即使像牛顿这样的大科学家,对炼金术也一往情深。牛顿在其一生的后 30 年中,投入了大量的时间与精力从事炼金术研究。他的藏书中的十分之一都是有关炼金术的,他留下的有关炼金术的资料超过了 100 万字。

在古代中国,与西方炼金术类似的活动叫炼丹术,古人又称其为金丹术,指把某些物质炼成使人服用后可以"长生不老"的丹药的方法。中国古人是在对长生不老的追求中发展起炼丹术的。早在战国时期,当时的中国人就有了长生不老的思想,他们认为只要找到仙人,向其讨来仙药,服之后即可长生不老。当时人们热衷于到传说中的蓬莱仙岛去寻仙求药,秦始皇甚至还动用国家力量,派遣徐福率领的庞大团队出海寻求仙药。当然,所有的此类活动最终只能是无功而返,像徐福的活动甚至是无功而不返。既然寻仙求药不成,那就自己动手,若能炼出丹来,作为替代品也好。正是出于这样的考虑,炼丹术逐渐兴盛了起来。

炼丹术追求的目标是炼出仙丹,使人服用后长生不老,这与西方炼金术把贱金属变成贵重金属以牟利的追求完全不同。中国古代的炼丹家并非不知道把贱金属变成黄金的方法,他们把这种方法称为黄白法,黄指黄金,白指白银。著名炼丹家葛洪在其《抱朴子》中就记载了多种黄白之法,并论证了炼造黄金之可能,但他又借其师郑隐之口明确指出:"至于真人作金,自欲饵服之致神仙,不以致富也。"古人炼丹的目的是追求长生不老,但让其始料未及的是,他们炼丹所用原料有汞、硫等,用此类原料炼出来的丹药,非但不能使服用者延年益寿,反倒损害他们的健康,会减损他们的寿命。隋唐时期是炼丹术的昌盛时期,很多达官贵人、皇亲国戚都有服食丹药的习惯,这使他们付出了惨重的代价。考察唐代帝王死亡原因,有许多都是服食丹药所致。文臣武将、士绅官民因服食金丹而致死的也屡见不鲜,教训非常惨痛。到了宋代,情况有所变化。宋人鉴于唐代的教训,由服食金丹转而重视黄白。长生无望,能够招财进宝也好。但在古代知识背景下,人工合成金银实无可能,故此进入元明,黄白术不再受帝王青睐,只好转入民间,流于骗术。延至清朝,金丹、黄白术更趋式微,虽然偶尔还有个别笃信者,但整体来讲,炼丹术已经步入了它的末日。

在中国人抛弃炼丹术转向炼金术之际,西方人却开始了另一方向的转变:他们开始把化学知识应用于医药,指望能够开发出万应灵药来,以之医治人身的一切疾患,甚至无限期地延长人的寿命。这样的目标当然无从实现,但它与中国的炼丹术一样,也促进了医药化学知识的积累。此外,矿业的发展,也为人们提供了对矿物进行仔细观察和实验的大量机会,使人们积累了可观的有关金属及其处理办法的知识。所有这些,都在为化学的诞生准备着材料。

整体来说,炼金术为自己设定的两个终极目标——把贱金属变成黄金,炼出能医治一切疾病、使人长生不老的仙丹——是不可能实现的,炼金术士们的活动必然要以失败而告终。但炼金术并非毫无可取之处,在其早期发展阶段,炼金术未尝不是一种高尚的活动,因为炼金术士们是秉持一种理性的思想,抱着对自然进行认真观察和实验的态度从事炼金活动的。而且,炼金术士们在其炼金活动中,积累了大量化学知识,也有一些非常重大的发现,比如对推动人类历史发展具有重要作用的火药的发明,就是炼丹家炼丹活动的副产品。化学的发展不能一蹴而就,没有炼金术长期以来为其积累的大量相关知识,近代化学之河将成为无源之水。

但炼金术毕竟不是化学。让炼金术发生脱胎换骨的变化,脱去了神秘主义外衣,发展成了化学学科的,是英国近代史上著名的化学家罗伯特·波义耳。

二 波义耳的贡献

罗伯特·波义耳(Robert Boyle,1627—1691)是英国物理学家和化学家。他出生在爱尔兰的一个贵族家庭,是考克伯爵的第14个孩子。波义耳素有神童之称,他8岁去伊顿公学读书时,已经能讲希腊文和拉丁文了。波义耳的教育并非全在学校中完成,他11岁时到欧洲大陆旅行,14岁在意大利学习,这中间一直有家庭教师陪伴着他。家庭教师的教育对他来说是件幸事,因为这使他很大程度上免受了当时仍然在大多数大学里占据主导地位的亚里士多德学说的影响。他在欧洲大陆期间,受到了伽利略和笛卡尔著作的影响,这为他形成科学的思想方法提供了养分。

波义耳于1645年回到英国,回国后他才知道父亲已经去世。父亲为他留下了一份可以使他衣食无忧的资产,这为他终生从事科学研究提供了保障。1646年起,波义耳在伦敦自己的家里修建起了实验室,在里面进行广泛的科学实验研究。他的实验室设备优良,他在里面进行的实验涉及物理学、化学、生物学和医学等众多学科。1654年,波义耳移居牛津。当时英国有一批学者定期聚会,讨论一些科学问题,波义耳也是聚会的参加者。他们的聚会被称为"无形学院"。1660年11月,参加聚会的学者正式提出要成立一个促进科学知识进步的组织,这一提议得到刚复辟的查理二世的认可。两年后,查理二世为其颁发了许可证,正式批准成立"以促进自然知识为宗旨的皇家学会",即日后鼎鼎有名的英国"皇家学会"。波义耳是这个学会第一批最有影响的会员之一。1680年,人们曾推选他担任皇家学会会长,但他不同意参加宣誓仪式,以体弱多病为由没有就任。

在欧洲大陆时,波义耳曾经历了一场猛烈的暴风雨,在暴风雨中受到了惊吓,并因此萌发了一种虔诚的宗教情感。他终生未婚,并且对宗教的兴趣与日俱增。出于研究《圣经》的需要,他专门学习了希伯来语和阿拉米语,还撰写了一些宗教论文,资助教士们在东方的传教活动。他在其遗嘱中要求设立"波义耳讲座",但讲座内容却不是科学,而是宣讲基督教,反对异教徒。

波义耳虽然宗教信仰虔诚,在宣传宗教方面费力甚多,但他一生的主要工作还是在科学尤其是化学的研究方面。他对化学的贡献主要表现在以下诸方面:

(一) 提出了新的化学概念

生活在 17 世纪,波义耳身上并非没有炼金术士的气息。比如,他相信黄金可以人工制取,1689 年,他曾劝说英国政府取消造金禁令,理由是政府应当鼓励科学家去制造黄金,以满足社会需求。

但炼金术毕竟不是化学。炼金术士们的目的充满了实用性,他们要把贱金属变成贵重金属,意在牟利,而不是为了促进对化学现象的理解。他们也进行观察和实验,但是为其实用目的服务的,不是为了解释化学现象、发现和验证化学规律。波义耳虽然不认为炼金术完全是无稽之谈,但他却坚决主张化学的研究目的是探索自然规律,不应以制造贵重金属或万应灵药为指归。他提出不应把化学看成一种技艺,而是应该把它看成一门科学,按当时的说法,即是自然哲学的一个分支。他说:"鉴于从事化学的人普遍认为化学几乎只是为了制备药物或者改善金属,我倒很愿意把从事这门技艺的人不是看做医士或炼金士,而是看做一个哲学家。"[①]按照波义耳的理解,作为哲学或科学的一个分支,化学的任务主要是对现象进行理论解释,而不是把它当成一种技术,去实际利用它。

波义耳提出的新的化学概念非常重要。当时,与力学学科相比,化学处于远远落后的状态,落后的原因并非在于缺乏足够的观测结果和资料积累,恰恰相反,由于炼金术、医药化学、矿业生产等方面活动的推动,当时已经积累了相当多的观测结果和化学资料,但人们处理这些资料所用的指导思想是炼金术理论,取舍标准是是否有助于制成黄金和万能灵药。显然,隐藏在这些化学活动背后的炼金术所确定的研究方向和研究观念必须得到纠正,化学才能在正确的道路上前进。波义耳顺应时代要求,提出了新的化学概念,为化学学科发展指明了目标。

---

① 〔英〕亚·沃尔夫:《十六、十七世纪科学、技术和哲学史》上册,周昌忠等译,商务印书馆,1995 年,第 386 页。

(二)破除了传统的元素概念

为了实践自己的新化学的理念,波义耳考察了传统的物质学说。关于物质的构成,当时流行的是亚里士多德的四元素说,认为万物是由几种基本元素组成的,通过说明这几种元素组合方式的变化,就能够说明每一种物质的由来。波义耳不同意这种说法,他认为传统元素学说描述的这种情景就好像一个人在阅读一本用密码写成的大部头书,只认识其中的三四个密码,就想以此破解这部书一样,是不可能的。更何况阅读者对这几个密码的理解并不正确。波义耳指出,传统的"元素"(或曰"要素")学说有很多混乱不清之处,人们通常所说的"元素"其实并非构成物质的真正本原。如果不厘清"元素"的切实含义,化学研究就会处于茫然无序状态,因为用纯净和均一的物质进行研究是化学研究的基础,而纯净和均一应该是"元素"的基本要义。出于这种理解,波义耳提出了他自己的元素概念:

> 我……必须不把任何物体看做一种真正的要素或元素,而看做是业已化合的;物体不是完全均匀的,而是可以进一步分解为种数任意的独特物质,不管种数是多么少……我现在说的元素是指……某些原初的和单纯的即丝毫没有混合过的物体,这些物体不是由任何其他物体组成,也不是相互组成,而是作为配料,一切所谓的完全混合物体都直接由它们化合而成,最终也分解成它们。①

元素应该是单纯的、均一的,是组成物体的原初物质,元素与元素的化合组成各种物体,而元素自身不能由任何其他物质组成。这就是波义耳对元素概念的理解。他的这种理解还算不上是近代的化学元素概念,但他的解说对传统的元素观构成了猛烈的抨击,为近代化学元素概念的建立开辟了道路。

波义耳之所以提出新的元素的概念,是因为他在自己的化学研究中体会到,不管是亚里士多德逍遥学派的四元素说,还是炼金术士—医药化学家的硫、汞、盐三要素说,所给出的元素都太少了,甚至无法解释已知化学现象

---

① 〔英〕亚·沃尔夫:《十六、十七世纪科学、技术和哲学史》上册,周昌忠等译,商务印书馆,1995年,第387页。

的十分之一。这使他对传统的元素学说产生了怀疑，在缜密思考的基础上，他提出了自己的新的元素概念。不过，波义耳关注的焦点并不在于大自然能够用多少种元素来组成化合物，而是大自然是怎样用元素来组成化合物的。要解开这些谜团，需要找到合适的研究方法，即实验的方法。而这，正是波义耳对化学学科的另一贡献之所在。

（三）引入了科学的实验方法

在波义耳的时代，炼金术活动仍然占据着化学的主阵地。在当时的炼金术领域，古希腊的炼金术理论已经被炼金术士们所抛弃，充斥于炼金术中的是异想天开和故弄玄虚，炼金术已经成为神秘主义的重要阵地。要使炼金术走出神秘主义的迷阵，走向化学，必须借鉴伽利略在力学领域成功地应用的那种方法，即实验的方法。而这一步，是由波义耳迈出去的。

早在欧洲大陆游学期间，波义耳就因受伽利略和笛卡尔学说的影响，对实验方法产生了兴趣。在当时的科学界，实验方法虽然体现着一种独树一帜的科学创新精神，但这种精神并不为大多数学者所接受。荷兰哲学家斯宾诺莎就曾专门写信给波义耳，力图使他相信理性高于实验。值得庆幸的是，波义耳没有接受斯宾诺莎的"忠告"，作为弗朗西斯·培根的信徒，他要求化学必须建立在大量实验观察的基础上，主张对化学变化要作定量研究。他认为应该用实验的方法而不是玄想和思辨的方法来得到化学规律。

波义耳不但论述了实验对于化学的重要性，对实验中的具体注意事项，他也有清晰的讨论。比如，他主张化学实验不但要认真记录好每一步骤，更重要的是要及时、清楚地报道实验成果，以便同行能够重复、证实和受益。波义耳的这一主张，不但对于打破在炼金术传统影响下笼罩在化学学科上的神秘气氛大有裨益，而且由此确立了科学实验的一个原则——可重复性原则。正是由于这一原则的确立，科学实验在人们心目中最终获得了其应有的可靠性保证。

波义耳是通过他的示范性的工作，让实验方法在化学领域得以立足的。他发明了减压蒸馏器及打气筒，最早使用有刻度的仪器测定气体和液体的体积；他用一个抽去空气的圆筒，首次证明了伽利略关于一切物体在真空中下落速度相同的说法是正确的——实验中所用的羽毛和铅块在没有空气阻力的情况下同时落到筒底；他在大量气体特性实验的基础上，总结出了著名的波义耳气体定律;他利用我们现在所说的酸碱指示剂的颜色变化,发明了鉴别酸碱的石蕊试液和试纸,清楚地区分了酸、碱和中性物质之间的差别;他在广泛实验的基础上,提出了诸多鉴定物质的方法——用加石灰生成白色沉淀来鉴别硫酸,用加硝酸银生成白色沉淀鉴别盐酸,用与氨作用形成蓝色溶液来鉴别铜盐;他通过对燃烧现象的研究,得到了空气是维持燃烧所必不可少的东西的结论;等等。他的这些工作,为化学界提供了足资参考的实验范例。他通过自己的身体力行,让实验方法在化学学科扎下根来,从而为化学的发展找到了一条康庄大道。

波义耳还撰写了科学史上的名著《怀疑派化学家》,该书仿效伽利略的著作以对话方式写成,书中反映了他关于化学学科的重要思想,记述了他做过的重要工作。该书的问世,为化学学科的诞生奠定了理论基础。化学正是在波义耳思想的影响和其工作的带动下而得以起步的。英国科学史家柏廷顿曾这样评价波义耳在化学史上的地位:

> 把波义耳称为近代化学奠基者有三个理由:
>
> (1) 他认识到化学值得为其自身目的去进行研究,而不仅仅是从属于医学或作为炼金术去进行研究——虽然他相信炼金术是可能成功的;
>
> (2) 他把严密的实验方法引入化学中;
>
> (3) 他给元素下了清楚的定义,并且通过实验证明了亚里士多德的四元素和炼金术的三要素(水银、硫磺和盐)根本不配称为要素或要素,因为其中没有一个可以从物体(例如金属)中提取出来。①

三　燃素说的兴起

在波义耳做过的诸多化学实验中,关于燃烧的实验占据了相当大的比例。他这样做是很自然的,因为当时人们对火在化学实验中的作用有误解,认为火是万能的分析工具,它能把被加热物体中所有预先存在的元素分离出来。这种认识当然会引发人们对燃烧现象的重视。另外,在 17、18 世纪,

---

① 江晓原主编:《简明科学技术史》,上海交通大学出版社,2002 年,第 163 页。

欧洲的工业生产也有了较大的发展,跟燃烧现象有关的冶金、炼焦、烧石灰、制陶瓷、炼玻璃等工业有了普遍的增长,诸如此类的工业活动,使人们积累了大量有关燃烧的经验,同时也对化学学科提出了迫切要求,希望化学学科能够从理论上阐明燃烧的本质和所遵循的规律。波义耳就是在这种历史背景下展开了他关于燃烧现象的研究。

关于燃烧,当时的人们已经积累了足够多的经验知识。比如,人们知道像煤炭、木材、油脂、硫磺等绝大部分可燃物在燃烧时,会损耗掉大量物质,燃烧结束后只留下少量的灰烬。同时,人们也发现,金属之类物体在燃烧后却增加了重量。同样是燃烧,为什么会出现这样两种截然相反的现象呢?

波义耳在探究燃烧现象时,对此有所解答。他经过实验,证实了上述现象的存在,同时也提出了自己的解释。他以"火微粒"说来解释上述现象。根据他的理解,火是一种实实在在具有重量的"火微粒"（或曰"火素"）,一般的可燃物含有大量的这种"火微粒",当可燃物燃烧时,这种"火微粒"就被释放到空气中,留下的是那些不能燃烧的灰烬,因此一般可燃物燃烧时表现为重量减少。而金属的燃烧不是主动进行的,换句话说,金属是被燃烧的,金属被燃烧时,周围的"火微粒"进入到金属里面,与金属结合到一起,从而导致金属燃烧后重量增加。这种"火微粒"是具有穿透力的,即使把金属放到密闭容器中燃烧,"火微粒"仍然能够穿透容器,进入到金属内部,与金属结合。

波义耳对燃烧现象的本质的解释是不成立的。他在做金属在密闭容器内燃烧的实验时,只注意到了燃烧后金属重量增加的一面,忽略了考察密闭容器内空气重量在燃烧前后的变化。这种疏忽,使他未能发现自己对燃烧现象的解释的荒谬之处。波义耳对燃烧本质的解释是错误的,他的错误成为18世纪化学学科另一个错误学说——燃素说的先声。

燃素说的奠基人是德国化学家贝歇尔（Johann Joachim Becher,1635—1682）和他的学生斯塔耳（Georg Ernst Stahl,1660—1734）。贝歇尔继承了传统的炼金术的思想,把燃烧看成是一种对可燃物进行解析的过程,火就是解析剂,燃烧的过程就是火把可燃物分离成其基本组分的过程。他认为,固体由三种土元素组成,这三种土元素分别是"石状土""玻璃状土"和"油状土"。可燃物中存在着大量的"油状土",在燃烧或焙烧过程中,"油状土"被释放出来,"石状土""玻璃状土"留了下来。所以,燃烧的过程,就是可燃物向外排放"油状土"的过程。

贝歇尔的思想被斯塔耳发扬光大了。斯塔耳在吸取和总结前人关于燃烧问题的认识的基础上,修正了贝歇尔的"油状土"学说,于 1703 年把"油状土"命名为燃素,系统地提出了燃素说。燃素说的主要内容是:火是由大量细小的微粒组合在一起形成的。这些微粒既可以与其他元素结合在一起形成化合物,也可以游离在空气中单独存在。这种微粒如果弥漫在空气中,就会给人以热的感觉;如果聚集在一起,就会形成明亮炽热的火焰。这种微粒就叫燃素。物质中含的燃素越多,它燃烧起来就越猛烈。可燃物燃烧的过程,就是它向空气中释放燃素的过程。一切与燃烧有关的化学变化,都可以归结为物体释放或吸收燃素的过程。例如,煅烧金属时,燃素由金属中逸出,剩余的以锻灰的形式存在;而锻灰与木炭在一起燃烧时,又从木炭中吸收燃素,重新变成了金属。

燃素说把燃素定义为一种物质性的微粒,以之说明燃烧问题,这与 18 世纪统治科学界的机械论自然观相适应,也可以解释有关燃烧方面的许多问题。较之此前形形色色的燃烧理论,燃素说看上去更为合理可信,所以,它在很大程度上受到了化学界的欢迎。到了 18 世纪中叶,几乎得到化学界的普遍认可,并进一步发展成了整个 18 世纪化学学科的中心学说。

燃素说虽然得到了大多数化学家的欢迎,但这并不等于说它没有面临尴尬。比如,如果燃烧过程的确是可燃物向外释放燃素的过程,它就应该与空气存在与否无关。那么,波义耳发现的燃烧离不开空气的存在的现象又当如何解释呢?对此,燃素说的解释是:燃烧确实是可燃物向外排放燃素的过程,而空气则是燃素的携带者。没有空气,燃素在离开可燃物后将无处存身,这样,它就无法离开可燃物。由此,在燃烧的过程中,必须有空气的存在。

燃素说面临的另一更大的困难是,燃烧过程中可燃物重量的变化表现为两种相反的倾向:木材、煤炭等大多数可燃物在燃烧后几乎失去其所有的重量,而金属在燃烧后重量非但不减少,反倒增加了。应该怎样解释这些截然相反的燃烧现象呢?

对于这一问题,斯塔耳本人并没有感到特别的不安,因为在他的身上,仍然保留着炼金术士重视定性描述的习性,所以,他对可燃物在燃烧后重量变化之类问题并不重视,因此没有回答这样的问题。物理学界习惯于定量测量已经100多年了，而在斯塔耳的时代，化学界对定量分析的方法还熟视无睹。不过，在物理学巨大成功的感召下，化学界的熟视无睹也持续不了多久，斯塔耳可以对金属燃烧后重量增加的问题置之不理，18世纪后期的化学家们却无法绕开这一问题。当他们试图解答该问题时，隐藏在其脑海深处的亚里士多德哲学自然就浮出了水面。根据亚里士多德的四元素说，有些元素是重的，例如水、土，有些元素是轻的，例如气、火。受到这种说法的潜在影响，有化学家试图用类似的手法解释金属燃烧后变重的问题，他们认为燃素具有负的或曰与重力相反的重量，这样当燃素离开金属后，金属减少了负重量，其剩余的重量当然增加了。18世纪60年代，蒙彼利埃医学院的教授加勃里尔·文耐尔（Gabriel Venel，1723—1775）就曾说过：

> 燃素并不被吸向地球的中心，而是倾向于上升，因此在金属灰碴形成后，重量便有所增加，而在它们还原时重量就减少。①

这种想法颇为精巧，也能自圆其说。但在18世纪，它显得有些与时不合，要让18世纪的化学家们普遍承认物质实体有负重量的想法，是不可能的。因此，新的解释必然会相继问世。P. J. 马凯（1718—1784）就曾提出过另一种解释。马凯认为金属燃烧后剩余的灰烬之所以比燃烧前的金属重，是由于金属在燃烧时虽然失去了燃素，但燃素逸去后所留下的空间却被空气充入，燃素虽然有重量，但充入的气体的重量超过了这个过程中金属所失去的燃素的重量，所以金属在焙烧后重量增加了。

　　燃素说的诸多观点虽然不无牵强，但该学说能够解释当时所知道的许多化学现象，解答当时生产实践和化学实验中提出的大量问题，因而还是统治化学界近一个世纪之久。该学说是在波义耳开创化学学科之后产生的一个重要化学理论，它所蕴含的基本思想与18世纪科学界的还原论哲学倾向是一致的，而与炼金术理念格格不入。该学说的出现，并非化学学科本质上的倒退，而是化学学科发展过程中出现的曲折，它在化学史上的地位是应该得到肯定的。但是，燃素说毕竟是一种错误的学说。燃烧的本质是可燃物与氧元素的化合，而燃素说则将其说成是燃素从可燃物中逸出，把燃烧的本

---

① 转引自斯蒂芬·F. 梅森：《自然科学史》，上海外国自然科学哲学著作编译组译，上海人民出版社，1977年，第26章"燃素说与化学革命"。

质完全说颠倒了。随着氧化反应理论的建立，燃素说必然要被人们所推翻。在历史上，推翻燃素说的头号功臣是法国化学家拉瓦锡。正是由于拉瓦锡的杰出工作，近代化学大厦才得以建立起来。

四 "近代化学之父"：拉瓦锡

拉瓦锡（Antoine Laurent Lavoisier，1743—1794）出生于法国巴黎，从小受到良好的教育。拉瓦锡的父亲是位律师，他希望自己的儿子能够子承父业，因此送拉瓦锡进大学学习法律。拉瓦锡从小就对自然科学感兴趣，在大学学习期间，他旁听了拉卡伊利的天文学课程，很受启发，对科学的兴趣更是一发而不可收。因此，当他完成大学学业，并且成了一位律师以后，并没有按父亲的意愿去从事他父亲所钟爱的律师职业，而是为自己选定了一条毕生致力于科学的人生道路。

在科学研究的道路上，拉瓦锡一帆风顺。早在1765年2月，不足22岁的拉瓦锡就对石膏的理化性质做了系统研究，完成了他的第一篇学术论文，并在法国科学院宣读。同年，法国科学院悬赏征求改进城镇路灯照明的办法，拉瓦锡积极应征，提交了自己的解决方案。拉瓦锡的方案被评为最佳方案之一，他因此于第二年获得法国科学院颁发的金质奖章。1768年，25岁的拉瓦锡被选入法国科学院，成了一名年轻的院士。此后，他还曾担任多种公职，但其主要精力仍然集中在科学研究上。

1789年，法国大革命爆发，一开始，拉瓦锡并未受到多大冲击，他还被选入度量衡改革委员会，为度量衡制度的改革出谋献策。随着革命的深入，激进的雅各宾党人上台执政，拉瓦锡成为革命的对象，被抓了起来，受到革命法庭的审判，被送上了断头台。

拉瓦锡之所以会成为革命的对象，要从他的另一身份——包税人说起。在路易王朝统治时期，法国政府采用的是一种包税制，政府不直接对个人和企业征税，而是将税收承包给征税公司，授权它们向公众征税。征税公司是受雇于政府的私人企业，个人只要向其投入一大笔钱，就可以成为包税人。包税人向公众征税，征得的税款上缴国家一定数额，剩余归己。显然，在这种制度的诱导下，包税人为了掠取钱财，必然要横征暴敛、敲诈勒索。而拉瓦锡就是包税人队伍中的一员。

拉瓦锡的家庭固然富有,但他的科学研究却需要更多的钱。包税人的身份给他带来了巨大的财富,这为他的科学研究提供了极大的方便。他建立了规模巨大的实验室,并曾多次为非私利目的献出巨款。他的家成为法国乃至欧洲著名的"科学俱乐部",不但法国的科学家们在此相聚,欧洲其他国家的学者们在此碰首,就连大西洋对岸新成立的美利坚合众国的使者杰弗逊和富兰克林也登门拜访,留宿于其家中,宾主共议科学问题。尽管拉瓦锡对其钱财用之有道,但他毕竟是深受法国人痛恨的包税人之一员,当革命的浪潮席卷一切的时候,他在劫难逃。

对拉瓦锡的审判颇为草率。法庭以"可恶的包税人""在人民的烟草中加水"等罪名,要求判处他死刑。在审判过程中,法庭并未给他多少为自己辩护的机会,也没有回应法国科学界要求赦免拉瓦锡的呼声。拉瓦锡请求死缓,以使自己能够完成进行中的实验,法庭对此的答复是"共和国不需要学者"。法官的傲慢和偏见使法国付出了失去一位杰出科学家的代价。法国数学家拉格朗日一针见血地指出:"砍掉他的头只要眨眼的功夫,可是生出一个像他那样的头大概一百年也不够。"[1]拉瓦锡死后不到两年,法国人就为他树起了一座半身塑像,以表达对他的纪念。

法国人之所以痛惜拉瓦锡的去世,是因为拉瓦锡对法国乃至全世界的科学作出了巨大的贡献。拉瓦锡的贡献集中在化学领域,他是世界公认的"近代化学之父"。他对化学的贡献主要表现在以下几点:

(一) 使精密测量方法成为化学的传统

在化学建立之前,炼金术不重视化学的定量分析,那时人们看重的是对物质的定性分析。17 世纪,在波义耳的倡导下,实验方法逐渐进入了化学领域。但在波义耳之后的一个多世纪里,定量测量方法并未成为化学的传统,在研究物质化学变化规律时,许多人仍习惯于以推理论证为主。这种局面由于拉瓦锡的工作而得以改善。拉瓦锡注重定量分析,善于使用天平作为研究的工具。当时,别的化学家也重视天平的使用,但那些化学家一般用天平来做矿物的定量测定,而拉瓦锡则是用天平来证明物质化学变化的规

---

① 〔美〕I. 阿西莫夫:《古今科技名人辞典》,卞毓麟等译,科学出版社,1988 年,第 119 页。

律。这是他超越同时代化学家的一个地方。

拉瓦锡从进入化学领域之始，就认识到了精密测量的重要性。他在准备关于石膏的理化性质那篇论文时，就成功地应用了精密测量的方法。在早期工作中，拉瓦锡把很大一部分精力用于通过精密测量来检验当时流行的一些化学理论。比如，当时不少人仍然保留着古希腊的元素概念，认为元素之间可以相互转变。他们举的例子之一是说在玻璃容器中长时间加热水时，容器底部会出现水垢，这意味着水转变成了土。拉瓦锡不相信希腊的四元素说，他决定用实验方法来检验这一学说。

就在被选为法国科学院院士那一年，拉瓦锡精心设计了一个实验，他把经过反复蒸馏得到的纯净水放入一个叫做"鹈鹕"的蒸馏器中密封加热，加热前精心测量了水和容器的重量。从 1768 年 10 月 20 日到 1769 年 2 月 1 日，他让水整整沸腾了 100 天。到最后，水中出现了浑浊，冷却后，他重新测量了水和容器的重量以及水中的沉淀物的重量。测量结果表明，水的重量没有减少，而容器的重量倒是减少了，容器减少的重量正好等于水中生成的沉淀物的重量。这说明沉淀物不是水被加热后变成的土，而是玻璃上的物质慢慢被热水侵蚀产生的结果。拉瓦锡的测量无可辩驳地表明，所谓水能变成土的说法是不成立的。他的工作让人们看到了精密测量对化学所具有的无与伦比的重要性。确实，没有定量测量的观察可能是毫无价值的。

拉瓦锡的一系列工作都巧妙地利用天平进行精密测量，并因此获得了令人振奋的结果。他的实验设计得极其巧妙，所获成果不同凡响，再加上他所具有的巨大声誉，使得他的工作具有了很强的示范性。正是在他的工作的示范和带动下，化学家们接受了他关于精密测量的见解，并逐渐使之成为化学学科的传统方法。也正是由于有了这种方法，化学才最终实现了与物理学的并驾齐驱。

（二）建立氧化反应理论，推翻燃素说

拉瓦锡的煮沸水实验推翻的四元素说是古希腊学说的流风余韵，本来已经没有多少市场，而燃素说则是当时化学界的主流学说。拉瓦锡不赞成燃素说，他以实验和严谨的逻辑推理阐明了燃烧的本质，推翻了燃素说。

拉瓦锡由燃烧与空气的关系入手，尝试揭示燃烧的本质。他精心设计了燃烧金刚石的实验。1772 年，他开始做把物体放在空气中加热的实验。

他把金刚石放在密闭的透明容器中，用放大镜聚焦太阳光为之加热。在加热到一定程度时，金刚石完全燃烧，整个容器中看上去什么都没有了。但精心的测量表明，在燃烧前后，连同金刚石在内的容器的总重量没有变化，这表明所谓燃烧是可燃物向外释放燃素的说法不能成立。因为容器外能感受到燃烧时向外辐射的热，按传统说法，这意味着燃素逃逸到了容器之外，容器内的重量必然要减少，但测量结果显示，容器的总重量在燃烧前后没有变化，由此只能得出一个结论：燃素没有重量。而燃素没有重量的说法，与燃素说是不相容的。

拉瓦锡还用一种不怕火的软膏将金刚石包裹起来重复上述实验。软膏的包裹，使得金刚石与空气隔绝，这时无论如何加热，金刚石也烧不起来。他的这一实验进一步证实了波义耳的判断：没有空气，燃烧不能进行。

那么，空气与燃烧究竟有什么样的关系，是空气为燃烧提供了容纳燃素的场所，还是它直接介入了燃烧的过程？如果仅仅是为燃素提供容身之处，那么空气的总量不会减少，情况究竟怎么样呢？为了揭开燃烧的本质，拉瓦锡接下去做了大量关于燃烧的实验。他用非金属元素磷和硫做实验，还用金属做实验。1774年，他精心设计了在密闭的容器内加热锡和铅的实验。实验结果表明，铅和锡被煅烧后，其表面上生长出一层金属灰，这层金属灰比它所置换的那部分金属更重，而整个容器（金属、金属灰、空气等）的总重量在加热前后并没有变化。对这种实验结果只能有一个解释：空气直接介入了燃烧的过程，即燃烧消耗掉了一部分空气，那部分空气转化成了金属灰重量增加的部分。显然，如果这一推论成立，那就意味着容器中的空气比外界要稀薄。果然，当拉瓦锡打开容器时，外界的空气冲进了容器。空气冲入后增加的重量恰好等于金属燃烧后金属灰增加的重量。这个实验证明，金属燃烧后出现的金属灰不是金属损失了燃素后的残留物，而是金属和空气化合的结果。拉瓦锡的实验，有力地证明了燃素说的荒谬。

要彻底推翻燃素说，关键不在于指出其荒谬之处，而在于提出一种更合理的理论来取代它。1774年，这样的机会降临了。这一年的10月，英国化学家普利斯特利（Joseph Priestley，1733—1804）来到巴黎，拜会了拉瓦锡。科学史上这次著名的"双星会"，为拉瓦锡揭示燃烧本质的大戏拉开了帷幕。普利斯特利向东道主报告了他的一个重要发现——他制出了"脱燃素气"。原来，普利斯特利在做加热氧化汞的实验时，收集到了氧化汞分解时释放出的气体,并发现可燃物在这种气体中的燃烧比在一般空气中更为激烈和迅速,他认为这表明这种空气非常需要燃素,它能使燃素从可燃物中快速逃逸,因此将这种气体命名为"脱燃素气"。

拉瓦锡不赞成燃素说,自然也不相信普利斯特利对这种新发现的气体的解释。他重复了普利斯特利的实验,制得了这种气体,并用制得的气体逆向重新和汞作用,结果又生成了汞灰(氧化汞)。经过反复实验,他终于悟到:空气主要由两部分组成,其中一部分参与燃烧,另一部分不参与燃烧。他把参与燃烧的这部分空气称为"最适于呼吸的空气",后来又改称为"氧",意为"可产生酸的东西",因为他发现所有的酸中都含有这种物质。但这次他错了,并非所有的酸中都含有氧,不过氧的名称却因他的命名而流传了下来,一直使用至今。在我国,"氧"这个汉字是清末著名化学家徐寿根据汉字特点造出来的。对不参与燃烧的那部分空气,拉瓦锡将其称为硝,意为"无生命"。后来,化学家夏普塔尔(Jean Antoine Claude 或 Comte de Chanteloup Chaptal,1756—1832)将其改称为"氮",沿用至今。

拉瓦锡在发现了氧的性质的基础上,进一步揭示了燃烧的本质。他指出,可燃物只有在氧气存在时才能燃烧,可燃物燃烧的过程就是它与氧气相结合的过程。换言之,燃烧现象是一种氧化现象。拉瓦锡还指出,呼吸本质上也是一种燃烧。呼吸时,有机体中的碳与空气中的氧相结合,生成二氧化碳,被排出体外。拉瓦锡通过燃烧有机物例如酒精、糖、油、蜡等,得到了二氧化碳和水,这进一步证实了呼吸与燃烧的一致性。拉瓦锡提出的燃烧的氧化学说,驱散了笼罩在燃烧现象上的燃素说迷雾,解开了当时大量新发现与传统燃素说之间的矛盾,使 18 世纪极为混乱的化学思想得到了统一,从而为新化学的发展铺就了康庄大道。

既然氧化理论可以完全解释燃烧现象,燃素说就没有理由再存在下去。拉瓦锡对此坚信不疑。1783 年,他甚至还在自己的家里举行了一个象征性的仪式,送别燃素说。他的太太装扮成祭司的模样,焚烧了宣扬燃素说的著作。祭坛里冒出的青烟,不仅象征着燃素说的灰飞烟灭,更象征着新化学的冉冉升起。

(三)促成化学反应中质量守恒定律的建立

拉瓦锡做了大量燃烧实验,这些实验绝大部分都是在密闭容器里进行的。拉瓦锡善于使用精密天平进行测量，每次实验他都测量了实验前后容器连同实验物品的总重量，结果发现每一次实验前后实验物品的总重量都不变。这些事实证实了一个公设：物质总量守恒，既不创生也不消灭。就化学学科而言，该公设可以表述为：在化学反应的全部过程中，参与反应的物质的总量自始至终保持不变。

质量守恒的概念一开始只是一个假设，有了拉瓦锡的大量精密定量实验的证实，该假设就升级成了一个定律：质量守恒定律。1789 年，拉瓦锡正式陈述了这一定律，他指出：因为人工或自然操作不可能无中生有地创造出任何物质，也不可能凭空消灭掉任何物质，所以在每一次化学操作中，操作前后存在的物质的总量保持不变，而且其中每一要素的质与量也保持不变。这就是质量守恒定律在化学学科的初始表述。

在提出质量守恒概念不久，拉瓦锡在论述糖变酒精的发酵过程时，创造性地提出了这样一个等式：

$$葡萄汁 = 碳酸 + 酒精$$

这意味着参加发酵的物质和发酵后的生成物在量上相等，可以将其列成一个代数式，用计算来检验实验过程。这实际上是现代化学反应方程式的雏形。显然，质量守恒定律是化学学科近代化的基础，如果没有这条定律，就不会有化学反应方程式，也就不会有定量化学，化学也就不可能实现其近代化进程。

质量守恒定律的建立是拉瓦锡善于使用精密定量测量方法的自然结果，该定律的确立又进一步促成了精密定量测量方法在化学中的普及。有了这条定律，有了精密定量测量方法的普及，化学才有可能赶上物理学，与之并驾齐驱。

（四）统一化学术语命名方法

拉瓦锡对化学学科所作的另一重要贡献是他统一了化学术语的命名方法。事情要从当时法国的百科全书的编写工作说起。就在拉瓦锡推翻了燃素说，建立了燃烧的氧化反应理论，为构建新化学体系而努力工作之时，他的同胞、化学家居顿·德莫沃（Baron Louis Bernard Guyton de Morveau，1737—1816）上门求助来了。原来，德莫沃在为一部百科全书撰写有关化学部分的内容，他试图描述几个世纪以来化学学科的进展，可是遇到了麻烦，写不下去了。拉瓦锡仔细分析了德莫沃遇到的问题,发现这与化学术语的命名有关。原来化学在很长的时间里是与炼金术纠缠在一起的,而炼金术士们对各种化学物质的命名没有一个统一的标准,为了保密,他们常常故意给物质起一套隐晦和怪诞的名称,且彼此互不交流,这就使得一个化学家很难弄清楚另一个化学家谈论的是什么。这种局面不但使得后世的学者难以弄清以前化学的进展情况,而且也为后来化学学科的发展制造了巨大的障碍。这是当时化学学科发展不得不解决的一个迫切问题。

在认识到了术语命名问题的重要性和紧迫性之后,拉瓦锡首先帮助德莫沃完成了为百科全书撰稿的任务,然后开始着手解决化学术语命名这一影响化学发展的关键问题。经过紧张的工作,1787 年,拉瓦锡和另外几位化学家合作,出版了一部名为《化学命名法》的著作。该书是人类历史上第一部科学地谈论化学物质命名的专著,它抛弃了长期沿用的那些炼金术符号,着眼于从物质的化学成分出发为其命名。该书提出的化学物质命名原则是:一种物质应该只有一个名称,单质的名称应该反映其化学特征,化合物的名称应该反映其化学组成,酸碱类用其所含元素命名,盐类用组合成它们的酸和碱表示。这种命名方法条理清晰、逻辑性强,便于理解和记忆,还能反映物质的本质特征,它使得化学有了符合自己特点的新的语言,对于化学学科发展非常有利。正因为如此,在受到少数燃素说者短暂的反对之后,这种命名方法很快就被世界各地的化学家所采纳,一直沿用至今。

(五)构建近代化学体系

有了适应化学学科发展的研究方法,找到了当时化学的核心反应——氧化反应,提出了研究化学反应所应遵循的基本规律——质量守恒定律,统一了化学术语的命名方法,所有这些,意味着新化学的基本要素已经具备,下一步,就是把这些要素组合起来,构建新化学大厦。这一任务,仍然是拉瓦锡完成的,他撰写了一部名为《初等化学概论》的教科书,对新化学作了系统的描述。

1789 年,拉瓦锡的《初等化学概论》出版,宣告了新化学的诞生。这部书是化学史上第一部近代化学教科书,它详尽地论述了推翻燃素说的各种实验依据和以氧化反应为核心的新燃烧学说,实现了化学思想的革新;它清楚地阐述了化学反应过程中物质守恒的思想,提出可以用反应式来表示化学反应过程,以便"用计算来检验实验,再用实验来验证计算",实现了化学理论和化学实验的定量化;它要言不烦地说明了当时的新发现和新实验,反映了化学学科的最新进展;它把拉瓦锡提出的化学物质命名法付诸实施,不但提出了各种化合物的名称,还列出了包括当时所认识到的33种元素在内的元素表,这在化学史上还是第一次。

《初等化学概论》的出版,意味着近代化学大厦的建成。从此,人们只要按照该书提出的研究方法,运用该书阐述的基本概念和规律,就可以把化学学科一步一步推向前进。正因为如此,该书的出版,是化学史上划时代的事情,人们认为该书对化学的贡献可与牛顿的《自然哲学的数学原理》对物理学的贡献相媲美。拉瓦锡被称为"近代化学之父",完全是理所当然的。

思考题

1. 西方炼金术是在什么样的理论指导下进行的?
2. 应如何评价历史上的炼金术?
3. 为什么说波义耳是化学学科的奠基人?
4. 在欧洲社会,为什么会产生燃素说?燃素说的主要内容是什么?应如何评价历史上的燃素说?
5. 为什么说拉瓦锡是"近代化学之父"?

阅读书目

1. 〔英〕W. C. 丹皮尔:《科学史及其与哲学和宗教的关系》,李珩译,商务印书馆,1995年。
2. 〔英〕斯蒂芬·F. 梅森:《自然科学史》,上海外国自然科学哲学著作编译组译,上海译文出版社,1980年。
3. 〔美〕I. 阿西莫夫:《古今科技名人辞典》,卞毓麟等译,科学出版社,1988年。
4. 〔英〕亚·沃尔夫:《十八世纪科学、技术和哲学史》,周昌忠等译,商务印书馆,1995年。
5. 张瑞琨:《近代自然科学史简明教程》,华东师范大学出版社,2001年。
6. 江晓原:《简明科学技术史》,上海交通大学出版社,2002年。
7. 许永璋、关增建:《世界著名科学家传》,河南人民出版社,1999年。

第十讲

电磁学理论的建立和通讯技术的进步

一 早期的电磁学

如果说力学和光学是 17 世纪物理学取得最大进展的两个科目,那么静电学则是 18 世纪物理学取得引人注目的发展的科目。从研究摩擦起电开始的静电学起初进行得很缓慢,因为它依赖于那些没有任何理论指导的偶然观察。每一门精密科学都要经历这样的最初阶段,而电学是物理学各分支学科中最后一个脱离这个阶段的。直到进入 18 世纪很久以后,电学才进入以在假说性概念指导下的系统实验为表征的第二阶段。这一阶段特别突出的是库仑的工作。后来使静电学终于成为一门精密科学的数学演绎正是建立在他的实验研究之上。

(一) 摩擦电

1675 年皮卡尔发现在黑暗中摇动一个气压计的水银柱,就可以在托里拆里真空中观察到一种独特的磷光。这一奇特现象引来不少猜测。最后英国皇家学会会员弗朗西斯·豪克斯贝作出了正确的解释,他用实验证明,这种现象起因于水银摩擦玻璃管壁而生成电。1729 年,斯蒂芬·格雷在实验中发现经摩擦产生的电能够传递,在他的实验中电被传送了 765 英尺远。

让·泰奥菲尔·德扎古利埃在继续格雷而做的一些实验中,把能够让电透过的物质称为导体,而把不具备这种性质的,在实验中用来支撑导体的物质称为电本体或载体。电物质和非电物质相区别的真正本性大约同时为其他几位研究者认识到。

(二) 电的产生和储存

利用摩擦起电的原理,人们自然想到制造专门的机器来获得电荷。真正意义上的起电机是从 1743 年莱比锡的豪森开始的。他在那年出版的《电学史上新进展》中描述了这样一种起电机。接着人们造出了各式各样的起电机,绝大多数富有的业余爱好者都拥有一台起电机。摩擦电的其余现象如电火花的引燃作用等也相继被发现。

在实验过程中,人们发现一些液体如水也能起电,同时人们希望把产生的电荷保存起来。这两者的结合促成了现在称为莱顿瓶的装置的发明。1745 年,莱顿大学制造出一个金属衬里的玻璃瓶,从瓶口的软木塞插入一根金属棒,它能储存由起电机产生的大量静电。只要瓶内储存的电足够多,当人手靠近金属棒时会感受到电击。如果将瓶靠近金属,会产生电火花,并伴随着清脆的爆裂声。

(三) 电的本质

在积累了大量的电现象的新发现之后,人们开始探究电现象的原因。起先人们认为物体带电是因为一种叫电素的物质与之相结合的缘故。但是如果电素是一种物质,那么物体起电后的重量应当有所增加,但是一切想证明这一点的尝试都没有成功。同样的问题也出现在热、光、磁等物理现象中。人们把这些物质说成是没有质量的实体,这在逻辑上难以成立,但是在 18 世纪却提供了唯一可能的解释。事实上,无质物体的概念直到 20 世纪初才在物理学的所有分支领域中被推翻。在解释电的本质问题上,一个杰出的人物是富兰克林。这似乎也是新大陆上第一位加入到欧洲科学行列的科学家。

富兰克林 1706 年 1 月 17 日出生于波士顿,在 17 个孩子中排行 15,家境并不富裕。他只受过两年正规教育。他当过印刷工人、作家、政治家、外交家和科学家,并被奉为美国的"立国之父"之一。1743 年他创立了美国第一个科学学会——美国哲学学会。他的科学创造才能表现在许多发明上,像改进火炉和双焦眼镜等,但他的最大成就是在电学方面。

当时很多科学家都用莱顿瓶做实验,富兰克林是其中之一。他注意到电火花和爆裂声,联想到这可能是一种微型的闪电和雷鸣。从另一个角度看,地球可能就是一个巨大的莱顿瓶,雷鸣闪电可能就是天空和这个巨大莱顿瓶之间的相互作用。为了验证这种想法,他在 1752 年的一个雷雨天气里放出一只风筝,风筝上有一根带尖头的金属线,它连着一根丝线。要是空中有电,就会使丝线带电。风云积聚,电闪雷鸣。富兰克林把手靠近拴在丝线上的金属钥匙,金属钥匙像莱顿瓶一样放出火花。富兰克林接着用这个钥匙给莱顿瓶充了电。风筝实验给科学界造成很大震动,富兰克林也因此被选为英国皇家学会会员。

这里需要说明的是,这个实验高度危险。富兰克林是幸运到了极点,后来有两个试图重做这个实验的人都丧了命。认识闪电也是一种放电现象之后,富兰克林马上设计出了避雷针,并投入使用。1782 年仅费城一地就有400 根避雷针。

富兰克林对电现象提出这样的解释:他设想电中包含一种微妙的流体,无论这种流体多了还是少了,都会表现出电性来。两种含有多余流体的物体相互排斥,两种缺少这种流体的物体也相互排斥。多余的流入不足的,这两种电就中和了。富兰克林建议将有多余流体的情况称为带正电,流体不足的情况称为带负电。

不巧的是,富兰克林猜测的含有多余流体的情况恰恰是物体缺少了电子。甚至现在电工技师在设计电路时还假设电流从正极流向负极。但物理学家明白,电子实际上是从负极流到正极。在这里电流的流向当然只是个约定问题,只要大家遵守同一个约定就行了。

(四) 感应和热电

在富兰克林同时代从事电学实验的许多人当中,最突出的是两位欧洲大陆的物理学家——德籍瑞典人维尔克和其合作者埃皮努斯。维尔克发现,当两个物体摩擦时,总产生两种电。他把他研究过的物体材料排成一个系列,其中的物体与系列中的下一个物体摩擦时带正电,与上一个摩擦时带负电。这个系列是:玻璃、羊毛、木材、火漆、金属、硫。英国一位物理学家坎顿进一步注意到:一种给定物质在摩擦时产生的电荷可以是正的,也可以是负的,视其表面的性质以及所用的摩擦物的性质而定。他在同一根玻璃管的两端产生了相反的电荷。维尔克还发现了一种新的产生电的方法:硫和树脂在熔化后再放进一个绝缘陶瓷容器中让其凝固时,会强烈地带负电,这是可熔性非导体一个特有的性质。

大约在 1753 年,坎顿研究了将一个带电体接近由两根亚麻线悬吊着并相互接触的一对软木球时的效应。他发现,在这种条件下两个球互相排斥,尽管没有电从带电体传给它们。当带电体撤走后,两球又重新并拢。坎顿还观察到,将一个带电体靠近一个绝缘的中性导体时,后者能显现两种相对的电荷:靠近的一端带异性电,远离的一端带同性电。

维尔克和埃皮努斯更精确地重复了坎顿的实验。他们发现当被置于一个带电物体附近的一个中性物体短暂接地后,它就获得了与影响物体所带电荷相反的电荷。埃皮努斯解释说这是因为带电物体上过多的流体把流体从中性物体中排挤了出去的缘故。埃皮努斯还对导体和非导体提出了合理的见解,认为不可能在两者之间划出一条决然分明的界限,差别仅在于不同物质对一个电荷通过所给予的相对电阻。导体的电阻很小,而非导体的电阻很大。这些思想后来成为法拉第剩余电荷理论的基础。埃皮努斯还发现当加热电气石晶体时,一端带正电,一端带负电。热电是摩擦起电之外另一种获得电荷的方式。

（五）静电学

当把数学引入电现象的研究中去,一门新科学即静电学兴起了。在静电学的确立过程中,普利斯特列、卡文迪许和库仑作出了重要的贡献。

普利斯特列用一架起电机做实验,在多次造访伦敦期间结实了富兰克林、坎顿等一流的电学家。受到他们的鼓励,他在不到一年的时间里写出了他的第一部科学著作《电学的历史与现状及原始实验》。该书使他在 1766 年当选为皇家学会会员。普利斯特列描述了许多放电现象,但最有意义的工作是他想用实验证明电的引力和斥力随距离的变化遵循平方反比定律。这在他还仅仅是尝试,细致的研究等待卡文迪许来完成。

卡文迪许出身于贵族家庭,他天生腼腆,不愿与人打交道,说话口吃。他虽然在剑桥大学度过了四年,但没有取得学位,部分原因是害怕面对教授。他从不跟一个以上的男人说话,更从不跟女人说话,只用便条通知他的女佣人。这个怪癖的人只有一个爱好,就是做科学研究。他独自进行研究度过了将近 60 年。他出于一种纯粹的好奇而进行研究,不关心他的成果是否发表,是否能得到荣誉。因此,直到他死后若干年,他做的许多工作才被人们知道——1879 年麦克斯韦审查了他的笔记并将他的成果发表出来。而此时,法拉第已经通过独立的研究重新发现了其中的绝大部分。

卡文迪许总共只发表了两篇电学论文,都投给了《哲学学报》。1771 年发表的第一篇也是较重要的一篇题为《试以一种弹性流体解释若干基本电现象》,在文中他试图为静电学的数学理论奠定基础。他的基本假设同富兰克林等人的一样,认为电是一种流体,其微粒互相排斥,其力与距离的某小于立方的幂成反比。他用数学方法研究了带电导体中流体的分布、物质和流体的各种分布对微粒的作用力或相互之间的作用力以及电流体在两个相连通的带电导体间的运动,等等。他尽可能根据普通实验的结果来证实自己的理论结论。以下的结果都没有发表:他用亲身遭受电击的方法,根据电击的强度来判别不同物体的电阻,并指出一个导体的电阻与放电强度无关;还证明了一个导体上的电荷全部驻留在它的表面,由此推出了电斥力的平方反比定律。

另一位法国军事工程师库仑用精密的扭秤独立地证实了电斥力和引力的平方反比定律。1777 年库仑发明了一种扭力天平,这种天平用一根拉紧的细纤维所产生的扭转的多少来度量力的大小。在实验中库仑将两个带电小球安放在不同的距离上,根据它们使扭力天平产生扭转的多少来度量引力或斥力。他用这种方法于 1785 年证明,电的引力或斥力与两个小球上的电荷的乘积成正比,与两个小球球心之间的距离成反比。这表明电力也遵循与牛顿所创立的引力论相似的法则。这一规律现在仍称做库仑定律,电量的单位也命名为库仑。

(六) 流电学

到此时为止,人们已经认识到了:摩擦能够起电;加热晶体能够起电;大气中也能收集到电。人们还发现一些海洋鱼类在攻击时也放电。在 18 世纪末,人们发现了第五种起电的方法即接触电。对此现象的充分研究和从理论上加以解释是 19 世纪物理学的最大成就。在此先介绍接触电的发现过程。

1750 年前后,一个德国教授祖尔策首先注意到,在一定条件下,仅使两种金属接触,就能产生一种奇异的感觉。祖尔策有一次碰巧用他的舌尖放进两块不同的金属之间,它们的边缘是接触的,他注意到一种刺激性的感觉。后来人们把这种效应与电联系起来。

对接触电的真正研究开始于意大利解剖学家伽伐尼的偶然观察。伽伐尼在 1771 年注意到,当切下来的青蛙腿——有人说这是准备做汤用的——拿到了实验室,若碰到电器发出火花,就会猛然抽动;或者当电器开动时,即使不直接接触火花,只用金属刀触一下,也是如此。这时富兰克林已经证明了闪电的本质也是电,那么雷雨时青蛙腿应该也会抽动。伽伐尼把青蛙腿挂在铜钩上放到屋外,靠在铁格子上。蛙腿在雷雨时当真抽动了,可是在没有雷雨时偶尔也会抽动。他猜想这是大气电状态的变化引起的,于是在一天的不同时间里观察这些蛙腿,但是其上的肌肉难得有明显的运动。最后他等得不耐烦了,便把铜钩贴压在铁格子上,结果立即看到了蛙腿的反复痉挛。同样的事情放在屋里做时,也发生同样的现象。他进一步把蛙腿放在绝缘的玻璃板上,用铜钩把蛙腿连接起来。如果用另一种金属作连线则痉挛会产生,如果用同种金属或非导体,就没有这种痉挛。

对伽伐尼发现的蛙腿痉挛现象有两种可能的解释:它或者是由于动物机体内存在电的缘故;或者包含某种取决于不同金属接触的电过程,而蛙腿只是起到了一种灵敏验电器的作用。作为一个解剖学家,伽伐尼自然偏重活组织,于是他认为电来自肌肉,宣称有"生物电"这样一种东西,并且十分固执地坚持这一观点。后来他的同胞伏打证明他错了。

伏打是伽伐尼的朋友,在静电学方面也有自己的发明和贡献。得到伽伐尼送给他的论文后,他重复并证实了伽伐尼的实验。起先他赞同伽伐尼的观点,认为肌肉接触两个不同金属产生的电流是由肌肉组织引起的。但是在他设计的各种实验中他发现,电流的产生和持续与生命组织无关。他只用金属而不用肌肉组织也测到了电。于是两个意大利人之间发生了一场论战。伽伐尼的支持者有德国人洪堡,伏打的支持者有法国人库仑。论据越来越有利于伏打,伽伐尼在怨恨中去世。1800 年伏打制成了能产生很大电流的装置。他使用几个盛有盐溶液的碗,将相邻的盐溶液用弓形金属条连接。金属条为两类,一类为铜,另一类为锡或锌,两者间隔放置。这样便产生了一股稳定的电流,两只碗相隔越远,能产生的电流越大。这是世界上第一组电池。伏打又用小圆铜极板和小圆锌极板以及浸透了盐溶液的硬纸板圆片,做成体积小、含水少的装置,这个装置被叫做"伏打电堆"。电池的发明使得伏打声名远播,1801 年拿破仑将他招徕到法国,表演他的实验。他获得一连串的奖章和勋章,被封为伯爵。但他最高的荣誉应该是由同辈的科学家给予的,电压的单位——伏特以他的名字命名。

(七)磁学

18 世纪磁学方面的探索有一些具体的进展,但理论上的飞跃则要等待之后的 19 世纪来完成。在 18 世纪,人们发现除铁以外,其他一些物质也受磁体影响,而且这种影响并非总是吸引,如新发现的元素钴和镍就具有轻微的磁性。

18 世纪磁学上的最大成就应该是库仑确定了磁极的力随距离的变化而变化的定律。牛顿、哈雷等前辈都为确定这条定律做过研究,但都没有成功。库仑用他的设计巧妙的实验证实了磁力也遵循距离的平方反比规律。

另外,18 世纪对磁偏角进行了更为广泛、系统的测量,观察到磁偏角的周日波动和不规则波动,发现了地磁场强度从两极向赤道递减。

二 从法拉第到麦克斯韦

伏打发明电池之后,成功地获得了持续电流。电池还不能作为大规模的工业动力源,但在实验室里它已是一股不小的动力,法拉第用它打开了电能的宝库。

(一)法拉第的发现

法拉第(1791—1867)的父亲是个铁匠,带着 10 个子女移居伦敦。法拉第在认得几个字后就当了装订学徒(1805 年),不过这让他有机会接触许多书,他常翻阅大英百科全书中的电学文章和拉瓦锡的化学教程等。而更幸运的是他的老板并不反对他这样做,还允许他去听科学讲座。1812 年法拉第从一位顾客那里得到一张戴维在皇家学院讲演的票。法拉第做了详细的笔记,并精心地加入彩色插图,总共 386 页,装订好之后送给了当时的皇家学会主席,希望找一份有更多机会接触科学的工作。在没有得到回音后,他又给戴维本人送去一份,并附上了要求当他助手的申请。这一举动给戴维留下了深刻印象,但他没有立即满足法拉第的要求。后来戴维因争吵解雇了自己的助手,就想到让法拉第来接替。1813 年 22 岁的法拉第成为戴维的助手,工资比当装订工低,任务是刷洗瓶子。接着戴维周游欧洲,法拉第既当秘书又当仆从，还被戴维夫人当做奴仆对待。

进入实验室后，法拉第渐渐表现出他的实验天分，甚至远远超出了值得戴维提携的程度。比如法拉第能熟练地制备具有爆炸性的三氯化氮气体，而戴维则不那么熟练，一次还让它爆炸了，几乎因此而失明。一次在法庭上宣誓作证时，法拉第指出戴维发明的"矿工安全灯"有一些缺点。这一切使得戴维开始对法拉第产生嫉恨和不满。1824 在投票是否选法拉第为皇家学会会员时，只有戴维投了反对票。

1816 年法拉第发表第一篇论文，论述托斯卡纳生石灰的性质。此后法拉第留下了大量的论文和实验记录。法拉第退休后，把他的 16000 多条实验笔记仔细地分类编号，分订成许多卷，他在这时显示了过去当装订工学徒时学会的高超技能。

1825 年法拉第当上了实验室主任，同年他发现了苯。法拉第还发展了戴维在电化学方面的研究成果。1832 年他公布了现在以他名字命名的电解定律：电解时，电极上所析出的物质量与通过电解液的电量成正比；一定电量下析出量与被析出元素的原子量成正比，与被析出元素的化合价成反比。1833 年法拉第成为皇家学会的化学教授。但法拉第最有意义的工作在电学方面。

1819 年丹麦物理学家奥斯特在一次课堂实验中让一个罗盘靠近通电导线，发现罗盘指针发生转动，指向与电流方向成直角的方向。这次实验是电与磁之间联系的第一次实验演示。1820 年奥斯特发表这个实验之后，引起了爆炸性的反响。法拉第在第二年就设计了一个实验装置，把电力和磁力间的作用转化成了连续的机械运动。但这个装置充其量是一个科学玩具。奥斯特让电流产生了磁力，法拉第所想的是怎样倒过来让磁力产生电流。

实验经过了许多曲折和戏剧性的过程，法拉第用安培发明的线圈来产生磁场，希望这个磁场能对第二个线圈产生影响。第一个线圈固然产生了稳定的磁场，但是在第二个线圈中读不到电流。在多次无效的尝试之后，他想放弃了。但是在关闭第一个线圈的电流的一刹那，第二个线圈的电流计指针颤动了一下。据说 10 年前安培就发现过这个现象，但是这个现象不合于他的理论，他就未加考虑。法拉第没有轻易放过这一现象。他反复实验，发现只有在打开和关闭第一个线圈的电流时，第二个线圈内才产生一股瞬时的电流。于是他推断,只有当磁力线切割导线时,才产生电流。这就是感应电流的发现。这种现象被称做电磁感应,是后来一切电动能源的基础。法拉第没有多少数学知识,对自己的发现很难抽象到更深一层的理论。但是他直观地用磁力线来描述磁体周围的磁场,并用铁屑来演示磁力线的排列。电磁场的理论问题要等麦克斯韦来完成。

一旦证明磁能产生电,法拉第接下来的工作是要用磁场来产生连续的电流。不久他就造出了世界上第一台磁感应发电机。当然,要生产出完全实用的发电机还需要许多辅助设备,而发明这些辅助设备花了人类半个多世纪。最终的发电机与法拉第的最初模型看起来毫不相同,但是其基本工作原理是一样的。

1839 年法拉第患了精神崩溃症,像牛顿一样以后再也没有恢复如初。记忆力的衰退迫使他离开了实验室,他从此不再搞什么科学研究,也拒绝使用助手来做研究。这使得他的晚年比较凄凉。据说当某勋爵摆出一副令人讨厌的恩主作派提出给他一笔年金时,法拉第一声不响地走开了,直到该勋爵向他道歉才回来。法拉第说,他关心的倒不是个人的面子,而是科学的尊严。

在英俄克里米亚战争中,英国政府问法拉第能否大量制造一种可以用于战场上的毒气;如果可能的话,他能否领导这一科研项目。法拉第的回答是:这个科研项目毫无疑问是可行的,但我本人绝不参与。

1857 年法拉第被提名做皇家学会的主席,他推辞了;要封他爵士,他也谢绝了。他要求死后葬在"最普通的墓碑"之下,只需几位亲戚朋友参加葬礼,这些也都被照办了。

(二)麦克斯韦的数学升华

出生于苏格兰望族的麦克斯韦(1831—1879)是家中的独子,他从小就有数学方面的天分,但是被同学们称为傻瓜。15 岁时他把如何绘制卵形线的方法写成论文送到皇家学会,当时很多人不相信作者是个孩子。1850 年他进了剑桥大学,毕业时为全班第二名。1857 年麦克斯韦用数学方法从理论上推断了土星光环的组成和形成机制,其预言后来一一被观测所证实。1860 年麦克斯韦用数学方法讨论了气体分子的运动,与当时也从事这个问题研究的玻耳兹曼一起创立了麦克斯韦—玻耳兹曼气体分子运动理论。

1871 年麦克斯韦接受了剑桥大学实验物理学教授的聘任,期间他组建了卡文迪许实验室，担任实验室主任一直到去世。该实验室二三十年后在放射性方面做出了伟大的工作。

麦克斯韦一生中最辉煌灿烂的工作是在 1864 年到 1873 年之间进行的。他用数学方法对法拉第的力线模型进行了处理，得到一组简洁、对称的偏微分方程组，后来被称为麦克斯韦方程组。从麦克斯韦方程组出发，可以解释所有的电磁现象，并把电和磁真正统一了起来。麦克斯韦的理论表明，电与磁不能孤立地存在，哪里有电，哪里就有磁，哪里有磁，哪里就有电；电荷的振荡产生电磁场，电磁场由振源以固定的速度向外辐射电磁波。这个波的速度为 $\dfrac{1}{\sqrt{\varepsilon_o\mu_o}}$，这里 ε_o 为介质的绝对介电常数，μ_o 为介质的绝对磁导率。从实验中可以测出这两个常数，从而算得电磁波的速度为每秒 30 万公里。

麦克斯韦进一步指出光由电荷振荡产生，所以也是一种电磁辐射。因为电荷可以以任何速度振荡，所以应该有一整套的电磁辐射，可见光只不过是其中的一部分。所有的这些预言，不久都得到了证实，但是麦克斯韦因为患有癌症，不到 50 岁就去世了。如果他有正常人的寿数，就能够看到自己的一个一个科学预言被证实；然而他也会看到他为了解释电磁波在空间传播而精心构建的以太理论被证明是不必要的。

但是麦克斯韦的电磁场方程组并不依赖他对以太的解释，他做出的比他知道的还要好。麦克斯韦去世后二十多年，爱因斯坦几乎推翻了整个"经典物理学"，而麦克斯韦方程组仍保持不变，同过去一样依然适用。

三 通讯技术的进步

电磁学的大量实验和理论成果成为通讯技术飞跃发展的物质基础。对无线电通讯来说，理论基础由麦克斯韦奠定，而亨利·赫兹（1857—1894）使得人工产生电磁波成为可能。商业领域内的促进资本流通、提高利润和政治、文化、教育、宣传、交通等部门甚至战争等，都对通讯技术的发展提出了需求。

到 19 世纪，通讯技术的飞跃发展主要体现在三个方面的成果上：有线电报、有线电话、无线通讯。

(一) 有线电报

利用烽火、狼烟等传递视力信号,有各种各样的缺点:信息量少;受大雾和暴风雨等恶劣天气的影响大;中间环节多,即使使用望远镜,每15英里左右就必须设一个中转站。作为电学在通讯领域的运用,电报是人们最早尝试的一种形式,它大概经历了三个阶段:静电电报、电化学电报和电磁电报。

1729年,英国人格雷发现电荷能够在导线中传递,而且传递速度极快,几乎不需要时间。从这里人们萌发了电通讯的念头。1753年一名佚名人士提出了静电电报的方案,他用26根导线代表26个字母。在发送端,代表要发送字母的导线和起电机接触;在接收端,每根导线下面挂一个小球。若该导线有电,则小球受电感应而被吸起。但是这种通讯方式效率低下,没有得到广泛运用。

1804年西班牙工程师沙尔伐利用刚刚发明的伏打电池做电源分解水时,发现负极产生氢气泡。他以此为指示,制成了第一部化学电报。之后,许多人研制了化学电报,但没有一部是有实用价值的。

1820年奥斯特发现电流的磁效应,为电磁电报奠定了理论基础。俄国人斯契林从1822年开始研制单针电报机,还发明了一套电报电码。1833年高斯和韦伯在哥廷根建立了一个电报系统,它在相距8000英尺的实验室和天文观测站之间建立了电信联络。而使电磁电报投入实际运用的,主要应归功于英国的科克、惠斯通和美国的莫尔斯(1791—1872)。

1836年科克制成了几种形式的电磁电报。就电报运行中出现的一些困难,他求教于皇家学会的惠斯通教授。两人一起研究,在1837年申请了第一个电报专利。1838年他们成功运行了13英里的电报线。1846年英国成立电报公司,1852年英国建成的电报线长达4000英里。科克和惠斯通设计的电报系统在英国一直运行到20世纪初。

莫尔斯是一名美国画家,略通化学和电的知识。1832年10月,他在欧洲绘画后乘萨利号邮轮回国。同船有一位杰克逊博士,为了排遣旅途寂寞,用两三种电气设备做实验玩。莫尔斯对杰克逊的实验很感兴趣,在旁观时突然闪过一个念头,并写在了笔记本里:

> 电流发生在一瞬间,如果它能不中断地传送10英里,我就能让它

> 传遍全球。可以突然切断电流,使之产生电火花,电火花是一种信号,
> 没有电火花又是一种信号,没有电火花的时间长度又是另一种信号。
> 这三种信号结合起来可以代表各种数字和字母。数字和字母按顺序编
> 排。这样文字可以经电线传送出去,而远处的仪器就把信息记录下来。

就这样由于在一次偶然旅途中的一次偶然旁观,在他脑子里浮起了电报机方案的幻想。从此他放弃了绘画,致力于实现这个幻想。

莫尔斯发明的精华部分是他的电码。发报机送出的电流可以是短的或长的,它给磁铁以相应的作用力,并推动钢笔在纸带上自动记录。1837 年 11 月莫尔斯传送电报到 10 英里远的地方。1843 在美国政府的资助下,华盛顿和巴尔的摩之间架设了最早的电报线。1844 年 5 月 24 日在华盛顿最高法院首次用有线电报进行了公开通讯,电文内容取自《圣经》:"上帝说要有什么,就有什么。"1845 年莫尔斯组建了磁电报公司,在纽约和华盛顿之间的电报线路上取得了很好的效益。到 1848 年,除佛罗里达州以外,密西西比河以东各州都入了电报网。

当时世界经济逐渐走向一体化,比如美国农作物的收成会直接影响欧洲的市场,谁先得到消息就会成为商战中的胜者。所以当时一个迫切的需求就是用电缆把欧洲和美洲大陆连接起来。在铺设横跨大西洋的海底电缆之前,1851 年先成功铺设了 45 公里长、横跨英吉利海峡的电缆。以后又铺设了地中海、黑海、北海等海域的电缆。1856 年 7 月美国实业家塞勒斯·菲尔德在英国组建大西洋电报公司,致力于铺设大西洋海底电缆这一宏伟工程。进行这种史无前例的尝试,挫折是必然会有的。在开始的一年里他们遭受了三次失败。1858 年 7 月开始第四次尝试,终于在 8 月 5 日于纽芬兰的特灵尼德海湾把电缆接通了。英美两国分别庆祝,维多利亚女王和布坎南总统通过海底电缆互致贺电。但是这次成功是短暂的,电缆运行月余后逐渐恶化,最后不得不放弃。1865 年开始第五次尝试,最后在距离纽芬兰 600 英里处电缆断裂,坠落茫茫大洋中。当时虽然设法找到了电缆在海底的位置,但是要从 2.5 英里深的海底把它打捞上来是很困难的。连续四次打捞失败,船只被迫返航,这样又结束了第五次尝试。在改进了电缆铺设机械、加固了电缆强度之后,1866 年 6 月末开始了第六次铺设。这次的铺设很顺利,1866 年 7 月 28 日敷缆船在特灵尼德海湾下锚,欧洲与美洲之间的电

信联络终于贯通。他们又继续努力,终于在 1866 年 9 月 7 日把 1865 年丢失在海底的电缆打捞上来,这样又建立了另一条连接欧美的海底电缆。

塞勒斯·菲尔德由于坚持不懈地推进大西洋海底电缆的铺设,被人们称为"当代的哥伦布"。英国物理学家威廉·汤姆生因技术指导有功而得到女王授予的爵位。在横跨大西洋电缆的推动下,1869 年铺设了从伦敦到印度卡里卡特城的电缆,这条电缆部分陆地、部分海底,全长 1 万海里;19 世纪末铺设了从印度到澳大利亚的海底电缆;1902 年电缆连接了加拿大和澳大利亚;1906 年铺设了旧金山到上海的太平洋电缆。

(二) 有线电话

现在我们知道电话的发明者是美国人贝尔(1847—1922)和他的助手华生。其实在 1876 年 2 月 14 日贝尔向美国政府递交电话专利申请几个小时之后,另一个发明者格雷也提出了类似的申请。最后美国最高法院判定贝尔是电话的第一个发明者。

贝尔出生在苏格兰的爱丁堡,父亲和祖父都是语言学家,他自己也以语音学作为自己的专业。他最初的出发点是为了解脱聋哑人的痛苦,因而系统地学习、研究了人的语音分析、发声机理和声波振动等专门知识,这为他发明电话打下了良好的基础。

后来贝尔全家迁往加拿大,之后又到美国。贝尔继续研究一种聋哑人用的"可视语言",他设想在纸上复制人语言波的振动,以便聋哑人能够从波形曲线"读"出话来。这个设想最终没有成功。但在多次实验中他偶然发现,当电流导通和截止时,线圈会发出噪声。贝尔立即想到,要传送人的语声,必须造出一种能随语言的音调而振动的连续电流,就是说,必须用电波来代替传递声音的空气波。这就是贝尔后来设计电话的基本原理。

当时德国物理学家赫姆霍兹对复制人的语音进行了多年的实验研究,并发明了复制人喉元声的装置。贝尔重复了他的实验。贝尔又专程到华盛顿就自己用电传送声音的设想向物理学家亨利请教。亨利肯定了他的设想,并鼓励他继续研究下去。1873 年贝尔辞去了波士顿大学语音学教授的职务,集中精力于电话的发明。在实验中要进行送话和收听,必须有两个人才行。在一次偶然的机会,贝尔遇到了 18 岁的电气技师华生。从此两人协同工作,华生还补充了贝尔所缺乏的电的知识。贝尔一有新思想,华生马上动手制造。在两年里他们经历了无数次的实验和失败，最后制成了一台粗糙的样机。它的工作原理是这样的：在一个圆筒底部蒙上一张薄膜，薄膜中央垂直连接一根炭杆，插在硫酸里，人讲话时，薄膜受到振动，炭杆与硫酸接触的地方发生变化，导致电阻发生变化，电流也随着发生一强一弱的变化，在接收处利用电磁原理，把电信号复原成声音。这样就实现了用电流传递声波。

贝尔和华生夜以继日地实验，但是就是听不到声音。在苦苦思索中，远处传来的吉他声启发了他们。他们领悟到：送话器和受话器的灵敏度太低，所以声音微弱，很难辨别。如果像吉他一样装上一个共鸣器，就可以把声音放大了。1876 年 3 月 10 日经过改装后的实验开始了。贝尔和华生待在相距好几个房间的各自的位置上。贝尔刚开始实验时，不小心把电池中的硫酸溅到身上，于是呼叫起来："华生，快来这里，我需要你！"在受话器那一头的华生听到了通过电流传来的贝尔的呼救声，直奔贝尔的房间。这也是人类第一次用电话机传送的语言。这一年贝尔 29 岁，华生 21 岁。

为了宣传这项发明，贝尔和华生在费城举行的美国建国 100 周年纪念博览会上表演了电话通话。一开始并没有引起人们注意，后来巴西王太子彼得洛来参观博览会，对他们的电话机发生了兴趣，并从耳机里听到了贝尔的声音。他惊奇地说："我的上帝，这钢铁玩意儿竟会说话！"电话才引起博览会的重视，最后还获得了建国 100 周年纪念奖。

以后贝尔和华生，还包括别的发明家对电话作了一系列改进，电话通讯得到迅猛发展。

（三）无线通信

有线电报和电话的发展无疑是通信技术进步的重要标志，但是有线通信还存在着许多局限性：（1）只限于定点之间的通信，无法做到移动目标之间的通信；（2）金属导线消耗的金属量巨大，敷设一公里电缆需要半吨铜、2吨铅；敷设海底电缆工程浩大，更需巨额投资；（3）一般来说有线通信有可靠性高、保密性好的特点，但是自然和人为的原因也常造成线路故障。海底的地质活跃带常造成电缆折断，这时查找故障位置和修复都极为困难。这些局限性促使人们思考是否可以不用导线来传输信息。

麦克斯韦关于电磁波的预言和赫兹（1857—1894）的证实（1888 年），为无线通信作了理论和实践上的准备。但是赫兹没有预见到无线电通讯的现实可能性。当一位工程师朋友古别尔问到能否利用电波进行通信时，赫兹在1899年12月的一封回信中作了否定回答，他说："若要用电磁波进行不用导线的通信，得有一面和欧洲大陆差不多的巨型反射镜才行。"然而赫兹的实验鼓舞了其他科学家，他们尝试各种办法来通过无线电波传输信号。其中一个关键部件"接收机"被率先研制出来。1890年法国人布兰利发现：封在玻璃管内的金属粉末（铜、铁、铝或镍粉），对一般直流电有很高电阻，因而不导电；但当电磁波通过这些金属粉末时，它们会凝集在一起，电导率大大增加，从绝缘体变为导体。根据这一现象他制成了他称之为"无线电导体"的接收机。1894年利物浦大学教授洛奇改进了布兰利的"无线电导体"，并改称为"粉末验波器"，提高了它的灵敏度，还在相隔180英尺（约54米）的地方成功地接收到了电磁波。作为教授的洛奇没有意识到他的工作的实用价值，也没有申请专利。最后是意大利发明家马可尼（1874—1937）和俄国科学家波波夫（1859—1906）把一种无线电报投入到实用中。

马可尼家道殷实，没有进过大学，但是把意大利最知名的学者请到了家里来指导他学习物理学。1894年夏天，他在阿尔卑斯山度假时读到年初去世的赫兹的一则工作报道，受到启发。在接下来的两年里，他在他父亲的庄园里完成了一系列的无线电报通信实验。1894年12月第一次获得成功的实验把信号传送30英尺（9.15米）远，到1896年2月他能把信号传送1.75英里（2.82公里）远。他向意大利政府请求资助而未获准，于是带着发报机和收报机来到英国，于1896年6月2日向英国政府提出了电报专利申请并获准。1897年马可尼的收发报距离已经达到10英里。同年，为了给英国沿海的灯塔和灯塔船装备无线电通信设备，以马可尼为主要股东组建了"无线电报和信号公司"。1899年在美国成立子公司，1900年更名为"马可尼无线电报公司"。无线电报使海上航行的安全得到保障。1898年刚装了无线电发射机没有多少日子的一艘灯塔船被撞翻，呼救信号发出后，及时赶来的就生船救起了船员。1901年后各国沿岸广设海岸电台，并以法律规定：任何航海船舶都必须装设无线电发报机，以备遇险时呼救之用。1909年美国南蒂克特海岸电台忽然听到遇难求救信号"C. Q. D"（come quick danger），5分钟内就有五艘船前往救援，救起了全部遇难船员和乘客。1912年4.6万吨级的泰坦尼克号载着2200名旅客在开往纽约的处女航中撞在北大西洋纽芬兰岛东南的冰山上,船上的报务员发出了呼救信号,离它最近的两艘船中一艘没有电台,另一艘的报务员正在睡觉。远在90公里外的"卡尔帕夏"号接到电报,迅速赶往现场,只救出了700人。1912年经国际无线电会议决定,国际通用船舶呼救信号为"S.O.S"。

1899年马可尼实现了横跨英吉利海峡的无线电通信。1901年12月12日马可尼引人注目地完成了横渡大西洋的无线电通讯。虽然当时只用莫尔斯电码发送和接收了一个英文字母"S",但这一试验的成功标志着无线电报开始进入远距离通信的实用阶段。马可尼与另一位电报技术和阴极射线示波管发明者德国人布劳恩共同分享了1909年的诺贝尔物理学奖。

波波夫是俄国一个工兵军官训练班的物理教师。1894年他发现电报的接收回路对闪电起反应,于是把它当做"雷电指示器"来记录大气中的放电现象。在一次偶然移动工作台时,他发现台上的电波接收机的信号突然清晰起来。通过仔细观察,他发现移动工作台时有一根导线靠近了仪器。他取出一根十几厘米长的导线接到仪器上,信号果然清晰起来。这就是天线的首次发明。波波夫是忠诚的爱国主义者,他拒绝了美国企业家转让专利的要求。但是由于沙皇俄国政府的腐败,波波夫的设计没有起到太大作用。在1904年的日俄战争中,为了紧急装备俄国海军,沙皇政府不得不向德国购买电台。

无线电报在当时的推广也存在着一些障碍。最大的障碍来自当时已经在有线电报和电缆线路方面投下巨资的官方机构和私人公司。当然还有一些无线电报方面的具体技术问题有待完善。第一次世界大战刺激了无线电技术的高速发展,并从无线电报发展到无线电话。

思考题

1. 静电学确立的标志是什么?
2. 以法拉第和麦克斯韦的研究为例说明实验和数学在科学研究中的作用。
3. 从电磁学理论到实用的通讯技术,哪些科学家作出了怎样的贡献?

阅读书目

1. 〔英〕亚·沃尔夫:《十八世纪科学、技术和哲学史》,周昌忠等译,商务印书馆,1991年。

2. 高达声、汪广仁等编:《近现代技术史简编》,中国科学技术出版社,
   1994 年。
3. 〔美〕乔治·伽莫夫:《物理学发展史》,高士圻译,商务印书馆,1981 年。
4. 〔日〕广重彻:《物理学史》,李醒民译,求实出版社,1988 年。

第十一讲

数学的新时代

一　群论的诞生

（一）从方程的可解性谈起

学过初等代数的人都知道一元二次方程有求根公式,三、四次方程也有类似的求根公式,不过比二次方程复杂一些罢了。其发现还有一段有趣的历史。

1494 年,意大利数学家帕乔利（L. Pacioli, 1445—1509）在威尼斯出版了他的《算术、几何、比与比例全书》,书中详细讨论了三次方程。帕乔利得出的结论是:高于二次的方程不可解。所谓不可解就是没法像二次方程那样给出一个公式。帕乔利的结论激发了意大利数学家探求三次方程解法的热情。不久,博洛尼亚大学的数学教授费罗（S. Ferro, 1465—1526）说他发现了形如 $x^3 + mx = n, (m, n > 0)$ 的三次方程的代数解法。当时的风气是,学者们不公开自己的研究成果,费罗只是将自己的解法秘密地传给他的学生菲奥（A. Fior）。1535 年,意大利另一位数学家塔塔利亚也宣称自己找到了三次方程的解法。消息传到菲奥耳朵里,菲奥根本不相信,说塔塔利亚是在吹牛。于是双方约定 1535 年 2 月 22 日在米兰大教堂举行解三次方程的公开竞赛。

2 月 22 日米兰大教堂门前一改往日的平静,挤满了前来凑热闹的市民。竞赛开始了,双方各给对方出 30 个题目,谁解得最多最快,谁就得胜。结果塔塔利亚在两个小时内就解完了所有的题目,而菲奥一个也没有解出来。塔塔利亚获胜的消息立刻就传遍了意大利。不少人上门向塔塔利亚讨教解三次方程的方法,都被他回绝了。他要集中精力翻译欧几里得和阿基米德的著作,并且进一步完善自己的解法,然后写成书,传于后世。然而,他的美好计划完全被米兰的另一个学者卡丹搅乱了。

卡丹是米兰的一个医生,嗜好赌博,对数学也很有研究,常常给人占星算命。他多次登门,再三乞求塔塔利亚将三次方程的解法告诉他,并立下誓言,决不泄密。"精诚所至,金石为开",塔塔利亚被感动了,将三次方程的解法传授给了卡丹,不过没有证明——也许是为了留个后手吧。这是1539年的事。头几年卡丹遵守了自己的诺言,可是1545年,他在纽伦堡出版的《大术》(*Ars Magana*)一书终于将三次方程解法的秘密公之于世。

卡丹在《大术》第11章中说:"大约三十年前,博洛尼亚的费罗发现这一法则并传授给威尼斯的菲奥。他曾和塔塔利亚竞赛,后者也发现了这一方法。塔塔利亚在我的恳求下把方法告诉了我,但没有给出证明。在此帮助下我找到了几种证法,它是非常困难的。"

卡丹所说的证明可以简述如下:

令 $x = y - \dfrac{a}{3}$,即可消去方程 $x^3 + ax + bx = c$ 的二次项,即变为

$$x^3 + mx = n(m, n > 0) \qquad (1)$$

引入参数 u、v,然后令 $x = u + v$,则

$$x^3 = (u + v)^3 = u^3 + v^3 + 3uv(u + v)$$

即

$$x^3 = (u + v)^3 = u^3 + v^3 + 3uvx \qquad (2)$$

比较(1),(2),可得

$$3uv = -m, \qquad u^3 + v^3 = n$$

或

$$u^3 v^3 = -\frac{m^3}{27}, \qquad u^3 + v^3 = n$$

据根与系数的关系,u^3、v^3 是二次方程

$$Z^2 - nZ - \frac{m^3}{27} = 0$$

的根。即有

$$u^3 = \frac{n}{2} + \sqrt{\frac{n^2}{4} + \frac{m^3}{27}}, \qquad v^3 = \frac{n}{2} - \sqrt{\frac{n^2}{4} + \frac{m^3}{27}}$$

从而有

$$x = \sqrt[3]{\frac{n}{2} + \sqrt{\frac{n^2}{4} + \frac{m^3}{27}}} + \sqrt[3]{\frac{n}{2} - \sqrt{\frac{n^2}{4} + \frac{m^3}{27}}}$$

后世把三次方程的求根公式叫做"卡丹公式"，而塔塔利亚的名字却湮没无闻。

三次方程解决后不久，1540 年意大利数学家达·科伊（T. da. Coi）向卡丹提出一个四次方程的问题，卡丹没有解决，而是由其学生费拉里（L. Ferrari，1522—1546）解决了，解法也被卡丹写进《大术》中。

（二）阿贝尔：为什么五次方程没有公式解？

三次、四次方程的求根公式解决后，数学家们自然地开始考虑一般的五次或更高次的方程能否像二、三、四次方程一样来求解，也就是说，对于形如 $x^n + a_1 x^{n-1} + \Lambda + a_n = 0, (n \geqslant 5)$ 的代数方程，它的解能否通过只对方程的系数作有限次的加、减、乘、除和求正整数次方根等运算的公式得到呢？早先的数学家们认为这是理所当然的，因为有三次、四次方程的例子摆在那里，即使一时找不到，那也是路子不对，也许再努力几年就会找到答案的。但是，没有想到的是，人们为了寻找这个答案，竟然摸索了 200 多年，而且所有的努力都失败了！

历史上，第一个明确宣布"不可能用根式解四次以上方程"的数学家是拉格朗日。1770 年，拉格朗日发表了《关于代数方程解的思考》，他讨论了人们所熟知的解二、三、四次方程的一切方法，并且指出这些成功解法所根据的情况对于五次以及更高次的方程是不可能发生的。拉格朗日试图得出这种不可能性的证明，然而，经过顽强的努力，拉格朗日不得不放弃了，他承认这个问题"好像是在向人类的智慧挑战"！

迎接这一挑战的是在拉格朗日的文章发表过后半个多世纪，来自挪威的一位年轻人。1824 年，年仅 22 岁的数学家阿贝尔（N. H. Abel，1802—1829）自费出版了一本小册子《论代数方程，证明一般五次方程的不可解性》，在这篇论文中，阿贝尔严格地证明了：如果方程的次数 $n \geqslant 5$，并且系

数 $a_1, a_2, \cdots\cdots, a_n$ 看成字母，那么任何一个由这些字母组成的根式都不可能是方程的根。这样，五次和高于五次的一般方程没有根式解的问题就被阿贝尔解决了。

阿贝尔出生于挪威的芬诺。在中学时代阿贝尔幸运地遇上了一位杰出的数学老师霍姆伯，霍姆伯是挪威天文学教授汉斯顿的助教，他使阿贝尔感受到了数学的意义和学习数学的乐趣。霍姆伯也发现了阿贝尔不寻常的数学才能，他给阿贝尔找来欧拉、拉格朗日和拉普拉斯等人的原著，和阿贝尔一起讨论疑难问题，使得阿贝尔迅速了解当时数学的前沿课题——这里我们看到，学习大师们的原著，掌握大师们的思想方法作为自己的研究起点，不迷信前人，敢于突破，才是年轻一代在数学上成才的必由之路。这对今日的数学教育是很有启发的。

1819 年，也就是阿贝尔在中学的最后一年，他开始了对五次方程的研究。起初他认为发现了解一般五次方程的代数方法，于是写成论文送给霍姆伯和汉斯顿，可他们都感到无法理解，就请丹麦的著名数学家戴根审定。戴根也没有发现论文中有什么不对，但是经验告诉他，这种结果绝不是一个中学生能轻易得出的。他不想在论文的细节上作更多的挑剔，只希望看一下阿贝尔方法的具体应用。所以他的回信一是要求阿贝尔依据他的方法给出一个实例；二是建议阿贝尔把注意力放在一门对分析学和力学会有深远影响的数学分支——椭圆积分上。

阿贝尔没有能够找到例子，却发现了自己方法中的一个致命的错误。1823 年夏天，阿贝尔专程去哥本哈根拜访戴根，对五次方程求解的可能性问题进行了深入的讨论。这时阿贝尔的思想发生了本质的变化，他开始意识到一般五次方程可能不存在类似于二、三、四次方程那样的求根公式。因为如果这类公式总是存在的，它们又互不相关，那么这些公式就应该有无穷多个，这显然是不可能的；要么这些公式最终被统一起来，要么从某次方程起，不存在类似的求根公式。既然过去寻找五次方程求根公式已经遭到失败，那么为什么不去考虑证明五次方程没有根式解呢？——这是一个伟大的转折！于是，就有了上述的阿贝尔的伟大证明。从 16 世纪起就困扰着数学家们的难题最终被解决了。

遗憾的是，这一伟大的成就并没有立刻给阿贝尔带来荣誉。自费出版的小册子受到篇幅的限制，他的重要思想无法全面展开，因而难以为人所理解。18 岁的时候，父亲过早地去世，家境突然中落，更使他的生活之路崎岖艰难。阿贝尔肩负起家庭生活的重担，并继续利用每一点空闲的时间进行他的数学研究。阿贝尔没有忘记戴根的忠告，转向了对椭圆积分的研究，并成功地引进了椭圆积分的反演，开创了椭圆函数研究的重要领域。

阿贝尔一生贫困，一直没有得到一个数学教师的职位。1829 年春，过度的劳累导致阿贝尔肺病再次发作，4 月 6 日，他在挪威的佛罗兰病逝。就是在 4 月 8 日，柏林大学邀请阿贝尔为数学教授的聘书寄到了，第二年，法国科学院授予阿贝尔数学大奖，表彰他在椭圆函数领域的出色工作。然而，这一切来得实在是太晚了。

在数学的历史上，阿贝尔的名字是光彩夺目的。在不到 27 岁的一生中，阿贝尔至少为数学开辟了两大领域：椭圆函数论和代数方程的可解性理论。法国数学家埃尔米特说：“阿贝尔所留下的思想，可供数学家们工作150 年。”

2002 年是阿贝尔诞生 200 周年，1 月 1 日，挪威政府宣布：设立一项总额为 2200 万美元的阿贝尔基金，并每年颁发一次阿贝尔数学奖。——历史永远铭记着他！

（三）伽罗瓦与群论

阿贝尔的工作宣告了高于四次的一般代数方程不能用根式求解，但这并不是说代数方程可解性理论的研究大功告成了。相反，更艰巨的工作还在前头，因为有很多特殊的方程还是可以用根式求解的。现在的任务是确定哪些方程可用根式求解。阿贝尔的未竟事业，由一位极富传奇色彩的法国青年伽罗瓦（E. Galois，1811—1832）担当起来了。

伽罗瓦生于巴黎的近郊，他的中学时代是在著名的路易·勒·格兰皇家中学度过的，这所中学培养了像罗伯斯庇尔和雨果那样的法国近代史上的伟大人物。但是，伽罗瓦偏激的个性与教师们缺乏生气的教育方法格格不入。幸好，数学老师范涅尔的出色讲授，唤起了他对数学的兴趣。在范涅尔的启发下，伽罗瓦很快就学完了通常的数学课程，并自学了勒让德（A. Legendre，1752—1833）、拉格朗日、柯西和高斯等当代名师的原著——在这一点上，伽罗瓦与阿贝尔的成功途径是相同的，即直接向大师们学习。因为，大师们卓越的思想和智慧灵感不在被人嚼烂的教科书中，而是蕴藏在他

们的原著里。下面是他的学业报告单中老师的评语,从中可以看出伽罗瓦在数学上的天赋:

> 该生只宜在数学的最高领域中工作。这个孩子完全陷入了数学的狂热之中。我认为,如果他的父母允许他除了数学不再学习任何东西,将对他是最有好处的。……

17岁时,伽罗瓦就在《热尔岗年刊》上发表了他的第一篇论文,内容涉及连分数。良好的开端本应预示着成功的希望,可惜的是他很快就陷入了一系列不幸的事件。

出于对数学的迷恋和自信,伽罗瓦报考了巴黎理工学校——那是19世纪法国数学家的摇篮。第一次在口试时,他过于自负,不愿意对问题作详细的解释而未被录取。第二次受到主考官的刁难,伽罗瓦的自尊心受到了伤害,一怒之下,他把黑板擦砸到了主考官的脸上。这样伽罗瓦就彻底地与这所数学的圣殿无缘了。不幸的事还没有完:他的两篇论文遭到了法国科学院的拒绝,论文的手稿还莫名其妙地被丢失了。1829年,伽罗瓦考入巴黎高等师范学院,他本可以集中精力投入数学研究了,可是6月,他的父亲,巴黎市郊一个小城的市长,因不堪忍受来自教会的谣言中伤,含辱自杀了。教会的羞辱、手稿的丢失、两次考试的落败,这些使得伽罗瓦对统治当局产生了憎恨,而增强了对共和事业的热情支持。

1830年初,伽罗瓦又向科学院提交了另一篇关于五次方程的论文,这次是为竞争一项数学大奖。虽然论文中没有提供五次方程的解法,但是展示出了伽罗瓦的远见卓识,就连柯西都认为很可能得奖。这篇文章交给科学院秘书傅立叶评审,不料傅立叶未及写出评审报告就去世了,此文也下落不明。伽罗瓦又因参加学生闹事,被学校开除。他试图寻找私人辅导教师的工作以谋生路,当时法国的时局动荡不安,谁还愿意学习数学呢?不过,伽罗瓦仍然对数学倾注了极大的热情,他在这一时期写出了将成为他最著名论文的《关于方程可用根式求解的条件》,并于1831年1月送交科学院。

这是伽罗瓦希望被数学界承认的最后一次机会了,但是,到了3月,科学院方面仍然杳无音讯。伽罗瓦彻底地失望了。放弃数学吧!这位受挫的天才参加了国民卫队,去保卫共和。结果两次被捕,第一次被无罪释放,而第二次被判了6个月的监禁。在获得假释不久,他又陷入了与一位女人有关的恋情而被迫决斗。

1832 年 5 月 29 日，决斗的前夜，伽罗瓦想到了死。对于他来说，这个世界已经没有什么值得留恋的了。但是，他最担心的一件事，就是他被科学院拒绝过的成果会永远消失。他奋笔疾书，要在凌乱的思绪中把最重要的东西写出来。在夜尽时分，他的演算完成了。他还写了一封信给他的朋友，请求道，如果他死了，就把这些论文分送给欧洲最杰出的一些数学家。

第二天，也就是 1832 年 5 月 30 日，伽罗瓦和他的对手面对面站立在一块偏僻的田野里，两人相距 25 步，手枪举起来了，接着是射击。对手仍然站着，而伽罗瓦却腹部中弹倒在地上，在被送进医院的第二天就死了。历史学家们曾经争论过这场决斗是一个悲惨的爱情事件的结局，还是出于政治斗争的谋杀，但无论是哪一种，世界上最杰出的数学家之一在他 20 岁的时候被杀死了，他研究数学才只有 5 年。

伽罗瓦遭到拒绝的是篇什么样的论文呢？1843 年 7 月 4 日，J. 刘维尔在法国科学院的演讲中这样说：

> 我希望我的宣告能引起科学院的兴趣。在伽罗瓦的那些文章中，我已发现如下漂亮的问题的一个既精确又深刻的解答：……是否根式可解？
>
> ……
>
> 但是现在一切都改变了，伽罗瓦再也回不来了！我们不要再过分地作无用的批评，让我们把缺憾抛开，找一找有价值的东西……
>
> 我的热心得到了好报。在填补了一些细小的缺陷后，我看出了伽罗瓦用来证明这个美妙的定理的方法是完全正确的，在那个瞬间，我体验到了一种强烈的愉悦。

伽罗瓦留给世界的最珍贵的概念是群。群是什么？群是数学中的一个系统(system)，它的主要成分是元素(element)和一种运算(operation)，而且这种系统满足下列四条性质：

(1)系统中的任意两个元素(不必一定相异)用规定的运算结合，所得的结果还是系统中的一个元素。

(2)系统中必须含有单位元素。所谓单位元素是具有这样性质的元素：它与系统中任意一个元素结合的结果仍是另一个元素。

（3）每个元素必须有一个逆元素。所谓逆元素是这样规定的：一个元素和它的逆元素用系统中运算结合的结果是这个元素本身。

（4）结合律必须成立。所谓结合律是说，若 a, b, c 是系统中任意三个元素，系统中给定的运算用记号 $*$ 来表示，那么结合律就是说

$$(a * b) * c = a * (b * c)$$

群是一个完全抽象的概念。系统中的元素不一定是数，可以是函数、矩阵、运动或其他的东西；而且运算也不一定是寻常算术、代数中的运算，完全可以是别的方法。我们不限定数学的对象是数，也不限定运算就一定是加减乘除，这样就完全把数学的领域拓广了。

这里无法细说群的有趣的性质，但是，我们可以用群的语言，把伽罗瓦的工作的精彩结论表述如下：

> 伽罗瓦可解性理论
>
> 一个方程式在一个含有它的系数的数域中的群若是可解群，则此方程式是可以用根式解的，而且只有在这个条件之下方程式才能用根式解。
>
> 一个可解群是一个群，它的合成指数列中各个数全为素数。

二　非欧几何革命

（一）寻找第五公设的"证明"

欧几里得约在公元前 300 年完成了他不朽的杰作《几何原本》。在《几何原本》中，欧几里得采用了一些公理和公设，严密地给出了全部命题的推理和证明。两千多年来，这部伟大的著作一直流传于世。许多数学家都相信欧几里得几何是绝对真理。例如英国数学家巴罗，牛顿的老师，就曾列举了 8 点理由来肯定欧氏几何：概念清晰；定义明确；公理直观可靠而且普遍成立；公设清楚可信且易于想象；公理数目少；引出量的方式易于接受；证明顺序自然；避免未知事物。因此，巴罗极力主张将数学包括微积分都建立在几何的基础上。

然而，这个近乎科学"圣经"的欧几里得几何并非无懈可击。事实上，从

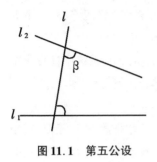

图 11.1　第五公设

公元前 3 世纪到 18 世纪末，数学家们虽然一直坚信欧氏几何的完美与正确，但有一件事始终让他们难以释怀，这就是欧几里得《几何原本》的第五条公设：

> 公设 5　若一条直线与两直线相交，且如果在这条直线同侧所交两内角之和小于两直角，则两直线无限延长后必相交于该侧的一点。

人们对它的怀疑有两点：其一为叙述较长，失之简明；其二为出现较晚，只用一次。这唯一的一次也就是在《几何原本》卷 I 命题 29 证明平行线的性质定理时，作为反证法的依据使用，此后再也没有出现过。

所以，人们在猜疑：欧几里得把这一命题列为公设，不是因为它不能证明，而是他本人找不到证明。因此，从古希腊时代开始，数学家们就一直没有放弃消除对第五公设的疑问的努力。古希腊数学家普罗克鲁斯（Proclus，412—485）就曾说过："这一公理应该完全从全部的公理中剔除出去，因为它是一个包含许多困难的定理。"后来，许多数学家都在试图给出第五公设的证明。但是，这些"证明"大多是证明了一些和第五公设等价的命题。

所谓等价命题是说，如果在公理系统 Σ 中，对于两个命题 P_1、P_2 有：$\Sigma + P_1 \Rightarrow P_2$ 且 $\Sigma + P_2 \Rightarrow P_1$，则说 P_1 和 P_2 是两个等价命题。

与第五公设等价的命题有：

（1）三角形内角和等于 180°；

（2）平面上一直线的斜线与垂线相交；

（3）三角形三高共点；

（4）三角形全等；

（5）勾股定理；

（6）存在相似三角形。

如此等等。在众多与第五公设等价的命题中，今天最常用的是苏格兰数学家普莱菲尔（Playfair，1748—1819）提出的：

> 过已知直线外一点有且只有一条直线平行于已知直线。

这一命题比第五公设更直观，也更容易接受。它被写进了中学教科书，称为

"平行公理"。

文艺复兴唤起的对希腊学术的兴趣,使欧洲数学家非常关注《几何原本》的研究,对第五公设的证明也倾注了比以往更大的热情。法国数学家勒让德在大约 20 年的时间里一直在研究平行公设。他将《几何原本》的命题重新编排,简化烦琐的证明,改写为《几何学原理》。此书再版了 12 次,每次都有个附录,认为给出了平行公设的证明,但是,每次的证明都有缺点,因为总是暗含地假设了一些不应该假设的东西,或者假设了一个和第五公设"等价"的"公设",从而不得不修订再版。

1733 年,意大利数学家萨开利(G. Saccheri,1667—1733)出版了一本书《欧几里得无懈可击》,他在书中构造了著名的"萨开利四边形",试图用"归谬法"证明第五公设。他发现:

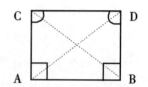

图 11.2　萨开利双直角四边形

∠C 和∠D 是直角与平行公设等价;

∠C 和∠D 是钝角导出矛盾;

∠C 和∠D 是锐角:两条相交直线有一条公垂线!

而且由第三条导出的所有结果并没有包含矛盾。但萨开利认为它们不合情理,便判定锐角假设是不真实的。这遭到了兰伯特(J. H. Lambert,1728—1777)的反对。

兰伯特是一个裁缝的儿子,12 岁因家贫辍学做工,可他凭借顽强的毅力,刻苦自学,走出了自己的成才之路。他的主要数学贡献有:证明 π 和 e 的无理性、画法几何、数论、连分数理论和平行公理。1766 年,兰伯特在《平行线理论》中指出:

任何一组假设如果不导致矛盾的话,一定提供一种可能的几何。这种几何是一种真的逻辑结构……一种特别的几何。

寻求另一个可接受的公理以代替欧几里得公理,或者证明欧几里得的第五公设必然是一个定理,致力于此的人是如此之多,又是如此徒劳无功,使得 1759 年法国数学家达朗贝尔把"平行公理"问题称为"几何原理中的家丑"。

（二）鲍耶："我从虚无中创造了一个崭新的世界！"

J. 鲍耶（Janos Bolyai，1802—1860）是维也纳军事学院的一名军官。他的父亲 F. 鲍耶（Farkas Bolyai，1775—1856）也是一位数学家，而且在哥廷根大学时与高斯是同窗好友，在返回匈牙利后，仍然和高斯保持密切的联系，两人经常通信讨论数学。F. 鲍耶曾致力于证明第五公设，但是除了找出几个等价命题之外，毫无收获。受父亲的影响，J. 鲍耶从小就迷恋上了数学，也对平行公理问题产生了兴趣。但是，当父亲知道儿子也醉心于平行线时，坚决叫他停止这项工作：

> 希望你不要再作克服平行线理论的尝试了，你会花掉所有的时间而终生不能证明这个问题。……它会剥夺你一切余暇、健康、休息和所有的幸福。这个地狱般的黑暗将吞吃成千个像牛顿那样的巨人。……这是永远留在我心里的巨创。

不过，幸运的是，J. 鲍耶找到了一条成功之路。1823 年 11 月 23 日，他给父亲写了一封信：

> ……一旦我把思路理出头绪，并且条件许可，我就决意公布我关于平行线理论的工作。虽然所有的工作现在还没有最后完成，可我所走的路，一定会到达目标。面对已经作出的美妙的发现，我几乎无法控制内心的喜悦。如果它们被丢失了，那才将是永生的遗憾。当您看到它们的时候，您也会理解的。此时此刻，我想要说的只有一句话：我从虚无中创造了一个新奇的世界。

父亲很快就回了信，鼓励他尽快发表。父亲说，就像春日的紫罗兰到处开放一样，一旦时机成熟，新的思想可能在不同的地方同时出现。1832 年，J. 鲍耶把自己的工作作为附录附在父亲出版的一本书《为好学青年的数学原理论著》（1832）中，题目是《绝对空间的科学，和欧几里得第十一公理的真伪无关……》。父亲非常希望儿子的工作能得到数学家的承认，他首先将书寄给了高斯。不久，高斯就回了信——一封使父亲和儿子都感到失望的信。高斯说：

> 如果我一开始就说我不能称赞这一工作，你一定会大吃一惊的。

但是,我别无选择:称赞它就是称赞我自己。论文中的全部内容,令郎的工作方法以及获得的结果,与我 30 到 35 年来的思考几乎完全一致。正因如此,我感到非常惊讶。……

原来,高斯在年轻的时候也曾思考过平行线的问题,当试图证明平行公理的努力失败后,高斯开始考虑否定平行公理,建立一种新几何学,并在 1816 年左右得到了这种新几何的要旨,他发现在这种几何中,大尺度下的三角形内角和居然小于 180°!——这与人们的常识完全相悖。高斯称这种几何为反欧几里得几何(anti-Euclid Geometry)。但是,由于怕引起人们的误解,高斯从没有、也不准备公开发表这方面的任何东西。

尽管在信的结尾,高斯说他感到很高兴,因为看到了自己被老朋友的儿子所超越。但是,不难想象,J. 鲍耶在读到高斯的信后是多么沮丧,他以后再也没有发表任何数学论文。

(三) 罗巴切夫斯基:"几何学的哥白尼"

F. 鲍耶的话说对了,新的思想、新的发现在几乎相同的时间内,可以在不同地方同时发生,数学史上有很多这样的例子,如牛顿和莱布尼兹发现的微积分,笛卡尔和费尔马创立的解析几何,勒让德与高斯的最小二乘法。现在则是非欧几何。

1826 年 2 月 23 日是数学史乃至人类思想史上值得纪念的日子。这一天,俄罗斯数学家罗巴切夫斯基(N. I. Lobachevsky,1792—1856)在喀山大学物理数学系宣读了他的论文《简要叙述平行线定理的一个严格证明》。这一天被认为是非欧几何学诞生的日子,它标志着几何学领域发生了根本的变革。

罗巴切夫斯基生长在一个贫苦的公务员家庭中,他的一生几乎全在喀山度过。在那里上中学和大学,毕业后留校工作,后来升为教授,历任物理数学系主任、喀山大学校长。他一生的活动,奠定了喀山大学的兴盛和光荣。

罗巴切夫斯基在 1816—1817 年编写《几何学》时,开始尝试证明第五公设。他发现,可以把全部的几何命题按照是否依赖第五公设划分为两个部分。他把那些不依赖第五公设的几何命题称为"绝对几何"。但是,罗巴切夫斯基的这种思想在一开始就遭到了批评。

罗巴切夫斯基并没有放弃。"绝对几何"中有这样的命题：在一个平面上，过直线 *AB* 外一点，至少可作一条直线与 *AB* 不相交。"至少"一词表明命题的结论包含两种可能，一是仅可作一条直线与 *AB* 不相交；二是可作不止一条直线与 *AB* 不相交。如果采用前者作为公理，就可以导出欧几里得几何。罗巴切夫斯基想：如果选择后者作为公理，由此推出与绝对几何定理相矛盾的命题，这不就等于证明了第五公设吗？正是在这一思想的指导下，罗巴切夫斯基开始了严密的推导。使他感到惊讶的是：他所得到的一连串前后一贯的命题，自身在逻辑上既无矛盾，又与"绝对几何"不相冲突。罗巴切夫斯基把这种新的几何系统叫做"虚几何学"。

罗巴切夫斯基的"虚几何学"的主要特点是什么呢？简单地说，在这种几何中：(1)承认空间是弯曲的，任何直线都是曲线，任何平面都是曲面；(2)其所描述的空间曲率处处等于一个非零常数，就是说空间处处一样弯，并且是均匀的；(3)过已知直线外的一点，可以有无数多条直线与已知直线平行，但是它们和已知直线都不能保持同一距离；(4)三角形的内角和不再是 180°，而一个小于 180° 的变量。(5)圆的周长与半径不成比例，而是比半径增长得快。

需要指出的是，以上所述的非欧几何只是其中的一种，习惯上称为罗巴切夫斯基几何或双曲几何。我们知道，两千多年以来，欧氏几何一直是解释现实空间的唯一正确的几何。哲学家黑格尔就曾说过："初等几何就欧几里得所遗留给我们的内容而言，已经可以看做相当完备了，不可能有更多的进展。"现在，罗巴切夫斯基公开宣告有一种完全不同于欧氏几何的"新几何学"的存在，这是对根深蒂固的世俗观念的挑战！高斯缺乏的就是这种勇气。正是在这个意义上，后人称誉罗巴切夫斯基为"几何学的哥白尼"。

高斯的担心并不是多余的。伟大的思想并不常常马上为人们所理解，罗巴切夫斯基不但没有得到同代人的赞扬，反而遭到了种种嘲讽。有人说，新几何学是一种"笑话"，是"对有学问的数学家的讽刺"。

1829 年，罗巴切夫斯基在《喀山通讯》上发表了他的《几何学原理》，这是世界上最早公开发表的非欧几何文献（比 J. 鲍耶要早 3 年）。以后又陆续发表了《虚几何学》(1835)、《虚几何学在一些积分上的应用》《几何学的新原理及完整的平行线理论》。《虚几何学》的法文本和德文的《平行线理论的几何研究》使得欧洲的数学家们开始理解并接受罗巴切夫斯基的思想。在罗巴切夫斯基死后不久,高斯的通信录开始出版,人们看到,高斯在给朋友的信中对罗巴切夫斯基的工作给予了很高的评价。这样,罗巴切夫斯基的新思想渐渐引起了数学界的重视。

1893 年,喀山树立了罗巴切夫斯基的纪念像。他的形象和他的思想,永远为人们所景仰。值得欣慰的是,历史也没有忘记 J. 鲍耶,1894 年匈牙利数学物理学会也在他的墓地立起了他的石像——他和罗巴切夫斯基、高斯一起作为非欧几何的创立者载入了人类文明的史册。

(四) 黎曼的贡献

正如 F. 鲍耶预见的,非欧几何的思想可能就像春日的紫罗兰一样到处绽放,不过这一次却是在 1854 年。黎曼,高斯的博士生,为了在哥廷根大学获得一个无薪讲师的职位,需要发表一篇就职演讲。在他提交的三个题目中,高斯选中第三个《关于作为几何学基础的假设》,也正是这篇演讲,使得黎曼跨入了非欧几何发现者之列——因为,黎曼完全从不同于罗巴切夫斯基、鲍耶的角度,构造了另一种非欧几何空间。

黎曼认为,非欧几何不仅仅只有一种。他推广了曲面的高斯曲率,建立起黎曼空间的曲率概念。在一般黎曼空间中,空间每一点的曲率是不同的,也就是说黎曼空间本质上是不均匀的。在黎曼曲率为常数的特殊情况下,空间分为三种类型:(1)零曲率空间,即欧氏几何空间;(2)负曲率空间,即罗氏几何空间;(3)正曲率空间,即狭义的黎曼几何空间或称椭圆几何空间。我们看到欧氏几何和罗氏几何成了更为一般的黎曼几何的特例。

在黎曼几何中"平行公理"被替换为:通过已知直线外一点,不能画一条直线与已知直线平行,或者说,黎曼几何中的任意两条直线都相交。普通的球面可以作为黎曼几何的一种朴素的模型,因为,在球面几何上定义球面的大圆为"直线",许多看似奇特的非欧命题,在这个模型中都可以得到实现。比如,垂直于同一条直线(如赤道)的两条直线必然相交(于两极);不存在无限长直线的概念;三角形三内角之和大于 $180°$;等等。

黎曼 1851 年在高斯指导下完成博士论文《单复变函数的一般理论的基础》。他的就职演讲也是高斯选定的——或许是高斯为了了却自己心中的一个夙愿。但是,在他的听众中,除了年迈的高斯之外没有一个人听得懂!
这篇演讲在黎曼死后两年即 1868 年才出版。这一年意大利数学家贝尔特
拉米(1835—1899)给出了罗氏几何的一个"局部"(比如三角形内角和小于
180°);接着克莱因(1849—1925)在 1870 年给出了罗氏几何另一个更直观、
更简单的模型,使得原来似乎复杂和难以接受的思想变得易于理解了。以
他们两人的工作为契机,非欧几何在数学领域的地位才牢固地确立起来。
更为重要的是,黎曼几何后来成为爱因斯坦相对论中的数学工具。

三　哈密顿与四元数

(一)寻找"超复数"

还是在 16 世纪,欧洲人在用配方法解二次方程时,希望把平方根的算
术运算推广到任何数上,这样就碰上了复数——当时称为"虚数"。

例如,卡丹在《大术》(1545)中说,可以把 10 分成两个部分,而使得它
们的乘积为 40,也就是解方程 $x(10 - x) = 40$,得到的两个"根"为 $5 + \sqrt{-15}$ 和 $5 - \sqrt{-15}$。对于这种神奇的数,卡丹说"不管受到多大的良心
责备","算术就是这样神妙地搞下去,它的目标,正如常言所说,是又精
致又不中用的"。邦贝利也碰到了这样的麻烦,虽然他几乎像现代形式
那样规定了复数的四种运算,但他仍然认为复数"无用"而且"玄"。笛卡
尔也抛弃复根,并选择了"虚数"这个名称,甚至牛顿也不承认虚根是有
意义的。复数的出现造成的这种迷茫的"太虚幻境",反映在莱布尼兹如
下的陈述中:

> 圣灵在分析的奇观中,找到了超凡的显示。这就是那个理想世界
> 的端兆,那个介于存在与不存在之间的两栖物,那个我们称之为虚的 -1
> 的平方根。

1797 年,挪威出生的测量员韦塞尔(Caspar Wessel,1745—1818)迈出
了对复数认识的重要一步。在论文《关于向量的分析表示:一个尝试》中,
韦塞尔引入了一根虚轴,并以 $\sqrt{-1}$ 作为单位,这就是我们今天所学习的复
数的几何表示。在使人们接受复数方面,高斯做了卓有成效的工作。他指

出正是复数的几何表示才使得人们对虚数真正有了一个新的认识。他引进了术语"复数"(complex number)以与"虚数"(imaginary number)相对立,并用 i 来代替 $\sqrt{-1}$。

　　向量,即可以代表力、速度或加速度的具有大小、方向的有向线段,进入了数学后,马上就获得了它的代数形式——复数。但是,复数只能表示在同一个平面上物体受力的情况。如果作用于一个物体上的几个力不在一个平面上,就需要一个三维的类似物。可以用来表示空间向量的代数形式是什么呢? 数学家们开始了寻找所谓"三维复数"的努力。对此作出重要贡献的是爱尔兰的数学家哈密顿(William R. Hamilton, 1805—1865)。

(二) 四元数: $A \times B = B \times A$ 吗?

　　哈密顿少年时代在语言方面有着常人无法比拟的才能,5 岁时掌握了拉丁文、希腊文和希伯来文,8 岁学会了意大利语和法语,10 岁时开始学习梵文,甚至还要学习汉语。可是,14 岁时,一位来自美国的速算少年的表演,让哈密顿的才能没有浪费在掌握那些无用的语言上——他迷恋上了数学。17 岁时,他通过自学微积分掌握了数学,并获得了充分的天文学知识。1823 年,哈密顿考入都柏林的三一学院。1827 年他的《光束理论》建立了几何光学的科学,这篇论文发表在《爱尔兰皇家科学院学报》上。为此,哈密顿被任命为三一学院的天文教授,并得到了爱尔兰皇家天文学家的头衔。所以,哈密顿在当时作为物理学家的名气要比作为一个数学家的名气大得多。

　　哈密顿推广复数的工作是从他把复数处理成实数的有序数偶开始的。1837 年,哈密顿在《共轭函数及作为纯粹时间的科学的代数》一文中,首先对复数符号的实质作了解释。他指出,复数 $a + bi$ 不是 $2 + 3$ 意义上的和,加号的使用是历史的偶然,而 bi 是不能加到 a 上去的。复数 $a + bi$ 不过是实数的有序偶 (a, b),在此意义下,复数的四则运算应该是

$$(a, b) \pm (c, d) = (a \pm c, b \pm d)$$

$$(a, b) \cdot (c, d) = (ac - bd, ad + bc)$$

$$\frac{(a, b)}{(c, d)} = \left(\frac{ac + bd}{c^2 + b^2}, \frac{bc + ad}{c^2 + b^2} \right)$$

这样,通常的结合律、交换律和分配律都能推导出来。

哈密顿澄清了复数的概念,这使他能更清楚地思考怎样引进它的三维空间的类似物。他首先想到的是,既然是复数的扩展,那么把这个"类似物"表示为 $a + bi + cj$ 的形式是自然的。但是,哈密顿碰到了问题:模法则不成立了!

我们知道,对于两个复数,它们乘积的模等于这两个复数模的乘积,即

$$|z z_1| = |z||z_1|, |z^2| = |z|^2$$

对于三维复数 $a + bi + cj$,若

$$|(a + bi + cj)^2| = |(a + bi + cj)|^2$$

必须有

$$i j = 0$$

但是 $|i| = 1, |j| = 1$,怎么会有 $|ij| = 0$? 于是,哈密顿假设 $ij = k$,而 $ji = -k$,即交换律不成立了,但是,这样的假设保证了模法则是成立的。那么,这个不请自来的 k 究竟是什么呢? 这只好迫使哈密顿考虑下面的一般的乘积:

$$(a + bi + cj)(x + yi + zj) =$$
$$(ax - by - cz) + (ay + bx)i + (az + cx)j + (bz + cy)k$$

他发现在这个乘积中,模法则正好成立。如果把 k 设想为同时垂直于单位向量 $1, i, j$ 的新单位向量,那么上述等式表示了:两个属于三维空间的向量乘积,是一个四维空间的向量。真是莫名其妙!

这样,哈密顿只得放弃对"三元复数"的追求,而着手考虑新数 "$a + bi + cj + dk$"。经过十多年的苦思冥想,灵感终于来了!

那是 1843 年 10 月 16 日的黄昏,哈密顿携夫人一道去都柏林出席爱尔兰皇家学会会议,当步行到勃洛翰桥的时候,长期思考问题的大脑中突然亮出了一道"闪电",他写道:"此时此地,我感到思想的电路接通了,而从中落下的火花,就是 i, j, k 之间的基本方程,恰恰就是我此后使用它们的样子。"

哈密顿发现自己被迫作出两个让步:第一,他的新数必须包含四个分量;第二,他必须放弃乘法交换律。这两条对于代数学都是革命性的,他把这个新的数

$$a + bi + cj + dk (a, b, c, d 为实数)$$

称为"四元数"。下表是四元数的运算表。

表 11.1 四元数的基本算律

	1	i	j	k
1	1	i	j	k
i	i	-1	k	$-j$
j	j	$-k$	-1	i
k	k	j	$-i$	-1

下面计算两个四元数的乘积作为示例：

$$p = 3 + 2i + 6j + 7k, q = 4 + 6i + 8j + 9k$$
$$p \cdot q = -111 + 24i + 72j + 35k$$
$$q \cdot p = -111 + 28i + 24j + 75k$$

所以,有 $pq \neq qp$。

　　1843 年,哈密顿在爱尔兰皇家科学院会议上宣告了四元数的发明。这是他 15 年思索的结晶,也是他后来 22 年研究工作的开始。一位英国人曾这样评价哈密顿:"牛顿的发现对于英国及人类的贡献超过了所有英国的国王;我们无可置疑的 1843 年哈密顿的四元数的伟大数学的诞生,对人类所带来的真正利益,是和维多利亚女皇时代的任何大事件一样重要的。"

　　数学的思想一旦冲破传统模式的藩篱,便会产生无可估量的创造力。哈密顿的四元数的发明,使得数学家们认识到既然可以抛弃实数和复数的交换律去构造一个有意义、有作用的"数",那么,就可以较为自由地考虑甚至偏离实数和复数的通常性质去构造人为的"数"——通向抽象代数的大门被打开了!

思考题

1. 什么是一个 n 次多项式方程的解? 为什么说五次和五次以上的代数方程没有一般的解法?

2. 如何评价伽罗瓦工作的意义?

3. 什么是第五公设? 什么是平行公理? 如何证明它们的等价性?

4. 为什么罗巴切夫斯基被称誉为"几何学的哥白尼"?

5. 你能给出一个不满足乘法交换律的代数系统的例子吗? 简要评述四元数发明的意义。

阅读书目

1. 〔美〕M. 克莱因:《古今数学思想》,张理京、张锦炎、张济涵译,上海科学技术出版社,2002 年。

2. 〔美〕E. T. 贝尔:《数学精英》,徐源译,商务印书馆,1991 年。

3. 〔美〕M. 克莱因:《数学:确定性的丧失》,李宏魁译,湖南科学出版社,1998 年。

4. 〔美〕M. 克莱因:《现代世界中的数学》,齐民友等译,上海教育出版社,2005 年。

5. 〔美〕V. 卡茨:《数学史通论》,李文林等译,高等教育出版社,2004 年。

6. 李文林:《数学史概论》,高等教育出版社,2002 年。

第十二讲

能量守恒定律和热力学定律的建立

一 能量守恒定律

能量守恒定律一般表述为:"能量不可能凭空产生,也不能真正消灭,只能由一种形式转化为另一种形式。"它是物理世界的一条基本定律,得以建立的前提是物理学家们对机械运动中的动量守恒、活力守恒、机械能守恒等有了充分的认识,尤其是 18 世纪末 19 世纪初物理学家们对热现象的研究,他们像拉瓦锡推翻燃素说那样推翻了拉瓦锡持有的热质说,为能量守恒定律的建立奠定了基础。

(一) 热质说

在 18 世纪,随着对燃烧现象认识的深入,人们对热现象也开始试图给予解释。当时对热的本性存在两种见解:一种认为热是一种物质;另一种认为热是物质分子的微小运动。

拉瓦锡在 1789 年的《初等化学概论》中把热物质当做一种元素引入,称之为热素或热质(calorique)。他认为,存在着一种极易流动的物质实体充满分子之间的空间,这种实体具有扩大分子之间距离的作用。这种物质实体——热质,根据其状态分为两类:自由的热质和结合的热质。结合的热质被物体中的分子所束缚,形成其实质的一部分;自由热质没有处于任何结合状态,能够从一个物体转移到另一个物体,成为各种热现象的载体。

拉瓦锡还把一定的质量加热到一定温度所必需的热质称做比热。热质说被拉瓦锡明确化之后,从 18 世纪末到 19 世纪初的一段时间里在物理学中占据着主流地位。在此基础上热学获得了一定的发展。例如，傅里叶通过对热传导的研究，1822 年发表《热的解析理论》，提出著名的热传导微分方程，并使用傅里叶级数展开求解方程，成为数学物理方法的成功典范。

（二）伦福德

伦福德（Rumford，1753—1814）原名本杰明·富兰克林（Benjamin Thompson），比美国另一位本杰明晚出生半个世纪，而出生地相距仅 2 英里。伦福德是他的伯爵封号。美国独立战争爆发，他抛妻弃子加入英军，英军失败后他到了英国，后来到欧洲大陆闯荡，得到巴伐利亚选帝侯的赏识，得了个伯爵封号。在巴伐利亚任职期间，他对热的问题产生了兴趣。

伦福德在慕尼黑注意到，当钻削制造炮筒的青铜坯料时，金属坯料烫得像火一样。当时传统的解释是，当金属被切削成刨花时，热质就从金属中逸出。但是伦福德注意到，只要镗钻不停止，金属就不停地发热。如果把这些热全部传递给金属，足以把它熔化。也就是说，从青铜逸出的热比它可能包含的热质还要多。而另外一方面，如果切削工具很钝，不能切出刨花，照理热质不会因此而从金属中流出；但是事实上恰恰相反，金属变得比以前更热。

1798 年伦福德发表了一篇论文，得出结论说：是镗具的机械运动转化为热，热不可能是物质实体。他还试图给出一定量的机械运动所能产生的热量，这是首次给出了热功当量的数值。不过他的数值偏高约 20%。半个世纪后，焦耳给出了正确的热功当量数值。

1799 年伦福德回到英国，并当选为皇家学会会员。1804 年尽管英法处在交战状态，他还是来到了巴黎，反对已故的拉瓦锡持有的热质说。但他娶了拉瓦锡的遗孀。

（三）卡诺

卡诺（Sadi Nicolas Léonard Carnot，1796—1832）出身于法国望族，父亲是拿破仑一世时期的政府要人，弟弟是一位持自由观点的政治家，侄子还当上了法兰西第三共和国的一任总统。在这群政治家当中，作为科学家的卡诺并没有得到什么好处，反而颇受牵连。拿破仑垮台，他父亲遭到流放，他自己也就谈不上发展了。

卡诺对热机产生的功的大小很感兴趣。他曾写道："蒸汽机极为重要，其用途将不断扩大，而且注定要给文明世界带来一场伟大的革命。"瓦特虽然为提高蒸汽机的效率作出了很大的改进，但是蒸汽机的效率仍然很低，燃料所产生的热能的93%—95%都被浪费掉。卡诺想了解这种效率究竟可以提高到多少。

　　1824年他出版了唯一的一部著作《关于火的动力和产生动力的机器的看法》。在这部书里，卡诺提出了理想热机的可逆循环和卡诺定理。他得出结论：热机的最高效率取决于热机内的温度差。对一般蒸汽机来说，蒸汽温度（T_1）是热机内的最高温度，冷却水的温度（T_2）是最低温度，如果热机以理想状态工作，能转化为功的最大热能比例为（$T_1—T_2$）/ T_1（T_1、T_2 是绝对温度）。他的这一公式后来由开尔文清楚地阐释，在1848年才引起科学界的注意。

　　卡诺最先定量地研究了热和功相互转化的方式，因此他被称做热力学的奠基人是当之无愧的。他的方程表明最大效率只与最高温度和最低温度有关，与中间过程无关。卡诺如果能继续研究下去，很可能由此得出热力学第二定律（熵增加定理）。但是不幸的是他在36岁就死于流行霍乱。

(四) 迈尔

　　迈尔（Julius Robert Mayer，1814—1878）是药剂师的儿子，当过随船医生。大约在1840年，迈尔作为随船医生参加了一次从荷兰去雅加达的航行，在船上他认识到了气温和血液氧化之间的关系：人在热带气候条件下，为了维持正常体温所必需的新陈代谢速度比气温较冷的西欧要低。较高气温下，人的体温可从周围气温得到部分补偿，因而动脉血需要较少的氧量。迈尔得出结论：血液燃烧的热量，由人的器官消化食物而来。

　　1841年迈尔在与朋友的讨论中认为，马拉车时，车轮与地面摩擦产生的热量和车轴摩擦产生的热量，是由马的运动及其做功产生的。同年他完成《关于无机界各种力的意见》一文，投给《物理和化学年鉴》，被该杂志以不刊登无实验依据的思辨性文章为由退稿，最后于1842年5月发表在李比希主编的《化学和药学年鉴》上。

　　1842年迈尔曾用马拉动一个机械装置来搅动大锅中的纸浆，根据马所做的功和纸浆升高的温度，给出了热功当量的数值。以后几年里迈尔继续著文阐述能量守恒的信念,1845 年发表《论与新陈代谢相联系着的有机运动》,1848 年发表《对天体力学的贡献》,1851 年发表《关于热的机械当量的意见》。但是他的工作几乎没有引起人们注意,当然也没有给他带来什么荣誉。比他晚 5 年的焦耳做了同样的热功当量实验,却因此获得荣誉;赫姆霍兹也因为系统地阐述了能量守恒定律而得到科学界的承认。

迈尔最先提出想法,荣誉总归于晚于他提出类似想法的人,他在优先权争议中又总是失利。1848 年他的两个儿子夭折,弟弟因革命活动而遭牵连。这一切对他的精神造成很大的压力。1850 年 5 月的一天他跳楼自杀未遂,但造成了双腿重残。1851 年他被送进精神病院,后来出来后也没有彻底痊愈。他默默无闻地活着,以至于当李比希在 1858 年介绍迈尔的见解时,竟说他已经亡故了。似乎是学术界良心发现,接着爱尔兰裔的英国物理学家廷德尔就迈尔的研究成果发表了讲演,努力使他获得应有的荣誉。结果迈尔获得了在自己名字前加"冯"的权利,又于 1871 年获得科普利奖。

迈尔在他的论文中对机械运动和力的转化守恒关系进行了思辨性的分析,得出"无中不能生有,有不能变无"的普遍性结论。他在思想上基本上确认了能量守恒定律,但是在科学的论证和表述方法上存在明显不足。所以迈尔是能量守恒定律的主要奠基人,但并没有完成这个定律的发现过程。

（五）焦耳

焦耳(James Joule,1818—1889)出生在英国曼彻斯特附近的索尔福德(Salford),是一位富有的酿造商的次子。他从小脊柱受伤,所以一心读书研究,其他事情一概不闻不问。他曾是道尔顿(John Dalton)的学生,但对化学兴趣不大。他受到法拉第发现电磁感应和电化学当量的启发,开始了电磁方面的实验研究。他基本上靠自学,并像法拉第一样,不通数学。

焦耳是个测量迷,据说在蜜月中他还设计了一种特殊的温度计,来测量一处瀑布顶部和底部的水温。1840 年 12 月他在《皇家学会议事录》中发表《论用伏打电堆产生的热》一文,宣布:电流产生的热量与电流强度的平方和电阻的乘积成正比。这就是著名的焦耳定律。

焦耳对所有他想得到的有热量产生的过程进行热测量。1841 年 11 月他在曼彻斯特文化和哲学联合会上宣读了论文《论燃烧热的电起源》;1842 年 6 月在同样的会议上宣读了《论化学热的起源》;1843 年 1 月发表了《论电解时产生的热量》;1843 年 8 月在大英科学促进会化学部会议上宣读了《论磁—电的热效应和热的机械当量值》,并给出了初步的热功当量值。以后焦耳不断改进实验精度,最后测得做的功和产生的热的关系为:4145 万尔格的功产生 1 卡的热量。虽然伦福德和迈尔都得出过热功当量的数值,但焦耳的最精确。

由于科学界对焦耳的测量精度持有怀疑态度,当时各种学术刊物和皇家学会大都拒绝发表焦耳的文章,焦耳的结果大多以宣读的方式公布。焦耳的第一篇全面叙述他所进行的实验和结论的文章发表在 1847 年。由于焦耳的兄弟是曼彻斯特一家报纸的音乐评论家,所以他的论文才勉强在这家报纸上发表。1947 年 6 月在牛津举行的大英科学促进会的物理学部会议上,焦耳提交了《论用流体摩擦产生的热量决定的机械当量》一文,大会主席只让他作简要报告,而且几乎没有听众,只有一位 23 岁的年轻人对他的报告感兴趣,这就是威廉·汤姆森,即后来的开尔文勋爵。威廉·汤姆森对焦耳的成果作了十分精辟的评价,终于引起人们的注意。

1849 年在法拉第亲自主持下,焦耳在皇家学会宣读了他的论文,他的成果终于获得完全承认。为了纪念焦耳的工作,后来规定一千万尔格的功的单位定义为一焦耳。现在的热功当量数值为 4.18 焦耳/卡。焦耳的工作为热力学第一、第二定律的得出奠定了实验基础。

(六) 赫姆霍兹

赫姆霍兹(Hermann von Helmholtz,1821—1894)出生在波茨坦,是德国著名的生理学家和物理学家。他的学术兴趣广泛,当过柯尼斯堡大学的生理学教授,在海德堡大学教过解剖学,又到柏林大学教过物理学,在生理、解剖甚至黎曼的非欧几何方面都有很深的研究。但使他享有盛名的是他在物理学方面的贡献。1843 年到 1847 年间他发表的论文大多是处理动物热和肌肉收缩问题的。

1847 年赫姆霍兹在对焦耳的工作知之甚少、对迈尔的工作一无所知的情况下,独立地完成了《论力的守恒》一文(这里"力"是一个几乎等价于"能量"的概念),并于 7 月 23 日在柏林物理学会的年会上宣读。然而跟其他人一样,他的论文一开始除了少数几位年轻人外,没有人理睬。赫姆霍兹请当时一位大物理学家把他的论文推荐到《物理年鉴》上发表,由于推荐评价不高，被主编以属于思辨性和缺乏实验依据为由拒绝发表。该文最终以自费出版的小册子的形式流传。

赫姆霍兹在《论力的守恒》提出他的目的"在于探索规律，通过这些规律中的各个过程，总结出普遍的法则，并且又能使这些规律从普遍的法则中推导出来"。他相信："科学的最终目的是探索自然过程中最后不变的原因。"在这种思想的指导下，赫姆霍兹在论文中首先提出了两个普遍性的原理：活力守恒原理和力守恒原理。

活力守恒原理被表述为："如果任意数量的能运动的质点只在相互作用力或在指向固定中心的力作用下运动，则一切活力的总和，在所有质点相互之间及相对于那些可能出现的固定中心具有相同的位置之时，不论它们在其间经过什么途径或以什么速度，都是相同的。"活力守恒的表示式为：

$$\frac{1}{2}mv^2 = mgh。$$

活力守恒原理只表示了引力场中的活力即动能和势能之间的转化和守恒关系，为了把这个原理推广到活力变化与任意方向的作用力所做的功之间的守恒关系，赫姆霍兹提出了力守恒原理。他把任意方向的作用力 φ 和沿矢径 γ 位移的乘积总和 $\int_{\gamma}^{R}\varphi d\gamma$ 称为张力。根据牛顿第二定律导出力守恒原理的表示式为：

$$\frac{1}{2}mQ^2 - \frac{1}{2}mq^2 = \int_{\gamma}^{R}\varphi d\gamma$$

其中 Q、q 为物体运动的末速度和初速度，m 为质量，φ 为位移 γ 方向上的中心力。"力守恒原理"用文字表达即："一个物体在中心力作用下运动时，其活力的增加等于使其距离作用相应变化的张力的总和。"

在得出力守恒原理之后，赫姆霍兹总结出三个结论：（1）物体由与时间和速度无关的引力和斥力相互作用时，此原理正确。（2）物体受到与时间和速度有关的力作用或作用力不通过质点系中心而出现旋转运动，就会无限地失掉或获得力。（3）物体系在中心力作用下处于平衡态时，只能通过外力才能产生运动。否则，如果存在非中心力，物体会自己运动起来。

力的守恒原理属于机械能守恒的范畴，只有把它推广到各种基本自然现象上，才能得到赫姆霍兹希望的普遍的自然科学基本定律。在进行这一步推广时，赫姆霍兹不得不以对力守恒原理的应用来代替严格的数学证明。

他列举了力守恒原理应用的六个方面:(1)引力作用下的运动;(2)非摩擦和非弹性体的碰撞运动;(3)理想弹性固体和液体的运动;(4)热功当量;(5)电过程的力当量;(6)磁和电磁现象的力当量。在这六个方面的应用中,赫姆霍兹根据当时的科学发现,尽可能运用数学的和定量的分析方法,不得已时采用定性方法,来论证力的守恒原理。

这样,赫姆霍兹用物理学语言,从活力守恒(恒力作用下的机械能守恒)推导出普遍意义上的机械能守恒,最后还推广到自然界,包括有机界和无机界。他是在力学、电磁学、光学、热学、化学等大量已知实验事实基础上论证了能量守恒的普遍性。1854年赫姆霍兹在《自然力的相互作用》一文中指出:"自然作为一个整体,是力的储存库,它不能以任何方法增加或减少。所以自然界中力的数量正像物质的数量一样永存和不变。我曾将这个普遍的定律命名为'力的守恒原理'。"这里他明确地表达了能量转化和守恒的思想。

尽管对赫姆霍兹的贡献的确认来得不是很迅速,譬如恩格斯在《自然辩证法》中称《论力的守恒原理》不如迈尔1845年的论文高明,但是,赫姆霍兹的成果最终得到了学术界的承认,他被大多数人视为能量守恒定律的发现者。这与他首次使用了严密的物理学和数学语言来描述能量守恒定律有关。而迈尔在表述同一想法时使用的是思辨性的哲学语言。

能量守恒定律的最后严格表述,由开尔文勋爵在1853年给出:"我们把既定状态中的物质系统的能量表示为:当它从这个既定状态无论以什么方式过渡到任意一个固定的零态时,在系统外所产生的用机械功单位量度的各种作用的总和。"约在1860年左右,能量守恒定律获得普遍承认。

二 热力学第一定律

热力学第一定律的实验基础就是热功当量的测定,而其理论基础则与热机效率的研究有密切的关系,所以卡诺、迈尔、焦耳等人的理论和实验,为严格表述的热力学第一定律的提出作好了准备。

热功当量的发现揭示了热和机械功之间存在着内在的定量关系。焦耳的实验一方面证明了热和机械功的作用效果是等价的,另一方面也证明了绝热过程的功与过程进行的方式无关。在焦耳工作的基础上,克劳修斯和开尔文各自深入研究了热功转化的机制和规律性问题,分别获得了热力学第一定律的各自表述。

1850 年 4 月克劳修斯在《物理和化学年鉴》上发表了《论热的动力和可由此推导热学本身的定律》,第一次提出热力学的第一定律和第二定律作为热力学的两个最基本定律。他把热力学第一定律表述为:“在一切热做功的情况中,产生的功与消耗的热量成比例。反之,通过消耗同样大小的功,将能产生同样数量的热量。”在这篇论文中,克劳修斯首次使用了功的概念,但没有使用能的概念。直到 1865 年的一篇论文中,克劳修斯才引入能量的概念,意在把热力学第一定律推广为能量守恒定律。

1854 年,克劳修斯发表了《论机械热原理第二定律的一个改变形式》,其中给出了热力学第一定律的数学表达式:

$$Q = U + A \cdot W$$

这里 Q 为总热量,W 为外功,A 为热功当量的倒数,U 为与内功相对应的热量。在可逆循环中,U 得到恢复,上式变为:

$$Q = A \cdot W$$

1851 年,即克劳修斯提出热力学第一定律的第二年,开尔文发表了《以焦耳先生的单位热当量导出的大量结果和雷诺对蒸气的观察论热的动力学理论》一文,提出了著名的热力学第二定律的开尔文说法,也提出了热力学第一定律的开尔文说法。在这篇文章中,开尔文把焦耳发现的热功当量定律作为“命题一”给出:“以任何方法从纯热源产生的或以纯热效应损耗掉的等当量的机械效应,会放出或产生等量的热。”

开尔文把根据单体热功转化和守恒关系建立的命题推广到物质系,并用能量概念进行表述,在文章中他将之称做“定律一”:“物质系必须以热的形式或以机械功的形式,给出同它得到的同样多的能量。”这里开尔文首次把能量一词引入到了热力学中,该表述也被称为热力学第一定律的能量表述。这也为他在 1954 年用能量概念表述能量守恒定律作好了准备。

开尔文从物质系的热功转化条件着手,考虑高温体与低温体之间通过工作介质交还热量,认为交还过程是连续的和均匀的变化。他把这个变化过程分为很多同等的部分,每一部分在末端和始端的温度差下,由热量转化的机械功当量为 $JH\,_t^n$,则此物质系的热力学第一定律表示式为:

$$W + J(H_t + H_t^1 + \cdots\cdots + H_t^{n-1} + H_t^n) = 0$$

其中 W 为整个系统所做的外功，J 为热功当量。这个表示式说明，开尔文的物质系是一个孤立的物质系统，转化过程为热功可逆循环，没有内功项。

1865 年克劳修斯在《关于热的动力理论的主要方程的各种应用的方便形式》中提到他 1850 年提出的 U 项，经开尔文的建议命名为能量，并用微分方程 $dQ = dU + dW$ 表示热力学第一定律。经过克劳修斯和开尔文等人的努力，热力学第一定律在 19 世纪下半叶获得确立并得到承认。如果要认定一个提出者和提出时间，那么可以认为克劳修斯在 1850 年 5 月正式发表了热力学第一定律。

关于热力学第一定律的含义和性质，历史上也有不少不同的看法。一种看法认为，热力学第一定律就是热功当量定律，发现了热功当量及热与机械功的等当关系就是发现了热力学第一定律，因此持此种观点的人认为早在克劳修斯之前就已经发现了热力学第一定律。发现者有人认为是卡诺，有人认为是焦耳。另一种看法认为，热力学第一定律就是能量守恒定律，这种看法在 20 世纪早期以后越来越普遍。但严格来说，把热力学第一定律等同于能量守恒定律是不恰当的，合理的做法是把热力学第一定律看做是能量守恒定律的一个特殊情况。正如麦克斯韦在 1871 年《热理论》中所特别指出的："当能量守恒原理应用于热时，一般称为热力学第一定律。"联系到克劳修斯的热力学第二定律的熵增表述，热力学第一定律描述的是熵等于常数的情况，即热力学第二定律的一个特殊情况。

三　热力学第二定律

热力学第一定律是关于孤立热力学系统从热源吸收热量与内能和外功之间转化守恒关系的规律，并不涉及不同温度的两个热源之间的热量传递。然而卡诺热机理论表明，为了从热产生动力，需要有高温物体和低温物体。热机的实践也证明，热机存在着普遍的热耗散现象，总有一些热，譬如摩擦热，不能复返做功。事实上卡诺的理想热机循环在实际中是不能实现的。对此，需要有一个新的普遍规律对这种普遍现象加以说明。

卡诺已经认识到冷体向热体自发传递热量是不可能的，一般认为这是热力学第二定律的萌芽。但是卡诺是热质说的持有者，他认为："一定数量的动力是从 A 体传到 B 体的热质所产生的,这个结果会反向产生,并且由 B 体向 A 体传递热质才得到恢复:这两种作用是循环的,互相中和。"但是焦耳的大量实验表明,工作介质做功的等当热量比它从热源取得的热量要少,有一部分热量耗散而不复返做功。

在卡诺的不可能从冷体向热体传热做功和焦耳的机械功的热当量必然小于从热源吸取的热量这两种思想的启发下,几位物理学家从各自的角度独立探讨了热功转化过程中吸收的热量大于做功需要的热量和从冷体向热体自发传热做功的不可能性,从而得出了热力学第二定律。

（一）克氏表述

1850 年 4 月克劳修斯在发表的《论热的动力和可由此推导热学本身的定律》一文中提出:"热并不是一种物质,而是存在于物体的最小粒子的一种运动。"从热的运动说出发,他批评了卡诺的从热质说出发得出的热功转化过程中热并未损失即热质在传递过程中总数不变的思想。他说:"与新的思考方式相抵触的,并不是卡诺原理本身,而只是那个'没有损失热量'的补充。"克劳修斯肯定了卡诺的前半部分,建立起热力学的第一定律;否定了卡诺的"没有损失热量"的观点,认为热量通过传导发生了耗散,从而建立起热力学第二定律。克劳修斯给出热力学第二定律的表述为:"在没有任何力消耗或其他变化的情况下,把任意多的热量从冷体传到热体是和热的惯常行为矛盾的。"

在 1854 年《物理和化学年鉴》上发表的《论机械热理论第二基本定律的一个改变形式》一文中,克劳修斯给出了通常所说的热力学第二定律的"克氏表述":"热不可能由冷体传到热体,如果不因而同时引起其他关系的变化。"同时给出了其数学表示。

在热力学第二定律的"克氏表述"中,特别强调了热传导的方向性。克劳修斯规定由功变为热和由高温转变为低温作为正向变化,反之为负向变化。进而根据卡诺提出的命题"热的动力与参与完成工作的介质无关,其数量仅由传递热量的物体之间的温度所决定",提出了冷体和热体之间各种热传导都适用的和仅由冷体和热体的温度决定的状态函数 $F(t_1,t_2)$。克劳修斯这样推论,设在温度 t,做功产生热 Q,其等价值为 $Qf(t)$,而从高温

t_1 向低温 t_2 的热量传递, 设其等价值为 $QF(t_1, t_2)$, 对于相反方向的传递要加上负号, 于是

$$F(t_2, t_1) = - F(t_1, t_2)$$

考虑温度 t_1 时吸热 $Q + Q'$, 在温度 t_2 时放热 Q' 而做功的循环, 根据热功转化的等价性, 得到

$$- Qf(t_1) + Q'F(t_1, t_2) = 0$$

另外, 把这个循环的结果看做是在温度 t_1 时, 热 $Q + Q'$ 一次全部变成功; 在温度 t_2 时, 只有热 Q' 由功产生。这两个过程依然是等价的, 所以

$$- (Q + Q')f(t_1) + Q'f(t_2) = 0$$

以上两式相减得

$$QF(t_1, t_2) = Q(f(t_2) - f(t_1))$$

这里状态函数为绝对温度 T 的倒数, 所以

$$\frac{Q}{T} = Q\left(\frac{1}{T_2} - \frac{1}{T_1}\right)$$

克劳修斯把这个等价值对任意封闭过程求和, 得到的量为:

$$N = \int \frac{dQ}{T}$$

对于可逆过程而言, N 等于 0; 对于不可逆过程而言, N 总是大于 0。

在 1854 年的论文中, 克劳修斯没有给出 $\int \frac{dQ}{T}$ 的物理意义和名称, 只是把它作为一个新的状态函数的表示式。1865 年 4 月克劳修斯在《关于热的动力理论的主要方程的各种应用的方便形式》中提出 $\int \frac{dQ}{T}$ 的物理含义是一个与变化途径无关的状态函数, 并用 $dS = \int \frac{dQ}{T}$ 表示。他认为 S 和热力学第一定律中的 U 一样, 都是状态函数, 它表示物体的热转变含量, 并用了一个与能量的德文字(energie)相近的从希腊文转写过来的词 entropie 来命名 S。1923 年普朗克到南京国立中央大学作热力学第二定律方面的讲学, 胡复刚为之翻译, 首次把 entropie 译作熵。

在 1865 年的论文中, 克劳修斯把热力学第二定律表述为:

$$\int \frac{dQ}{T} \geq 0$$

对于可逆过程而言,熵等于 0;对于不可逆过程而言,熵总是大于 0。克劳修斯把熵增加的方向定义为正向,因为它是自发的,不需补偿即可进行。在 1867 年发表的《关于热的动力理论的第二定律》中,克劳修斯提出:"负的转变只能在有补偿条件下发生,而正的转变即使没有补偿也能发生。"由此在 1875 年《热的动力理论》中他提出了热力学第二定律的"克氏表述"更为精练的形式:"热不可能自发地从一冷体传到一热体。"

1867 年在法兰克福举行的第 41 届德国自然科学家和医生联合会议上,克劳修斯作了《关于热的动力理论的第二定律》的讲演,他把整个宇宙看做一个孤立的绝热系统,然后把热力学第一定律和第二定律应用于整个宇宙,得出:(1)宇宙的总能量是一个常数;(2)宇宙的熵趋向某一个极大值。这就是后来引起很多争议的"宇宙热寂说"的正式提出。

(二) 开氏表述

大致与克劳修斯同时,开尔文对热力学第二定律进行了独立的研究。他对卡诺循环做了深入研究,认识到理想的卡诺循环是不存在的,即服从理想卡诺循环的热机是造不出来的。1951 年在《以焦耳先生的单位热当量导出的大量结果和雷诺对蒸气的观察论热的动力学理论》一文中,开尔文提出了热力学第二定律的"开氏表述":不存在一种由非生命物的作用,将物质冷却到比周围最冷的东西还要低的温度的方法,使物质的任何部分产生机械效应。现在热力学第二定律的"开氏表述"一般又写成:不可能从单一热源取热使之完全变为有用的功而不产生其他影响。

在 1856 年的《论动力的起源和转变》一文中,开尔文把热力学第二定律和制造一种自动机联系起来,提出:不借助外部动因将热从一物体传递到另一高温物体来制成一个自动机,是不可能的。这种自动机也称为永动机,后来人们把违反热力学第一定律的永动机称做第一类永动机,把违反热力学第二定律的永动机称做第二类永动机。热力学第二定律也等价地被表述为:第二类永动机是不存在的。

四 热力学的发展

关于热的理论和热力学的基本定律已经建立,在此基础上沿着热是一种微粒运动的能量这种观念进一步深入,物理学家们建立起了热的分子运动论。这门学问主要由英国的麦克斯韦(J. C. Maxwell,1831—1879)、德国的玻尔兹曼(L. E. Boltzmann,1844—1906)和美国的吉布斯(J. W. Gibbs,1839—1903)在 19 世纪最后 25 年里建立起来。

麦克斯韦用其高明的数学来研究气体分子的热运动,玻耳兹曼也独立进行了同样的研究,他们一起创立了麦克斯韦—玻耳兹曼气体分子运动理论,提出了气体分子的平均自由程、气体分子速率的正态分布等理论。他们的理论表明温度或热可以用分子运动来解释,从而彻底抛弃了热是一种没有重量的流体的说法。

玻尔兹曼还着力从统计学角度解释热力学第二定律,他指出克劳修斯关于熵增大的概念可解释成无序程度的增加,并给出了熵的几率解释。按照几率的解释,玻尔兹曼必须假定分子速度只能取分立的数值,不能取无限多的连续值,这在一定程度上包含了分立能级的思想。后来普朗克在解决黑体辐射问题的过程中,采纳了玻尔兹曼的思想,并把熵的表达式明确写成: $S = k \log W$,其中 W 为气体分子或振子组态的几率, k 被称做玻尔兹曼常数。经过这一关键步骤,普朗克才获得了量子论的思想,掀开了量子时代的帷幕。

玻尔兹曼通过熵与几率的联系,建立了热力学系统宏观与微观之间的关联,同时也给出了热力学第二定律的微观解释。他指出:在热力学系统中,每个微观态都具有相同几率;但在宏观上,对于一定的初始条件,粒子将从几率小的状态向最可几状态过渡。当系统达到平衡态之后,系统仍可以按照几率大小发生偏离平衡态的涨落。这样,玻尔兹曼通过建立熵与几率的联系,不仅把熵与分子运动论的无序程度联系起来,而且使热力学第二定律只具有统计上的可靠性。玻尔兹曼认为,在理论上,热力学第二定律所禁止的过程并不是绝对不可能发生的,只是出现的几率极小而已。根据这些思想,玻尔兹曼对 1876 年由奥地利物理学家洛喜密脱(J. Loschimidt,1821—1895)提出的"可逆性佯谬"和 1890 年由彭加勒(J. H. Poicaré,1854—1912)提出的"循环佯谬"进行了答辩。

吉布斯则在处理热与化学平衡的关系中,奠定了整个化学热力学的基础。他把前人从热机得出的热力学原理以严格的数学形式应用到了化学反应上,提出了"自由能""化学势"等现代概念。在 1876 年他发表著名论文《论不均匀物质的平衡》,把对热力学过程的考察从均匀系统推广到不均匀系统。可惜吉布斯的工作没有引起大部分欧洲同行们的重视，麦克斯韦是真正领会了吉布斯工作的重要意义的，但是在吉布斯的工作发表后不久麦克斯韦就去世了，来不及为之作应有的宣传。后来德国理论物理学家奥斯瓦尔德（F. W. Ostwald,1853—1932）在 19 世纪 80 年代注意到了吉布斯的工作，在 1892 年把吉布斯的论文译为德文。1899 年吉布斯的论文又被译作法文，欧洲科学家才认识到 1887 年普朗克发表的不均匀系的平衡理论、范托夫（J. H. van't Hoff,1852—1911）建立的化学热力学等，只是对吉布斯工作的重复。

在热化学领域中，德国物理学家能斯特（H. W. Nernst,1864—1941）也进行了出色的研究。1905 年能斯特在哥廷根科学协会会议上宣读了著名的论文《论由热测量计算化学平衡》，文中提出了著名的"能斯特热定理"：绝对零度时，熵变也趋近于零。该定理的一个推论是：绝对零度是不可能达到的。1912 年他正式将此定理命名为热力学第三定律，并因此于 1920 年获得诺贝尔化学奖。

由上可知，从研究气体热性质而起步的热力学理论，其适用范围扩大到了一切物质系发生能量传递的过程。到 19 世纪 80 年代和 90 年代，热力学不仅被应有于物质系，而且也被应用于像黑体辐射这样的非物质系，并取得了丰硕的成果。当代理论物理学的研究也越来越显示，热力学定律是很深刻和普遍的宇宙规律，就是黑洞这样的奇异天体也服从热力学第二定律。

思考题

1. 能量守恒定律是如何得来的？那些科学家分别作出了什么样的贡献？
2. 热力学第一定律与能量守恒定律之间有什么样的关系？
3. 热力学第二定律的"克氏表述"和"开氏表述"各有什么特点？
4. 玻尔兹曼对熵的几率解释有什么深刻意义？
5. 热力学的基本定律导致了哪些学科领域的进展？

阅读书目

1. 阎康年：《热力学史》，山东科学技术出版社，1989 年。
2. 〔美〕乔治·伽莫夫：《物理学发展史》，高士圻译，商务印书馆，1981 年。
3. 〔日〕广重彻：《物理学史》，李醒民译，求实出版社，1988 年。

第十三讲

从进化论到遗传学

19 世纪生物学史上的一件大事就是达尔文提出自然选择的进化学说，而孟德尔在修道院后院默默无闻的杂交试验虽然意义深远却暂时被人遗忘。后来整个现代生物学的建立主要是综合了沿着这两项工作所指引的方向而得到的各种研究成果。

一　达尔文之前的进化论

自然界处在进化过程中的观念至少可以上溯到希腊哲学家的时代。赫拉克利特认为万物皆在流动中。恩培多克勒说生命是一个逐渐发展的过程。亚里士多德认为较为完善的形式是从不完善中发展而来的。但是希腊哲学家只能做到提出问题，并对问题的解决办法进行一番思辨性的猜测。

事实上，花去了两千年时间，花费了无数沉默而不关心哲学的生理学家与博物学家的心血，才收集到足够的观察与实验证据，使得进化观念值得科学家加以考虑。在达尔文提出进化学说以前，一个有趣的现象是，凡是持严格的科学家所应有的审慎态度的博物学家大多反对进化的观点，反而是哲学家们从他们的概念出发提出了进化的思想，如歌德、谢林、黑格尔等。其原因正如皮特·鲍勒在《进化思想史》中所言："哲学家可以大胆猜想自然不是稳定的，但是对于那些要为人们提供可用分类系统的博物学家来说，这种立场无异于断送自己的职业。"

到了 18 世纪，一些博物学家也开始加入到维护进化观点的行列里来了。到 19 世纪前半期，这样的人越来越多。如布丰（Comte de Buffon，1707—1788）就提出了外界环境直接改变动物的学说，而诗人、博物学家和哲学家的伊拉兹马斯·达尔文(Erasmus Darwin,1731—1802)在他的《动物规律学》中提出了一种初步的进化思想,后来在他的孙子手里发扬光大。

最早的一个有条理的、合乎逻辑的进化学说是拉马克(Jean-Baptiste La-marck,1744—1829)的用进废退学说。他要在环境造成的改变的积累性中寻找进化的原因。照布丰的观点,环境对个体所发生的改变影响很小。而拉马克认为,如果习惯的改变变成经常的、持续的,这就可能改变旧的器官,并且长出所需要的新器官。

拉马克相信动物的需要决定了它身体中器官的发展。但是这并不意味着动物单凭意志力就可以发展出它所需要的新器官。是环境产生了动物的需要,而动物的需要反过来又决定了动物如何使用身体。那些经常使用的部分可以吸收更多的神经流,这种流会在组织中产生更复杂的通道,使得器官增大;不用的器官接受的神经流少,将会退化。拉马克并没有提出详细的遗传理论,而是提出获得的性状作为努力的结果会传递到下一代,从而产生累计的效果。

拉马克用这种学说来解释长颈鹿的长脖子。他认为现代长颈鹿的短颈祖先在其历史上的某一时刻想吃树上的叶子。所有的短颈个体都向上伸脖子,结果脖子变长了。下一代继承了长颈,而且进一步伸长,结果经过很长时间,长颈鹿逐渐获得了我们今天看到的长颈。很大程度上,拉马克的观点是18世纪的回响,而不是19世纪的先声。但拉马克的学说仍不失为一个自洽的工作假设。

19世纪另外两位主张环境对个体有直接作用的进化论者是圣提雷尔与钱伯斯。钱伯斯匿名出版的《创造的奇迹》一书曾风行一时,帮助人们在思想上作好准备接受达尔文的进化论。马尔萨斯(Thomas Robert Malthus,1766—1834)的《人口论》则给了达尔文以直接启发,同样的启发也给了华莱士。马尔萨斯在《人口论》中宣布人口的增加常比食物的增加快,只有靠饥馑、瘟疫与战争除去过多的人口,才能使食物够用。在后来的版本中,他又承认了节制生育的重要性。达尔文是在1838年10月读到这本书的。

二　达尔文及其自然选择的进化论

达尔文(Charles Robert Darwin,1809—1882)是一名家道殷实的医生的

儿子。在幼年的达尔文身上看不到什么特殊的才能。达尔文曾被送到爱丁堡大学,继承家族学医的传统,但发现自己没有遗传父亲的才能,不久就放弃了学医的打算。家人觉得他应该在教堂谋得一个正式的职位,为此他在1827年后期进入了剑桥基督学院。但是他发现这对他也不合适。他父亲愤怒地宣称,他将使达尔文家族蒙受耻辱。然而达尔文在读了洪堡的著作后,对博物学产生了兴趣。

达尔文从事的第一项科学工作是参加英国地质学家塞奇威克率领的一次研究地质的野外旅行。塞奇威克很赏识这个年轻人的天赋和才华,但在以后的年代里,又极力反对达尔文的进化论。

1831年英国海军派遣一艘小船"贝格尔号"去测量南美洲的海洋。船长罗伯特·费茨罗伊想邀请一位随船博物学家,对到过的地方进行描述。达尔文被推荐给船长,但是船长迟疑不决,因为他对达尔文的印象不大好。而达尔文的父亲也反对达尔文这项计划。后来达尔文叔父介入,终于说服了老达尔文。

达尔文接受推荐,开始了一次历时5年的环球旅行。他忍受着晕船的极大痛苦,健康也逐渐恶化。但无论如何,这次航行是他走向成功的桥梁,也正是由于他的缘故,这次航行才成为生物学史上一次最重要的航行。

在此之前达尔文读过赖尔(Sir Charles Lyell,1797—1875,英国地质学家,火成论和均变说的提出者)的一些书。介绍他读这些书的人本希望达尔文跟他一起嘲笑赖尔的观点,但达尔文没有笑,反而相信了赖尔的观点。达尔文游历了南美广大的内陆地区,获得了大量的信息,这些信息使他对整个地质学和博物学的看法发生了改变。达尔文在南美观察到地质现象与赖尔的观点相吻合,因而不久他便相信了赖尔的均变说。他认识到地球是古老的,生命的发展经历了漫长的过程。

特别引起他注意的是距离厄瓜多尔海岸大约650英里处的由12个左右小岛组成的加拉帕戈斯群岛上的一群燕雀——现在它们被命名为达尔文燕雀。他发现这些燕雀在很多方面都彼此相似,但至少可以分为14个不同的种。其中没有一种出现在邻近的大陆上,而且就当时所知也不存在于世界上其他地方。达尔文相信邻近大陆上的原始燕雀种在很久很久以前必定来到了这岛上,它们的后代后来逐渐分化为不同的种类。有些只吃某一种种子,有些吃另一种;有些只吃昆虫。一个特定的种因为其不同的生活方式就会发育出特殊的鸟喙、特殊大小的躯体、特殊的组织系统。大陆上的原始燕雀没有经历这些变化。它们在其他鸟类的竞争下生存，而在群岛上原始燕雀的竞争对手比较少。然而什么原因引起了这些燕雀在进化中的变异呢？拉马克认为是获得性状遗传，生物是有意地力图按照有利于自己的方式发生变化，但达尔文不接受这个观点。

也有科学史家考证说，是动物学会的鸟类学家约翰·古尔德在"贝格尔号"返航后才正确地识别出这些燕雀是一群关系密切的物种。当达尔文确信了进化的真理之后，才不得不来重建这些莺鸟的历史。所以对达尔文来说，进化的线索应该来自加拉帕格斯群岛的嘲鸫，因为达尔文本人可以识别出有些嘲鸫物种与美洲的类型有明显的相似。

不管怎样，1836 年回到英国时，达尔文并没有带回答案。他被选进地质学会，忙于写作旅行和考察结果，同时思考他在航海期间的发现，特别是在加拉帕格斯群岛上的发现。1839 年他出版了《比格尔轮上一个博物学家的旅行》。此书获得了巨大的成功，使达尔文一举成名。达尔文致力于文体的清晰流畅，他相信文章可以写得透彻晶莹。达尔文还发表了关于珊瑚礁是由于珊瑚残骸逐渐堆积而成的观点，此说与赖尔的学说正好相反，但赖尔为达尔文的著作感到由衷喜悦，以至两人成了至交好友。

1838 年达尔文读到马尔萨斯的《人口论》，他马上想到书中的观点也同样适用于其他生命形式，而且在过剩部分中，首先被淘汰的将是争夺食物的过程中处于不利地位的那一部分。比如加拉帕戈斯群岛上最早的一群燕雀，在开始时一定曾经未受抑制地繁衍滋生，并且必定超过了它们赖以为生的植物种子的供应。因此有一些饿死了，先饿死的是那些比较羸弱的或不善于寻找植物种子的燕雀。如果有一些能够改食较大的或较硬的种子，或者更进一步，改吃昆虫的话，那将出现什么情况呢？不能实现转变的就只能受到饥饿的牵制，而能够实现转变的，就会发现一个未被采掘过的食物来源，于是它们就能迅速蕃息滋生直到它们的食物供应也开始紧缩起来。

换句话说，迫于环境的压力，生物会使它们自己适应不同的生活方式。往往会出现某一群生物可以更适合于某一小环境的变化，使得它们击溃另一群并取而代之。自然界就是这样选择某一群而淘汰另一群的。通过这种"自然选择"，生命将扩增出无限的品种，在各个特定的小环境里，适者生存，劣者淘汰。但是，一只吃种子的燕雀，是怎样做到突然学会其他燕雀做不到的改吃昆虫的呢？这里达尔文没有提出坚实的论证。但他知道，变异肯定是发生了的，养鸽子的业余爱好使他有亲身体验。

由于对变异原因的研究受阻，达尔文干脆承认随机个体差异的存在是一种观察事实，因而可以据此来建立一种理论。变异被称做是"随机的"，意味着不仅变异的方向是不定的，而且变异的原因也不可能直接分析出来。达尔文因此开辟了一条新的科学解释途径，这种解释成了19世纪后期的特征。这种新的科学解释途径要求科学家使用的法则必须看起来仅仅像是大量个别事件的平均效果，每一个事件都有原因，但是在一定水平是不可描述的。

这样，按照达尔文的变异和选择理论，长颈鹿有这么长的脖子不是因为像拉马克所说的那样它们要争取长出一个长脖子来，而是有一些长颈鹿不知什么原因生来脖子就长一些，它们因此可以吃到更多的树叶，生活得更好，繁衍更多的子孙，来通过遗传继承这个自然生成的较长的脖子。自然变异和自然选择使得脖子继续慢慢地长起来。对长颈鹿身上的斑纹，拉马克无法解释，而达尔文可以解释。一头由于变异而产生斑纹的长颈鹿，因为这些斑纹与树林背景交织在一起，能够更容易躲过捕食者，因而它就会留下更多的后代来继承它有斑纹的特征。

达尔文不断地收集证据，试图完善他理论中的薄弱环节。1844年他开始写一部书，由于太想精益求精了，直到1858年还未脱稿。好在他有足够的资产让他想干多久就干多久。他的朋友们了解他的性情，特别是赖尔，一个劲儿地敦促他尽快出版，不然就会被别人抢先发表同样的观点。达尔文没有听从劝告，而赖尔的话果然应验。另一位博物学家华莱士(Russel Wallace，1823—1913)写了一篇论文，其中包含的观点与达尔文的几乎达到字吻句合的地步。华莱士还寄了一个副本给达尔文征求意见。

达尔文收到文稿时如闻晴天霹雳，但他没有匆忙出版他的书来夺回荣誉。然而他也不想使自己20年的优先权付诸东流。他求助于赖尔和胡克的帮助，他们安排宣读了华莱士的文章、从达尔文正在写作的书中摘出的两篇简短的梗概和一封给阿沙·格雷的信，这封信可以证实达尔文率先认识到歧化原理。这些文章在林奈学会上宣读，后来又发表在学会的刊物上。奇怪的是，文章宣读后没有引起什么争论，发表后也没有引起什么反应。如此简短的说明未能使公众关注这样一个重大的问题。

但是这时达尔文认识到，他不能再迟疑了，必须写出一部可以很快发表的包括他的理论的实质内容的书。第二年即 1859 年 11 月 24 号约翰·默雷出版社出版了达尔文的书。这本已经很厚的书还只是原计划的五分之一。全名称做《论通过自然选择的物种起源，或生活斗争中适者生存》，通常简称《物种起源》。对这本书学术界已经等候多时了，首版 1250 册在第一天就被抢购一空，以后一次又一次地再版。

达尔文的书引起了持久的争论。一些人认为这本书叛离了《圣经》教义，很多人则相信它将摧毁宗教。即使在科学家之间也争论得热火朝天。达尔文太过温文尔雅，其秉性很不适于争辩。幸而有赫胥黎（Thomas Henry Huxley，1825—1895）挺身而出为捍卫达尔文的学说进行战斗，他自称"达尔文的斗犬"。在德国和美国也各有人为达尔文学说与反对派争论。

《物种起源》一书回避了这么一个爆炸性的问题，即达尔文的学说是否也适用于人类自身。在这一点上，赖尔作出了热烈的反应，他在 1863 年出版的《古老的人类》一书中，坚定地支持达尔文学说，并就人类或类人的生物在地球上必曾走过千万年漫长的历程进行了讨论。作为证据，他引用了当时在古老地层中发现的石制工具。

华莱士怀疑进化论是否适用于人类。但是达尔文不怀疑，他认识到，任何进化学说最终都要用来说明人类。他在 1871 年出版的《人类的遗传》一书中论述了显示人类是低于人类的生命形式后裔的证据。首先，人类有很多退化的器官，外耳内弯瓣上有尖状物的痕迹，说明在遥远的过去，耳朵是竖立的、尖形的；还有脊柱底部有四块骨头，它们是尾巴的残余；等等。

没有多久，至少科学界被说服了，到达尔文死时自然选择进化的概念已经赢得彻底的胜利。剩下的反对派已经不是科学家。达尔文在死时获得了崇高的评价，他被安葬在威斯敏斯特大教堂，离牛顿、法拉第和他的朋友赖尔不远的地方。

三　达尔文之后

达尔文学说取得了辉煌的胜利，但是冷静下来思考一下，其中仍有许多问题有待解决。1878 年达尔文在一封信中自己也承认："对诸如自然选择的影响有多深远，外界条件的作用有多大，或者是否存在某些神秘的先天性完善趋势等方面的认识,还存在着重大分歧。"而与达尔文同时代的最热心的支持者们——英国的赫胥黎和德国的海格尔——在对进化论如何理解上与达尔文不同,他们彼此间也有区别,只不过小心翼翼地不使这种分歧变得那么醒目。

事实上这些达尔文的最亲密的支持者,包括赫胥黎,也几乎不使用自然选择学说。当时那些最支持达尔文主义的人,对于达尔文学说的有些方面却不赞成,而这些方面恰恰是现代生物学家所重视的地方。他们之所以可以团结在一起,只不过因为他们所认识的达尔文促使他们相信一般意义上的进化思想。所以有人说,按照今天的标准看,早期的许多进化论者只不过是"假达尔文主义者",也不无道理。

进化是否由一代一代的小变异积累而成,或者说大的变异是否具有决定性? 是什么机制造成了导致自然选择的变异? 这些变异是如何传给后代的? 如此等等这些问题仍旧是达尔文之后争论的焦点。到 20 世纪,孟德尔遗传学说将人们的注意力从自然选择和小变异转向大变异、根本变化和突变。20 世纪 30 年代有一本《生物学史》中写道:"像人们已经做的那样,把自然选择学说推崇到可以和牛顿的引力理论相提并论的自然规律的地位是毫无道理的……时间已经证明了这一点。达尔文的物种起源理论早就被放弃了。达尔文所确认的其他事实全都只有二流价值。"那么如何解释威斯敏斯特大教堂中达尔文的墓离牛顿的最近这一事实呢? 该书作者的回答是:"如果他们不是考虑他在科学上的地位,而是衡量他对人类的一般文化发展的影响——即他对语言学、哲学、历史观念和人们关于生命的一般思想的影响,这种崇高荣誉他是当之无愧的。"

达尔文学说的要义不能被当时的人们理解,但达尔文的思想在科学领域以外却产生了革命性的影响,其程度甚至远远超过了在生物学和博物学领域的影响。"进化论"深入到了从小说的演变到社会进化研究的人类思想和行为的各个方面。19 世纪后期出现了一种"社会达尔文主义"的特殊社会思潮,试图把进化论应用于社会学。早期的社会达尔文主义主要根据"生存竞争"来为维多利亚时期资本主义竞争精神辩护。但是现在的史学家们一直搞不清楚那个时代在多大程度上利用了社会达尔文主义的论点;同时,对达尔文本人对待社会达尔文主义的态度也各有理解。一方面,有人谴责达尔文主义助长了攻击性的个人主义;另一方面,有人否认达尔文对社会达尔文主义观点的认同，达尔文曾在一封信中把这种社会达尔文主义观点斥为"愚蠢的"。

一种更为极端形式的社会达尔文主义致力于倡导实行彻底的自由竞争政策，其目的在于解除对经济竞争的束缚。国家必须放开对个人行动自由的限制，任由个人依其能力兴衰。只有当最适者为在经济上占据主导地位而奋斗，而那些不适者承受这种竞争的后果时，才会出现进步。斯宾塞的著作，如《社会静力学》《人与国家》等，都表示了他对自由竞争的支持。在他看来，对于经由众多个人努力的积累而达到的进步来说，自由是必需的；自由也是使所有个人都与社会发展保持协调的必要手段。

到 20 世纪初，仍然没有多少人支持达尔文的自然选择理论。野外博物学家坚持的是达尔文最初强调的地理因素在进化中的作用，同时对其他的适应机制，比如拉马克主义，也很感兴趣。古生物学家则确信进化是定向和线性的过程，其机制是拉马克主义或直生论。新一代实验生物学家则走向另一个极端，他们利用遗传学攻击拉马克主义，但是又拒绝承认适应和选择在控制新性状传播中起作用。

20 世纪 20 年代达尔文主义开始出现了走出低谷的迹象，当时出现了把生物学的不同分支综合起来的尝试，达尔文主义成为一种新思路的关键。人们意识到，可以利用孟德尔主义对遗传的理解来解释含有众多变异的群体；同时还认识到，选择会影响基因的相对频率。到了 1940 年，许多博物学家开始意识到自己的工作可以融汇到这种新的选择学说中，从而放弃了像拉马克主义这样的没有坚实证据支持的学说。由此而产生的"综合进化论"或"现代综合论"使达尔文主义再次成为生物学的主流。

总而言之，达尔文的学说无论在科学界还是在科学界之外，产生的影响都是深远的。达尔文进化论确立了包括人类在内所有生物的共同起源的原理，这预示着绝对人类中心论的灭亡。又因为变异是随机的、不定向的过程，因此进化不是导致更好或更完善的种类的过程，而是这样一系列阶段，在这些阶段中，成功的繁衍仅仅存在于那些具有最适合所处环境特定条件的特点的个体中。这样就驳斥了任何形式的宇宙目的论或自然界的预定论。关于进化论及其意义的历史的、哲学的乃至科学的讨论，训练了达尔文去世后一个世纪内重要的思想家的头脑，这本身也是达尔文学说具有非凡生命力的证明。

四　遗传学

（一）孟德尔及其杂交实验

孟德尔（G. J. Mendel,1822—1884）出生于奥地利的海因岑多夫（今捷克的海恩塞斯）,1840 年毕业于特罗保的预科学校后进入奥尔米茨哲学院学习。1843 年因家贫而辍学,同年 10 月到布尔诺的奥古斯丁修道院做修道士。1847 年成为神父。1849 年受委派到茨纳伊姆中学任希腊文和数学代课教师。1850 年参加教师资格考试,但因当时他在生物学和地质学方面的知识太少而未通过。为了"起码能胜任一个初级学校教师的工作",他所在的修道院根据一项教育令把他派到维也纳大学学习。

1851 年到 1853 年间孟德尔在维也纳大学学习了物理学、化学、动物学、昆虫学、植物学、古生物学和数学,同时还受到杰出科学家们的影响。孟德尔当过多普勒的演示助手,接触了数学家和物理学家依汀豪生,认识了细胞理论发展中的一位重要人物恩格尔。孟德尔也许从恩格尔那里学到了把细胞看做动植物有机体结构的观点。恩格尔也是孟德尔有史以来遇到的最好的生物学家,他认为遗传规律不是由精神本质决定的,也不是由生命力决定的,而是通过真实的事实来决定的。孟德尔在这方面应该受到了恩格尔的很大影响。

1853 年孟德尔从维也纳大学毕业回修道院。1854 年被委派到布尔诺一座新建的技术学校任物理学和植物学的代理教师,并在那里工作了 14 年。1854 年夏天孟德尔开始用豌豆进行他的杂交实验。1865 年 2 月孟德尔在布隆布尔诺学会自然科学研究会上宣读了作为他的实验结果的《植物杂交实验》论文,这篇论文后来于 1866 年发表于该学会的会议录上。1868 年孟德尔被选为修道院院长。1884 年 6 月 6 日死于慢性肾脏疾病。可惜他的私人文件被付之一炬,我们现在几乎没有关于孟德尔及其灵感的第一手资料。

孟德尔选择豌豆作为实验材料来研究植物的杂交。他先收集了 34 个各自具有易于识别的形态特性的豌豆品系。为了保证这些品系的独有特性是稳定不变的,他把这些品系先种植了两年,最终挑选出 22 个有明显差异的纯种豌豆植株品系。

在挑选出纯种豌豆后,孟德尔用它们进行杂交,例如把长得高的同长得矮的杂交,把豆粒圆的同豆粒皱的杂交,把结白豌豆的植株同结灰褐色豌豆的植株杂交,把沿豌豆藤从下到上开花的植株同只是顶端开花的植株杂交。他希望通过杂交实验来"观察每一对性状的变化情况,推导出控制这些性状在杂交后代中逐代出现的规律"。

孟德尔通过人工授粉使高茎豌豆与矮茎豌豆杂交。第一代杂种(子 1 代)全是高茎的。他又通过自花授粉(自交)使子 1 代杂种产生后代,结果子 2 代的豌豆有 3/4 是高茎的,1/4 是矮茎的,比例为 3:1。孟德尔对所选的其他 6 对相对性状也一一地进行了上述的实验,结果子 2 代都得到了性状分离 3:1 的比例。

孟德尔又用具有两对相对性状的豌豆做了杂交实验。结果发现,黄圆种子的豌豆同绿皱种子的豌豆杂交后,子 1 代都是黄圆种子;子 1 代自花授粉所生的子 2 代,出现 4 种类型的种子。在 556 粒种子里,黄圆、绿圆、黄皱、绿皱种子之间的比例是 9:3:3:1。孟德尔的实验也没有只停留在子 2 代上,某些实验继续了 5 代或 6 代。但在所有实验中,杂交种都产生 3:1 的比例。通过这些试验,孟德尔创立了著名的 3:1 比例。对这个结果如何解释呢?

孟德尔引入了孟德尔因子,他假定豌豆的每个性状都由一对因子所控制。如对于纯种的光滑圆豌豆,可以假定它由一对 RR 因子决定;对于纯种的粗糙皱豌豆,假定它由一对 rr 因子决定。对于杂交一代来说,是从亲本中各获取一个因子,于是得到 Rr。由于性状只是出现圆豆粒,因此就把这种子 1 代中出现的性状称为显性性状,未出现的性状称为隐性性状。相应地,决定显性性状的因子称为显性因子,决定隐性性状的因子称为隐性因子。对于具有 Rr 因子的子 1 代而言,进行自交的结果就会出现四种结果:RR、Rr、Rr、rr,或者简单记作:RR + 2Rr + rr。显性性状与隐性性状之比恰好为 3:1,并且"杂种的后代,代代都发生分离,比例为 2(杂):1(稳定类型):1(稳定类型)"。孟德尔根据这些事实得出结论:不同遗传因子虽然在细胞里是互相结合的,但并不互相掺混、融合,而是各自独立、可以分离的。后人把这一发现称为分离定律。

以上只是单变化因子的实验。对于具有两种相对性状的豌豆之间的杂交,也可以用上述原则来解释。如设黄圆种子的因子为 YY 和 RR,绿皱种子的因子为 yy 和 rr。两种配子杂交后,子 1 代为 YyRr,因 Y、R 为显性,y、r 为隐性,故子 1 代都表现为黄圆的。自交后它们的子 2 代就将有 16 个个体,9 种因子类型。因有显性、隐性关系,外表上看有 4 种类型:黄圆、绿圆、黄皱、绿皱,其比例为 9:3:3:1。据此孟德尔发现,植物杂交中的不同遗传因子可以自由组合或分离,遵从排列组合定律,后人把这一规律称为自由组合定律。

孟德尔的这两条遗传基本定律就是新遗传学的起点,孟德尔也因此被后人称为现代遗传学的奠基人。孟德尔从 1856 年开始,经过 8 年的杂交实验,在 1865 年 2 月 8 日和 3 月 8 日举行的布尔诺学会自然科学研究会上报告他的实验结果时,与会者固然很有兴致地听取了他的报告,但大多不理解其中的内容,因为既没有人提问题,也没有人进行讨论。

人们曾经以为孟德尔的工作被埋没,是由于当时学术情报交流不畅,人们不知道他的工作造成的。后经调查,才知情况并非如此。布尔诺学会至少同 120 个协会或学会研究会有交流资料的联系。刊载孟德尔论文的杂志,共寄出 115 本。其中当地有关单位 12 本、柏林 8 本、维也纳 6 本、美国 4 本、英国 2 本(英国皇家学会和林耐学会)。孟德尔本人还往外寄送过该论文的抽印本。有据可查的至少有 5 个人了解他的工作。第一位是 19 世纪著名植物学家耐格里,孟德尔不仅寄了论文给他,还给他写过一封进一步说明论文的长信。第二位是凯尔纳,曾任因斯布罗克大学教授、维也纳植物园主任。第三位是植物学教授霍夫曼。第四位是植物杂交方面的权威威廉·奥尔勃斯·福克。第五位是俄国的施马尔豪森。但是,不管是刊物还是论文,都如石沉大海,没有得到明显的反馈。当时生物学界的优秀头脑都在高谈阔论进化论,对土里土气的杂交没有人感兴趣。这样,孟德尔为遗传学奠定了基础的、具有划时代意义的发现,竟被当时的人们所忽视和遗忘,被埋没达 35 年之久。

(二)孟德尔法则的再发现到现代生物学

直到 1900 年,孟德尔关于遗传的定律才重新被荷兰的德弗里斯(H. De Vries)、德国的科伦斯(C. Correns)和奥地利的丘歇马克(E. Seysenegg-Tschermak)三位遗传学家分别发现,从而吸引了整个生物学界的注意。德弗里斯于 1900 年 3 月 26 日发表了同孟德尔的发现相同的论文；科伦斯的论文被杂志收到的时间是 1900 年 4 月 24 日；丘歇马克的论文被收到的时间是 1900 年 6 月 20 日。在这一年他们也都各自发现了孟德尔的论文，才明白自己的工作早在 35 年前就由孟德尔做过了。

20 世纪头 10 年里，科学家们除验证孟德尔遗传规律的普遍意义外，还确立了一些遗传学的基本概念。1906 年英国生物学家贝特森首次提出了"遗传学"一词，以称呼这门研究生物遗传问题的新学科。1909 年约翰逊称孟德尔假定的"遗传因子"为"基因"。1910 年孟德尔遗传规律被改称为孟德尔定律。

1909 年，摩尔根在前人工作的基础上开始对果蝇进行实验遗传学的研究，发现了伴性遗传的规律，证明了遗传变异与细胞中染色体的变化是密切相关的。他和他的学生还发现了连锁、交换和不分离规律等，并进一步证明基因在染色体上呈直线排列，从而发展了染色体遗传学说。摩尔根还给出了第一个果蝇染色体连锁图，从而确立了基因作为遗传基本单位的概念。1919 年和 1926 年摩尔根又相继出版了《遗传学的物质基础》和《基因论》，建立了完整的基因遗传理论体系。摩尔根因此而获得了 1933 年的诺贝尔生理学和医学奖。

1927 年，摩尔根的学生穆勒（H. J. Muller）用 X 射线照射果蝇，产生人工诱变的个体，于 1946 年获得诺贝尔奖。佩因特 1933 年的果蝇唾腺染色体研究，明确了染色体的缺失、重复、倒位和易位等变化的细节。玉米夫人麦克林托克在 20 世纪 30 年代发现基因可以跳跃。与孟德尔一样，她的这一发现也长期得不到人们的理解，但她最终在有生之年得到了承认，于 1982 年获得诺贝尔奖。

这些发现为分子生物学的诞生铺垫了道路，比德尔和塔特姆的研究又将遗传学推进到生物化学的层次。他们发现基因通过控制酶的作用来控制生命过程，为此获得了 1958 年诺贝尔奖。德尔布吕克作为一位物理学家，将现代物理学与现代生物学相结合，将信息的概念和定量的方法引入遗传的研究当中。20 世纪 40 年代他通过对噬菌体的研究而发现了基因的作用，1969 年和卢利亚同获诺贝尔奖。

20 世纪中叶，遗传学从细胞水平开始向分子水平过渡。这一时期，由于微生物遗传学和生化遗传研究的广泛开展，工作进入微观层次。1944

年美国细胞学家艾弗里的研究小组在用纯化因子研究肺炎双球菌转化实验中，证明了遗传物质是DNA(脱氧核糖核酸)而不是蛋白质。1952年赫尔希用同位示踪法再次确认DNA是遗传物质。

20世纪40年代细胞遗传学、微生物学和生化遗传学领域取得的成就，吸引了一些物理学家投身到遗传的分子基础和基因的自我复制这两个领域的研究中来，从而注入了物理学的新理论、新概念和新方法。1951年生物物理学家威尔金斯给出了DNA纤维的X射线衍射图，为DNA双螺旋结构的发现打下了基础。

1953年刚刚离开校门的大学生沃森和物理学家克里克发现了DNA的双螺旋结构，开启了分子生物学时代。分子生物学使生物大分子的研究进入一个新的阶段，使遗传的研究深入到分子层次。沃森、克里克和威尔金斯共同获得了1962年的诺贝尔奖。

DNA结构的出现给解决遗传信息的传递问题带来新的希望。有4种碱基组成的DNA是如何决定蛋白质的20种氨基酸的排列组合的呢？1944年物理学家薛定谔的《生命是什么》一书中提出了遗传密码的思想。1954年物理学家伽莫夫提出了著名的三联密码假说。1959年克里克支持此假说，认为DNA将遗传信息由细胞核传送到细胞质，并决定蛋白质的合成，这被后来的一系列实验所证实。1961年尼伦伯格和马太利用三联体密码合成了由苯丙氨酸组成的多肽长链。到1963年64种遗传密码的含义全部得到了解答，形成了一部密码辞典。由此科学家们可以认为：基因是DNA分子的一个个片断。

随着遗传密码的破译诞生了一门新的学科——基因工程。20世纪70年代，内森、史密斯和阿尔伯发现了限制性内切酶在分子遗传中的作用，为基因工程奠定了基础。1973年伯格成功地实现了DNA的体外重组，人类开始进入按需要设计并改造物种，创造自然界原先不存在的新物种的基因工程时代，并由此而兴起了以基因工程为主体的生物工程新学科。分子遗传学和生物工程已成为当今生物科学中最活跃、最前沿的新领域。桑格还于20世纪70年代发明了DNA碱基测序方法，这项技术为20世纪末实施的人体基因组计划——一项详细调查和破译出人体遗传物质的大约30亿对基因碱基、编绘出人体的全部基因图的计划——奠定了基础。

思考题

1. 达尔文之前有哪些进化论思想?

2. 达尔文学说的要点是什么?

3. 达尔文及其支持者在对其学说的看法上有什么分歧?

4. 到什么时候科学界才真正把握了达尔文学说的精髓?

5. 孟德尔定律的具体内容是什么?

6. 简述遗传学发展的概况。

阅读书目

1. 〔英〕皮特·J. 鲍勒:《进化思想史》,舒德干等译,江西教育出版社,1999 年。

2. 〔美〕威廉·科尔曼:《19 世纪的生物学和人学》,严晴燕译,复旦大学出版社,2000 年。

3. 〔美〕加兰·E. 艾伦:《20 世纪的生命科学史》,田洺译,复旦大学出版社,2000 年。

4. 〔美〕洛伊斯·N. 玛格纳:《生命科学史》,李难等译,华中工学院出版社,1985 年。

5. 〔美〕霍勒斯·贾德森:《创世纪的第八天:20 世纪分子生物学革命》,李晓丹译,上海科学技术出版社,2005 年。

从以太理论到相对论

一　以太的历史与理论

"以太"(aether)这个词源于希腊,现在所知它最早的出处是亚里士多德的《物理学》一书:"因此地在水中,水在空气里,空气在以太里,以太在宇宙里。但宇宙再不能在别的事物里了。"亚里士多德把以太当做第五元素引入,认为它是一种不变的完美物质,月上世界就是由以太组成的。

亚里士多德之后,笛卡尔第一个赋予以太一种力学性质。他认为宇宙中充满以太,能够传递力和施加力于"浸在"其中的物体之上。他用以太的旋涡来说明天体的运动,他的追随者据此来反对牛顿的超距作用。波义耳相信笛卡尔的以太说。

牛顿也在另外一种意义上使用以太这个概念。他提出以太可能伴随引力作用、电磁现象和热辐射的传播,但是认为,"光既非以太也不是它的振动,而是从发光体传播出来的某种与此不同的东西"。

现在我们一般所指的以太理论是牛顿之后的 200 多年里发展起来的。17 世纪到 19 世纪末,科学家们为了寻找一种力学模型来解释光学现象,发展出一套以太理论。

我们知道在光学发展历史上有所谓的微粒说和波动说之争。微粒说认为光是一种服从力学定律的微粒流,这种微粒打在人的眼睛上引起光的感觉。波动说认为光是一种以波动形式在空间传播的机械波。笛卡尔是提出微粒说的第一人。1637 年笛卡尔在《屈光学》中提出一种光学模型,把光看做是由一种弹性媒质传递的压力:"……光不是别的东西,而是一种极稀薄的物质中所含有的某种运动或作用,这种物质充塞其他一切物体的毛孔……"

后来牛顿也支持微粒说,指出光微粒是按照力学定律沿着直线飞行的。牛顿由于在力学方面取得伟大成就而享有崇高威望,因此对光的微粒说产生了很大影响。牛顿认为光的反射和一个弹性小球在遵守入射角等于反射角的条件下撞击一个平面时的反弹相类似。对光的折射,牛顿用折射介质对光微粒的吸引力来解释。由于这种吸引力,当光微粒从第一种介质进入第二种介质时,它的速度要发生改变,在较密的第二种介质中比在第一种介质中的速度要大(1850 年法国物理学家傅科用实验证明作为密介质的水中的光速小于空气中的光速)。

当勒麦(Olaf Römer,1644—1710)于 1676 年第一次测出光速后,人们对牛顿的微粒说产生了一定的怀疑。一颗微粒竟能以如此巨大的速度在空中飞行,那是不可思议的。但是微粒说仍然成功地解释了光的直线传播和偏振现象,解释光的折射虽然有些牵强,但能成功地解释反射定律。所以微粒说仍有生命力。

波动说则是从另外一个方面来思考光学的性质。意大利物理学家格里马第(F. M. Grimaldi,1618—1663)在 1660 年发现了光的衍射现象,首次揭示了光的波动性。1667 年胡克(R. Hooke,1635—1703)指出笛卡尔的微粒说不能解释颜色,认为光完全是以太的纵向振动,其振动频率决定了光的不同颜色。在这里以太已经不是笛卡尔、牛顿意义上的以太了。

1678 年惠更斯(C. Huygens,1629—1695)完成《光学》(1690 年出版)一书,在他的书中指出,必须把光振动看做是在特殊介质——以太中传播的弹性脉动,而无论在物体内部或在物体之间,以太浸透在全部空间内,填满任何物质质点之间的空隙,而这些质点就像淹没在以太的海洋中一样。惠更斯成功地解释了光的折射现象,他推导出的折射率后来被傅科的实验证实。但是他假设光是纵波,无法解释偏振现象,也不能解释光的直线传播。

以后微粒说和波动说各有笃信者。到了 19 世纪,波动说有了决定性的进步。英国物理学家托马斯·杨(Thomas Young,1773—1829)发现光的干涉现象,并用振幅叠加原理明确地解释了干涉现象。在 1801、1802 和 1803 年,他连续三年向皇家学会宣读了他的论文。他认为"以太渗透到所有物质中时阻力很小或不受阻力,或许正像风通过树林那样自由"。杨氏理论很好地解释了薄膜的彩色条纹,并且用牛顿的数据确定了各种颜色的波长。尽管他一再声明他的观念正是来自牛顿的研究,还是受到了严厉的攻击。

1815 年法国物理学家菲涅耳(A. J. Fresnel,1788—1827)在杨氏干涉理论的基础上补充了惠更斯的波动原理,把初级波的传播方式看成是相继激发出的一系列球面次级子波互相叠加和干涉而成,"一个光波在其任何一点上的振动,可以看做是同一时刻传到这一点的各个基元运动之和,这些基元运动是未受阻碍的波在其任何一个早先的位置上的所有各部分的分别作用引起的",从而在波动说基础上解释了光的直线传播。按菲涅耳的说法,光波像在空气中传播的声波一样,也是纵波。"惠更斯—菲涅耳原理"成功地解决了波动说中光沿直线传播的难题,还解释了光通过障碍物时所发生的光的强度分布问题,亦即解释了光的衍射现象。

1808 年法国军事工程师马吕斯(E. L. Malus,1775—1812)针对法兰西科学院的悬赏"给出双折射的数学理论,并用实验证实之",对冰洲石的双折射现象进行了研究,发现双折射的两束光线的相对强度和晶体的位置有关,从而发现了光的偏振现象。这一现象与惠更斯认为的光是以太质点的纵向振动的观点相抵触。1811 年菲涅耳和朋友阿拉戈(D. F. J. Arogo,1786—1853)做了一系列实验,以确定偏振对干涉的作用,发现偏振光通过晶体时产生丰富的彩色现象,的确与以太的纵向振动的观点相抵触。

托马斯·杨、菲涅耳等波动说的支持者为此绞尽脑汁。1817 年杨提出光以太的振动也许是横向波,把光以太描述为一种横波就能够解释光的偏振现象。菲涅耳支持托马斯·杨的假设。但是这一假设仍然困难重重,许多理论需要重新建立。液体和气体中不能发生横向振动,所以必须把光以太描述成一种弹性刚体。当时对固体中的弹性振动还没有开展研究,杨和菲涅尔关于光以太的横波学说推动了对弹性固体的特性的研究。菲涅尔发展了对以太振动的一种力学描述方法,由此导出他关于反射光和投射光振幅的著名公式。他假定以太具有刚性,也就是具有抵抗形状扭曲的能力,这样以太才可能传递横向波。

1818 年菲涅耳在杨的想法基础上还提出,透明物质中以太的密度与该物质的折射率二次方成正比。他还假定当一种介质相对以太参照系运动时,其内部的以太只是超过真空的那一部分被介质带动(以太部分曳引假

说），并得到运动介质内光的速度 V_t 为

$$V_t = \frac{c}{n} + V_m(1 - \frac{1}{n^2})$$

其中 c 为真空中的光速，n 为运动介质的折射率，Vm 为介质的运动速度。1851 年法国物理学家斐索在实验中证实该公式，因此该公式也被称做"菲涅耳—斐索公式"。

　　然而新的困难又来了，以太具有固体的弹性，那么物体如行星、彗星等何以能够自由地穿行其中而不受什么阻力？后来斯托克斯（G. G. Stokes，1819—1903）指出，像沥青和果子冻之类物质既有足够的刚性，能够承受弹性振动，又有充分的流动性，允许其他物体从中通过，尽管要走得很慢。而以太就是具有这种性质的物质。对于光的非常快的振动，它像弹性固体；但是对于行星这种慢得多的运动速度，它又像流体一样易于变形。

　　正当学者们对这些解释开始满意起来时，新的问题又出现了：既然以太是固体，为什么只有横向波，没有纵向波？对此也有各种各样的假设。1839年法国数学家柯西（A. Cauchy，1789—1857）提出以太具有负压缩性，从而使纵波速度为零，后来该理论被称为"可缩理论"。格林（G. Green，1793—1841）则指出这样的以太是不稳定的，随时都倾向于收缩。为此威廉·汤姆生（W. Thomson，1824—1907）进一步发展了该理论，认为以太应像不含空气的泡沫，由于粘在固体上而维持不破。

　　1839 年马克可拉（Jams MacCullagh，1809—1847）也提出，以太是一种与已知的弹性物质不同的新型弹性物质。他假设以太的各单元能够抵抗扭转应力，但不能扭转纵向应力。他的理论解释了许多光学现象，其以太理论方程组的结果与麦克斯韦方程组在数学形式上很相似。威廉·汤姆生还给出了马克可拉的以太单元模型，他用四根棒将正四面体的四角和中心联结起来，每根棒作为一对反向旋转的陀螺飞轮的轴。此模型能抵抗所有转动扰动，但不能抵抗平移扰动。

　　至此以太理论发展到了它的顶峰。我们看到，引入以太的目的是为了用动力学的观点解释光的性质。1845 年法拉第发现了固体和液体在磁场中的旋光性（光的振动面发生旋转），首次发现光学过程与电磁过程之间存在联系。法拉第还发现了电流强度的电磁单位与静电单位之比正好等于 3×10^{10} cm/s，即光速。从此以太概念开始被引入到电磁理论中来。

1861 年麦克斯韦（Jams Clerk Maxwell,1831—1879）用电场和磁场的概念发展了法拉第的力线模型。按照法拉第的思想，整个空间都充满了由磁力线构成的磁力管，各磁力管都具有横向扩展和纵向收缩的性质，恰如旋转着的液体由于受离心力的作用，相对于转轴在横向扩展，在纵向收缩。

麦克斯韦设想，磁力管内充满了以太，而且都在做旋转运动，整个空间就被这样的以太旋涡所充满。但是这样挤得满满的以太旋涡自身不能很好地同时在同一方向旋转，因此麦克斯韦设想各旋涡之间夹有像滚珠轴承那样的粒子。在这样的模型中，磁场相当于旋涡的角速度，电场相当于旋涡发生形变时所产生的弹性力，电流相当于滚珠轴承的粒子的流动。麦克斯韦在数学上推导出一组解释这个模型的偏微分方程组，从而在理论上证明了电磁场能够作为一个横波在以太中传播，波的传播速度由介质的电学性质和磁学性质决定，光是一种以波的形式通过以太传播的电磁扰动。

1892 年荷兰物理学家洛伦兹（H. A. Lorentz,1853—1928）又进一步把麦克斯韦理论和物质的原子结构结合起来，提出全部物质都是由以电磁场彼此联系着的正电子和负电子构成，几乎物体的全部特性（万有引力除外）都可以归结为由以太传递的电子的相互作用，从而综合了原子论、电子理论、电磁理论等，达到了经典物理学的最高阶段。

二　迈克耳逊—莫雷实验及其意义

（一）实验内容

以上一切理论都假定存在着一种以太，以太的重要性是显而易见的。但是没有直接的证据证明以太的存在，这未免让人不放心。科学家希望在实验中找到以太。在这些寻找以太的实验中，最著名的一个就是迈克耳逊—莫雷实验。

1879 年麦克斯韦在致美国天文年鉴局的托德的一封信中，提出了测定太阳系相对于传播光的以太的运动速度的一个方案。迈克耳逊（Albert Michelson,1852—1931）当时是一名美国海军军官，出于对光学的爱好，他接受了麦克斯韦的建议。迈克耳逊先单独做了一个实验，来测量地球穿过以太的效应，1881 年他发表结果说没有发现地球相对于以太的可以检测的运动。几年后他又与一名化学教授莫雷（Edward Morley,1838—1923）合作,以更高的精度重复了这个实验,1887 年公布了他们的实验结果,仍然是没有发现地球相对于以太的运动。

迈克耳逊—莫雷实验的思想基础是:如果以太真的存在的话,那么他们就可以测量到地球在以太中的运行速度;只要他们测量到了这个速度,以太就是一个绝对静止的参考系。在这个参考系中光速是均匀的,所以通过测量不同方向上光的视速度,比较它们的差异,就可以确定地球相对于以太的速度。

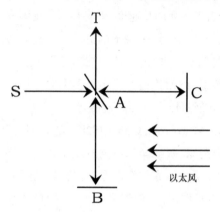

图 14.1 迈克耳逊—莫雷实验略图

迈克耳逊—莫雷实验的原理如图 14.1 所示。光线从 S 出发在半镀银镜上分成两部分,一部分沿 AB 方向,一部分沿 AC 方向。光线又分别在 B、C 镜上被反射,会合后产生干涉条纹,由望远镜 T 观察。假设实验室坐标系存在沿 C 到 A 速度为 v 的以太风,那么相对实验室的光速,从 A 到 C 为 $c-v$,从 C 到 A 为 $c+v$,在 AB 和 BA 方向光速为 $\sqrt{c^2-v^2}$。如果 $AB=AC=l$,那么光在 AB、AC 间往返所需的时间分别为

$$t_1 = \frac{2l}{c\sqrt{1-\dfrac{v^2}{c^2}}} \text{ 和 } t_2 = \frac{t_1}{\sqrt{1-\dfrac{v^2}{c^2}}}$$

两者之差 $\triangle t$,忽略高阶小项后,为 $\dfrac{lv^2}{c^3}$。相应的光程差为 $\dfrac{lv^2}{c^2}$。如果实验仪器转动 $90°$,使得以太风从 A 到 B,于是光程差为 $-\dfrac{lv^2}{c^2}$,转动前后的总变化为 $\dfrac{2lv^2}{c^2}$。设 λ 为实验所用光的波长,那么光程差的改变相应于条纹移动数 n 为 $\dfrac{2lv^2}{\lambda c^2}$。迈克耳逊—莫雷的实验长度为 11 米,波长等于 5.9×10^{-7} 米。假定以太风就是地球绕太阳的轨道速度每秒 30 公里,那么 n 约等于 0.37。0.37 个条纹的移动在当时已经足够被观测到了。

为了保证精确,迈克耳逊和莫雷把实验仪器浮在水银上面,当仪器缓慢转动时连续读数。他们发现最大的位移不超过 1% 个条纹。实验无法观察到预期的 0.37 个条纹的移动。他们还在一天的不同时间和相隔 6 个月后重复做这个实验,均未发现任何条纹移动。对这个实验结果只有两种可能的解释:要么以太随着地球一起运动,而这将使以太变得毫无意义;要么根本没有以太这种东西。

迈克耳逊和莫雷如实地报道了他们的实验结果,但迈克耳逊没有意识到他所做的实验给出的结果所具有的重大意义,他称他的实验是一次没有给出预期结果的"大失败"。但是正是这个实验提醒人们,必须重新审查被视为"神圣"的经典物理学的根基。迈克耳逊因此而获得 1907 年的诺贝尔物理学奖,他也是获得此奖的第一位美国人。

(二)挽救以太的尝试

迈克耳逊—莫雷实验的零结果大大震惊了当时的物理学家们,他们无法相信根本不存在以太这种东西,从惠更斯到麦克斯韦,他们的理论可全都是建立在承认有以太的基础之上的啊!为了维护以太理论,一些科学家又提出了各种不同的假设来解释迈克耳逊—莫雷实验的零结果。其中最著名的就是菲兹杰拉德和洛伦兹的假说。

1892 年爱尔兰物理学家菲兹杰拉德(George FitzGerald, 1851—1901)对迈克耳逊—莫雷实验的零结果提出了一种新奇的解释。他认为地球穿过以太运动,一切物体都要在它的运动方向上产生一定比例的收缩,即 $(1 - v^2/c^2)^{1/2}$ 的收缩(v 为物体与以太的相对速度,c 为光速)。收缩的量随物体运动速率的增加而增加。按照这种解释,干涉仪在地球真正的运动方向上总要缩短一些,其缩短的长度正好补偿了光所经过的路程的差异。不仅如此,一切可能的测量装置,包括人的感官在内,都要以同样的方式相应地收缩。

后来,洛伦兹又把菲兹杰拉德的思想推进了一步。尽管当时人们认为菲兹杰拉德的长度收缩假设近乎荒唐,但是洛伦兹仍然把它纳入自己的理论中。他把麦克斯韦理论和物质的原子结构理论结合起来,从而提出了说明电磁场和物质相互作用的完善理论。洛伦兹大胆宣布:以太静止于绝对空间中。这就是说以太就是绝对空间;绝对空间并非真空,而是有着确定性质的东西,这东西就是以太。

洛伦兹发展了菲兹杰拉德的理论后,便试图用因果性关系来解释菲兹杰拉德的长度收缩假设。在他1904年发表的《以小于光速的任何速度运动着的体系中的电磁现象》一文中,收缩假设在最系统、最严密的形式下得到了阐述。洛伦兹把长度收缩归结为一种特殊的动力学过程,在他看来,相对于以太静止的物体,长度不会收缩,哪怕相对于观测者是运动的。可以说,洛伦兹的绝对收缩理论是在导致以太理论面临严重威胁的实验面前保持旧的传统的运动观念的最后一次尝试。

最后是爱因斯坦的相对论彻底抛弃了以太。爱因斯坦的天才智慧没有被麻烦的以太问题引向复杂化和推敲细节的歧途,他不像洛伦兹那样试图修改、填补已有的理论,而是把他的理论建立在两个主要假设之上,即相对性原理和光速不变原理,从而走向了把基本物理概念统一起来的简化道路。在爱因斯坦看来,以太带来的困难并非来自电磁理论本身的缺陷,而是起因于基本动力学原理的一个错误。既然电磁理论所预言的光速并不涉及介质,那么光速必定是一个普适常数,对于所有的观测者来说都具有同样的价值。因此,如果我们测量一个光源的光速,测得的结果总等于 c,而与我们的运动状态无关。这个普适速度的概念无疑是一个大胆设想,它一反两千多年的传统,把人们的意识带入一个崭新的世界图景之中。在相对论里,长度收缩只与物体的运动速度有关,而与构成物体的材料无关,它是一种普遍的相对论运动效应,而不是一种特殊的动力学效应。

三　爱因斯坦和相对论

近代科学革命以来,物理学理论逐渐发展完善成三大支柱理论:牛顿力学、麦克斯韦电磁理论和统计热力学。而后两大支柱理论可以说是仿照牛顿力学的规范而建立起来的,是牛顿力学对电磁现象和热现象的解释。

19世纪的最后一天,欧洲著名的科学家欢聚一堂。会上英国著名物理学家、德高望重的开尔文勋爵致新年贺词。他在回顾物理学所取得的伟大成就时说:"物理大厦已经落成,所剩只是一些修饰工作。"而在展望20世纪物理学前景时,他若有所思地讲道:"动力理论肯定了热和光是运动的两种方式,现在它的美丽而晴朗的天空却被两朵乌云笼罩了,第一朵乌云出现在光的波动理论上,第二朵乌云出现在关于能量均分的麦克斯韦—玻尔兹曼理论上。"

出乎开尔文意料的是,这两朵乌云不久就酿成两场风暴,搅乱了整个经典物理学"美丽而晴朗的天空"。其中一场风暴就是爱因斯坦掀起的相对论革命,另一场风暴则是爱因斯坦也有所牵涉的量子论和量子力学革命。

(一) 爱因斯坦生平

爱因斯坦(Albert Einstein,1879—1955)出生于德国乌尔姆的犹太人家庭,幼年迁居慕尼黑。1894 年他父亲经商失败后去了米兰,爱因斯坦留在慕尼黑完成中学学业,但他的功课如拉丁文和希腊文很差,他只对数学感兴趣,所以老师劝他退学,并对他说:"爱因斯坦,你永远不会有多大前途。"于是这位后来登上科学史上最高峰的年轻人中途退学了。

在一次到意大利度假之后,爱因斯坦到了瑞士,较为费劲地进了一所大学。在学校他可能不能算一位好学生,一般课都缺席,只专心阅读理论物理学的书。他能各门课都及格是得益于一个朋友极好的课堂笔记。大学毕业后的工作也不好找,还是在借他笔记的朋友的父亲帮助下,他在 1901 年进了瑞士伯尔尼专利局,谋得一个低级职员的职位。这一年他入了瑞士籍。

在专利局他也不是一个安心本职的职员,满脑子想的是当时理论物理学最前沿的问题。他的问题不需要实验室,只需要铅笔、纸张和头脑。1905年是爱因斯坦成功的一年,也是科学史上有数几个特别的年份之一。这一年爱因斯坦在《德国物理学年鉴》上发表了五篇论文,包括物理学方面三项重要的发展。在这一年他获得了博士学位。

五篇论文中有一篇是关于光电效应的。在这篇文章中爱因斯坦发展了普朗克 5 年前提出的量子论,首次提出光量子的概念。1921 年的诺贝尔物理学奖授予爱因斯坦,就是因为他在光电效应方面的杰出贡献。光电效应原理使电视等成为可能。

在两个月后的第二篇论文中,爱因斯坦给出了布朗运动的数学分析。根据爱因斯坦的布朗运动方程,可以求出分子的大小和构成分子的原子的大小,使得道尔顿提出原子论一百多年来人们首次可以得出原子大小的可靠数值。

这一年对以后世界影响最大的一篇论文是爱因斯坦的《论动体的电动力学》,这也就是后来被称为"狭义相对论"的第一篇论文。

1909 年声誉渐著的爱因斯坦获得苏黎世大学的一个低薪教授职位。1913 年在普朗克的帮助下,柏林威廉大帝物理研究所给予爱因斯坦一个待遇优厚的职位。1915 年爱因斯坦在一篇通常称为"广义相对论"的论文中把相对论原理从惯性系推广到加速系中。广义相对论做出了三项科学预言,后来被一一验证。

爱因斯坦毫无疑问成了举世闻名的科学家,尽管大多数人包括很多科学家要理解他的理论还有点困难。然而他仍不能免遭德国纳粹势力的迫害。1930 年爱因斯坦到美国加利福尼亚理工学院讲学,直到希特勒上台(1933 年)仍在美国,以后再也没有回德国。爱因斯坦后来定居在新泽西州普林斯顿高级研究所,1940 年成为美国公民。

他在生命中的最后 10 年致力于寻求一种能包罗万有引力和电磁现象的理论,也就是通常称为"统一场论"的理论。不过这个难题让爱因斯坦白白耗费了许多时间和精力,并平添许多苦恼,最终没有解决,而且至今也没有获得解决。

像牛顿反对光的波动说一样,爱因斯坦也对当时物理学的另一场革命——量子力学持否定态度。其实使得爱因斯坦获诺贝尔物理学奖的光量子学说是量力论早期的重要成果,但对量子力学的发展,爱因斯坦觉得它有悖于自己的一些物理学信念。例如他不接受海森堡的测不准原理——时间和能量不能同时完全精确地测定,1930 年他提出一种假想实验来否定这条原理;玻尔在彻夜未眠后,第二天指出了爱因斯坦论据中的一个错误。

另外众所周知的是,爱因斯坦给美国总统罗斯福写信力劝其执行一项庞大的计划以研制原子弹,并终于实施了曼哈顿工程,在 6 年后造出了原子弹。而战后,他又为实现结束原子战的某种世界性协议努力到生命的最后。当时新近合成的第 99 号元素锿就是为纪念刚刚去世不久的爱因斯坦而命名的。

(二) 狭义相对论

迈克耳逊和莫雷寻找以太的实验失败了,菲兹杰拉德和洛伦兹试图挽救以太理论,但是爱因斯坦在《论动体的电动力学》中指出:"企图证实地球相对于'光媒质'运动的实验的失败,引起了这样一种猜想:绝对静止这概念,不仅在力学中,而且在电动力学中也不符合现象的特性,倒是应当认为,凡是对力学方程适用的一切坐标系,对于上述电动力学和光学的定律也一样适用,对于第一级微量来说,这是已经证明了的。我们要把这个猜想提升为公设,并且还要引进另一条在表面上看来同它不相容的公设:光在虚空空间里总是以一确定的速度传播着,这速度与发射体的运动状态无关。由这两条公设,根据静体的麦克斯韦理论,就足以得到一个简单而不自相矛盾的动体电动力学。'光以太'的引用将被证明是多余的,因为按照这里所要阐明的见解,既不需要引进一个具有特殊性质的'绝对静止空间',也不需要给发生电磁过程的空虚空间中的每个点规定一个速度矢量。"这里爱因斯坦敏锐地抓住了问题的关键:麦克斯韦电磁学方程组对于伽利略变换是不对称的、各向异性的,所以伽利略变换并不是真正反映伽利略相对性原理的数学表述,应该放弃。而真空中的光速在麦克斯韦电磁理论中又是一个不变的常数,光行差等天文观测也支持这一点。据此,爱因斯坦天才地提出了狭义相对论的两条基本原理即相对性原理和光速不变原理:一切物理定律在所有惯性系中是等价的;光在真空中的传播速度为一常数,与光源和观测者的运动状态无关。

爱因斯坦在论文中从对同时性问题的考虑出发,定义了相对论框架下的同时性概念,否定了牛顿的绝对时空,也否定了绝对同时的观念。在狭义相对论中,同一个惯性系有统一的时间,可以确定两个事件的同时性,但在不同的惯性系中没有统一的同时性。

然后他从最基础的概念出发,推导出了狭义相对论框架内运动参考系之间的坐标变换。爱因斯坦假设惯性系 K 相对惯性系 K' 的运动速度为 v (沿 x 轴), c 为真空中的光速,则两个系统之间的长度和时间的变换公式为:

(1) $x' = \dfrac{x + vt}{\sqrt{1 - \dfrac{v^2}{c^2}}}$

(2) $y' = y$

(3) $z' = z$

(4) $t' = \dfrac{t + \dfrac{v}{c^2}x}{\sqrt{1 - \dfrac{v^2}{c^2}}}$

虽然这是爱因斯坦独立推导出来的变换公式，但是其数学形式已经由洛伦兹在讨论绝对收缩时早一步给出，所以现在把这个变换叫做洛伦兹变换。

在洛伦兹变换下可以讨论运动物体的长度和运动时钟所指示时间的相对性问题。爱因斯坦先设想沿 K' 的 x' 轴放置一根米尺，令其一端与点 $x' = 0$ 重合，另一端与点 $x' = 1$ 重合。米尺相对于 K 系的长度为何？由洛伦兹变换易知，在 $t = 0$ 时两点间的距离在 K 系中是 $\sqrt{1 - \dfrac{v^2}{c^2}}$，就是说以速度 v 运动着的米尺的长度是 $\sqrt{1 - \dfrac{v^2}{c^2}}$ 米。可见，当 $v = c$ 时，米尺的长度为零；$v > c$ 时，平方根是虚数。因此，在相对论中，任何实在的物体既不能达到也不能超过光速。爱因斯坦又考虑了放在 K' 的原点上的一个按秒报时的时钟。$t' = 0$ 和 $t' = 1$ 对应于该钟接连两声滴答。洛伦兹变换的第一、第四方程给出 $t = 0$ 和 $t = \dfrac{1}{\sqrt{1 - \dfrac{v^2}{c^2}}}$。就是说从 K 来判断 K' 的 1 秒，实际上比 1 秒要长，因而该时钟走得慢了。这就是运动系的时间膨胀。显然当 $v = c$ 时，时间停止了。这就是一般所称的"时钟悖论"。

"时钟悖论"后来由法国物理学家朗之万（Paul Langevin，1872—1946）表述成更富戏剧色彩的"双生子悖论"。朗之万是较早接受相对论的科学家之一，爱因斯坦说过，如果他没有发现狭义相对论，朗之万将会发现。所谓"双生子悖论"就是：如果双胞胎兄弟中的一个留在地球，另一个去作星际旅行，飞船速度足够大，直线飞向一颗恒星再飞回地球，最后旅行者发现在他出门的两年时间里，地球已经度过了两个世纪。哲学家伯格森说，他正是听了朗之万 1911 年 4 月关于相对论的讲演，才唤起了他对爱因斯坦理论的注意。

爱因斯坦又进一步给出了运动物质的相对论质量 $m = \dfrac{m_o}{\sqrt{1 - \dfrac{v^2}{c^2}}}$，就是说，运动质量比静止质量要大。当 v 相对 c 很小时，质量公式可以按小量 v/c 展开：

$$m = \frac{m_o}{\sqrt{1 - \frac{v^2}{c^2}}} = m_o\left(1 + \frac{v^2}{2c^2} + \cdots\cdots\right)$$

即

$$mc^2 = m_oc^2 + \frac{1}{2}m_ov^2 + \cdots\cdots$$

其中第二项 $\frac{1}{2}m_ov^2$ 正是经典力学中熟悉的动能。

爱因斯坦又给出狭义相对论能量 $E = \sqrt{m_o^2c^4 + P^2c^2}$，根据动量定义 $P = m_ov$，低速粒子的动量很小，因此 E 又可以近似写成 $E \approx m_oc^2 + \frac{P^2}{2m_o} = m_oc^2 + \frac{1}{2}m_ov^2$。这样低速粒子的相对论能量为经典力学的动能加上常数项 m_oc^2。如果粒子静止，则动量 P 等于 0，则

$$E = m_oc^2$$

这就是狭义相对论中最著名的质能关系式。这个公式把质量守恒与能量守恒联系了起来，质量也可以看做是能量的一种存在形式。也正是这个公式在理论上预言了原子弹的可能性。1 克煤全部燃烧大约产生 7000 卡热量，如果把一克煤的全部原子彻底崩裂，根据质能关系式，大约会产生 2×1013 卡热量，是燃烧产能的 30 亿倍。

曾经在苏黎世大学教过爱因斯坦数学的闵科夫斯基（Hermann Minkowski，1864—1909）是较早认识到相对论重要意义的人之一。1907 年闵科夫斯基在其《时间与空间》一书中对狭义相对论进行了重构，引进了四维时空的概念，取代了孤立的三维空间加一维时间的不相容概念，他还把相对论转化为现代张量形式，在相对论中引进专用术语，并明确指出：以相对论观点看，传统的牛顿引力理论已经不够用了。

但是，一开始爱因斯坦没有理解闵科夫斯基工作的意义，甚至认为把他的理论改写成张量形式是"多余的技巧"。但到了 1912 年，爱因斯坦终于转变过来了，1916 年他以感激的心情承认闵科夫斯基使他大大简化了从狭义相对论向广义相对论的过渡。后来爱因斯坦着重强调了闵科夫斯基的贡献，他说，如果没有闵科夫斯基，广义相对论也许还在襁褓中。

（三）广义相对论

爱因斯坦曾经说过，即使他没有来到这个世上，狭义相对论也会出现，因为时机已经成熟；但广义相对论则不然，他感到怀疑，如果他未建立广义相对论，它是否会出现在世人面前。广义相对论是在狭义相对论基础上的一次飞跃。当时的物理学家们正在慢慢领悟狭义相对论的精深含义时，广义相对论再一次把他们抛在后面。普朗克曾经以极大的热情欢迎狭义相对论，并成为爱因斯坦最早的支持者之一，他对爱因斯坦说："现在一切都要解决了，你为什么还要招惹其他一些事呢？"爱因斯坦之所以这么做是因为他是一个天才，远远走在同代人的前面。他明白狭义相对论是不完满的，未能解决加速度和引力问题。

到 1915 年，爱因斯坦发表了比较完整的广义相对论理论，这个理论的建立基于三个主要问题的处理：引力、等效原理、几何学和物理学的关系。理论的核心就是新的引力场定律和引力场方程。在广义相对论中，爱因斯坦把相对性原理从匀速运动系统推广到加速运动系统，提出惯性质量同引力质量的等效性，也就是把加速系统视为同引力场等效。在他的场方程中，把包括加速系统的空间几何结构和引力场视为一体，成为几何的结果。广义相对论所用的几何就是非欧几何的黎曼几何。

有人说，麦克斯韦在电磁场做过什么工作，爱因斯坦在引力场也做过相同的工作。《不列颠百科全书》1922 年版（第 12 版）的"相对论"条目中写道："宇宙图画"的新情景不再是"三维空间中一片以太海洋的受迫振动"，而是"四维空间世界线的一个扭结"。

广义相对论提出了三项可供检验的预言，这就是水星近日点异常进动、引力红移和强引力场附近的光线弯曲。

水星近日点的伸展方向发生着缓慢的转动，这个现象叫做水星近日点进动。天文学家已经比较精确地测定了其进动速率为每 100 年 $1°33'20''$。发生进动的主要原因是除了太阳的引力外，还存在其他行星的引力摄动。根据牛顿万有引力定律，可以推算出水星近日点的进动速率为每 100 年 $1°32'37''$，这个数值与观测结果的差为每 100 年 $43''$。在爱因斯坦之前，这一直是不解之谜。1916 年爱因斯坦把这一现象解释为空间弯曲和光速变慢的结果。根据广义相对论，把太阳引力场看成是弯曲的空间，行星在此弯曲空间中的运动规律跟平方反比规律得到的结果有所差异,对于水星这个差异正好是43″!在天文观测的误差范围内,广义相对论的预言跟观测结果符合得很好,从而合理地解释了一直得不到解释的水星近日点43″的进动,同时也验证了广义相对论。

根据广义相对论,光在引力场中前进时频率会发生改变,向红端移动。这是因为光子具有引力质量,受到恒星的牵引,它在引力场中升高,就要消耗一定的能量;光子的能量与频率成正比,如果能量损失,频率也就降低,频率降低就是波长加长,也就是谱线向红端移动。另外一种解释就是"时间在引力场中变慢了",根据广义相对论,时钟在引力场中走得较慢,场越强时钟走得越慢,这就使得光在引力场中的振荡周期短一些。1925年天文学家亚当斯发现了天狼星伴星的红移现象。该恒星是一颗大质量天体,引力场很强,其引起的红移量是太阳引力场的20倍。亚当斯对天狼星伴星和波江座40双星中白矮星的红移现象的观测值与广义相对论的预言值符合得很好。1960年代人们在地球引力场中证实了引力红移效应。

前面两项验证中的第一项其实是对已知事实的解释,第二项确实是名副其实的预言,但从显著性、产生的轰动性和对广义相对论支持的及时性来讲,第三项光线弯曲的验证则更多了一番戏剧色彩。按照广义相对论,在强引力场附近,空间是弯曲的,光线在弯曲空间里走的最短路线不是一般意义上的直线,光的路径随着空间的弯曲而弯曲。太阳系引力场最强的地方莫过于太阳附近了,所以验证这一点的最好机会是观测太阳边上的恒星位置,然后在太阳不在这个天区时再观测恒星的位置,前后比较后,就可以确定结果了。在牛顿力学中,认为光子也有重量,那么光线通过太阳附近时也会发生偏折,根据牛顿力学计算出来的偏折角是0.87″,而广义相对论预言的结果是1.75″,正好比牛顿力学所得出的大一倍。是非对错只有靠实测来检验。

只有在发生日全食的时候才能看到太阳附近的恒星。爱因斯坦提出广义相对论的1915年,第一次世界大战刚进入第二个年头,科学家们也无暇去做天文实测。等到1918年大战一结束,1919年5月19日有一次绝好的日全食机会。英国科学家爱丁顿组织了两支考察队,一支到巴西北部,另一支由他亲自率领到几内亚湾的普林西比岛。两支考察队都拍摄了太阳附近星空的照片,过了两个多月后,再拍摄同一星空的照片,这时太阳已经离开了原来的天区。

在 1919 年 11 月 6 日召开的英国皇家天文学会和皇家学会联合举行的大会上，天文学家罗伊尔宣布："星光确实按照爱因斯坦引力理论的预言发生偏折。"第二天即 1919 年 11 月 7 日，历来谨慎的英国《泰晤士报》赫然出现醒目的标题文章——"科学革命"，两个副标题是"宇宙新理论""牛顿观念的破产"。11 月 8 日《泰晤士报》接着刊登了题为"科学革命：爱因斯坦战胜了牛顿、杰出物理学家的观点"的文章，文中说"这件事成了下议院热烈讨论的话题"，物理学家、皇家学会会员、剑桥大学教授约瑟夫·拉摩"受到围攻，要求对牛顿是否被击败了、剑桥大学是否垮台了作出答复"。1919 年 12 月 14 日《柏林画报》（Berliner Illustrierte Zeitung）周刊的封面刊登了爱因斯坦的照片，并配上这样的标题说明："世界历史上的一个新伟人：阿尔伯特·爱因斯坦。他的研究标志着我们自然观念的一次全新革命，堪与哥白尼、开普勒、牛顿比肩。"

这项验证的公布，在其他各国也引起了强烈反响，媒体着实热闹了一阵子。爱因斯坦成了传奇人物。科学家、哲学家和历史学家们也纷纷就相对论发表评论。1921 年爱因斯坦去伦敦，负责接待的霍尔丹勋爵在皇家学院以一次热情洋溢的演讲把爱因斯坦介绍给英国科学家，并事先强调说"爱因斯坦已经到过威斯敏斯特大教堂瞻仰了牛顿墓地"。爱因斯坦居住在霍尔丹勋爵别墅里，当他到达时，霍尔丹的女儿见到这位著名的客人时竟"激动得昏了过去"。

但是从广义相对论提出之后半个多世纪里人们对光线弯曲预言的检验情况来看，1919 年所谓的验证在相当程度上是不合格的。两支观测队归算出来的最后结果受到后来的研究人员的怀疑。天文学家们明白，在检验光线弯曲这样一个复杂的观测中，导致最后结果产生误差的因素很多。其中影响很大的一个因素是温度的变化，温度变化导致大气扰动的模型发生变化、望远镜聚焦系统发生变化、照相底片的尺寸因热胀冷缩发生变化，这些变化导致最后测算结果的系统误差大大增加。爱丁顿他们显然也认识到了温度变化对仪器精度的影响，他们在报告中说，小于 10°F 的温差是可以忽略的。但是索布拉尔夜晚温度为 75°F，白天温度为 97°F，昼夜温差达 22°F。后来研究人员考虑了温度变化带来的影响，重新测算了索布拉尔的底片，最大的光线偏折量可达 $2.16'' \pm 0.14''$。

底片的成像质量也影响最后结果。1919 年 7 月在索布拉尔一共拍摄了 26 张比较底片。其中 19 张由格林尼治皇家天文台的天体照相仪拍摄，这架专门用于天体照相观测的仪器的聚焦系统出了一点问题，所拍摄的底片质量较差。另一架 4 英寸的望远镜拍摄了 7 张成像质量较好的底片。按照前 19 张底片归算出来的光线偏折值是 0.93″，按照后 7 张底片归算出来的光线偏折值却远远大于爱因斯坦的预言值。最后公布的值是所有 26 张底片的平均值，只不过前 19 张底片的加权值取得较小。1929 年德国的研究人员对英国人的观测结果进行验算后发现，如果去掉其中一颗恒星，譬如成像不好的恒星，会大大改变最后结果。

后来 1922 年、1929 年、1936 年、1947 年和 1952 年发生日食时，各国天文学家都组织了检验光线弯曲的观测，公布的结果与广义相对论的预言有的符合较好，有的则严重不符合。但不管怎样，到 20 世纪 60 年代初，天文学家开始确信太阳对星光确有偏折，并认为爱因斯坦预言的偏折量比牛顿力学所预言的更接近于观测。但是广义相对论的预言与观测结果仍有偏差，爱因斯坦的理论可能需要修正。

科学家还想到通过观测太阳对无线电波的偏折来检验广义相对论的预言。从 1970 年左右开始进行了这样的观测，1974 年到 1975 年间，福马伦特（A. B. Fomalont）和什拉梅克（R. A. Sramek）利用甚长基线干涉技术，观测了太阳对三个射电源的偏折，最后（1976 年）得到太阳边缘处射电源的微波偏折 1.761″ ± 0.016″。天文学家们终于以误差小于 1% 的精度证实了广义相对论的预言。到 1991 年，天文学家们利用多家天文台协同观测的技术，又以万分之一的精度证实了广义相对论对光线弯曲的预言。只不过这时观测的不再是看得见的光线，而是看不见的无线电波。从 1919 年到 1973 年，天文学家一共进行了 12 次光学观测检验（表 14.1）；另外从 1970 年到 1991 年又进行了 12 次射电观测检验（表 14.2）。

表 14.1　多次日食期间对光线弯曲的光学观测结果

日期	地点	结果及误差（角秒）
1919 年 5 月 29 日	Sobral	1.98 ± 0.16
	Principe	1.61 ± 0.40

（续　表）

日期	地点	结果及误差（角秒）
1922 年 9 月 21 日	Australia	1.77 ± 0.40
		1.42 – 2.16
		1.72 ± 0.15
		1.82 ± 0.20
1929 年 5 月 9 日	Sumatra	2.24 ± 0.10
1936 年 6 月 19 日	USSR	2.73 ± 0.31
	Japan	1.28 – 2.13
1947 年 5 月 20 日	Brazil	2.01 ± 0.27
1952 年 2 月 25 日	Sudan	1.70 ± 0.10
1973 年 6 月 30 日	Mauritania	1.66 ± 0.18

表 14.2　太阳对无线电波偏折的射电观测结果

年	地点	观测值与广义相对论预言值之比
1970	Owens Valley	1.01 ± 0.11
1970	Goldstone	1.04 ± 0.15
1971	（American）National RAO	0.90 ± 0.05
1971	Mullard RAO	1.07 ± 0.17
1973	Cambridge	1.04 ± 0.08
1974	Westerbork	0.96 ± 0.05
1974	Haystack/National	0.99 ± 0.03
1975	（American）National RAO	1.015 ± 0.011
1975	Westerbork	1.04 ± 0.03
1976	（American）National RAO	1.007 ± 0.009
1984	VBLI	1.004 ± 0.002
1991	VBLI	1.0001 ± 0.0001

事实上,广义相对论的发展史要比狭义相对论的艰难曲折。1920 年在华盛顿召开了一次天文学史或者说宇宙学史上的重要会议,主要目的是为沙普利（Harlow Shapley）和柯蒂斯（Heber Curtis）提供场所,为他们各自关于宇宙结构的观点展开辩论。这次会议在科学史上被称做“大辩论”。“大辩论”的组织者阿伯特（C. G. Abbot）拒绝把相对论作为一个可能的会议议题,他说:“我向上帝祈祷,科学的进步会把相对论送到第四维空间之外的某个地方,它就永远不会从彼处回来折磨我们了。”

很长一个时期,只有天文学家,而且只是那些研究宇宙学的天文学家对广义相对论感兴趣,物理学家则不然。正如斯蒂芬·温伯格指出的,在最基本的层次上研究物质的全部现代物理学,在很大程度上依靠两大支柱:一是狭义相对论,一是量子力学。也就是说,广义相对论与狭义相对论不同,它对于当时主要的研究课题如物质理论和辐射理论并不是必需的。爱因斯坦自己提出了三项验证,又过去了几十年人们才找到更为精确的验证方法,从而对引力的本质、引力与自然界其他几种基本力的关系问题产生了新的兴趣,广义相对论越来越成为更多人的研究对象。

思考题

1. 建立"以太理论"的目的是什么? 请简述"以太理论"的发展历史。
2. 迈克耳逊—莫雷实验的基本思想是什么?
3. 狭义相对论的两条基本原理是基于怎样的考虑而确立的?
4. 试从洛伦兹变换推导狭义相对论的速度合成公式,并以此说明"菲涅耳—斐索公式"。
5. 广义相对论的三大验证各是什么? 请据此谈谈对广义相对论正确性的认识。

阅读书目

1. 〔奥〕W. 泡利:《相对论》,凌德洪、周万生译,上海科学技术出版社,1979 年。
2. 〔美〕乔治·伽莫夫:《物理学发展史》,高士圻译,商务印书馆,1981 年。
3. 李烈炎:《时空学说史》,湖北人民出版社,1988 年。
4. 〔美〕杰克·齐克尔:《日全食》,傅承启译,上海科技教育出版社,2002 年。

第十五讲

从量子论到量子力学

一 量子论

(一) 另一朵"乌云":能量均分定律和紫外灾害

由麦克斯韦、克劳修斯、开尔文、玻尔兹曼、吉布斯等人建立起来的统计热力学对大量的热运动现象作出了成功的解释,其中有一条叫做能量均分定律的基本规律在热力学中一直应用得非常成功。该定律是说,对于气体而言,每个气体分子的平均动能 ε 为: $\varepsilon = \dfrac{E}{N}$,这里 E 为气体总动能, N 为总的气体分子数。而根据麦克斯韦分子运动理论,分子的平均动能又为: $\varepsilon = \dfrac{3}{2}kT$, k 为玻尔兹曼常数。

另一方面,作为一种基本的热现象,热辐射现象也慢慢得到物理学家的深入研究。基尔霍夫(Gustav Robert Kirchhoff, 1824—1887) 在 1859 年到 1860 年提出一个关于热辐射的猜想:存在一个普适函数 I (黑体发射率) ,只由波长和温度决定。基尔霍夫认识到测量这个函数是一件极端重要的事,他说:"要从实验中来测定它,会遇到相当大的困难。尽管如此,我们还是有理由可以希望用实验方法把它建立起来。因为它无疑像所有与特定物体的性质无关的函数——至少与迄今所已被发现的那些一样,是一个简单函数。"基尔霍夫在 1861 年还设计出了产生理想黑体辐射的条件;在一定温度下用不透光的壁包围起来的空腔中的热辐射等同于黑体的热辐射。

1879 年斯忒藩(J. Stefan, 1835—1893)考察了当时所有能得到的热辐射测量结果,得出物体热辐射的总能量(M)与物体绝对温度(T)的四次方成正比的结论,即$M = \sigma \cdot T^4$。1884年斯忒藩的学生玻尔兹曼利用麦克斯韦的理论和热力学第二定律为上述经验公式给出了严格的理论证明。因此该公式揭示的规律后来被称做斯忒藩——玻尔兹曼定律。实验测定常数$\sigma = 5.67 \times 10^{-8} w/m^2 k^4$。

实用工业的需要也促进了对热辐射的研究。对热辐射的测量手段越来越先进,测量精度也越来越高。霍尔博尔恩(L. Holborn)和维恩(W. Wien)完成了高温测量的研究,开创了铂——铂铑热电偶测量高温的方法;美国人兰利(S. P. Langley,1834—1906)发明了电阻测辐射热的方法,大大提高了低温辐射的测量精度。

1888年韦伯(H. F. Weber,1843—1912)根据其他人的各种测量结果构造出一个经验公式,他推测辐射能量最大的波长(λ_m)和绝对温度(T)的乘积是一个常数,即$\lambda_m \cdot T = C_o$。1893年维恩利用热力学第二定律对此给出了理论上的证明,并导出了黑体辐射的"位移定律":在黑体辐射中,当温度变化时,各波长要在保持温度和波长之乘积不变的条件下发生位移。利用这条定律,如果用某种方法获得了某物体在温度T_o时的辐射能量分布φ_o,那么就能决定其他任意温度T时的能量分布φ。

但是那时特定温度T_o时的辐射能量分布φ_o,也即基尔霍夫预言的发射率函数仍旧是未知的。1896年维恩为此作出了重要贡献,他和卢梅尔(O. Lummer,1860—1925)利用基尔霍夫提出的理想黑体设计,在空腔壁上开一个小孔,测量漏出空腔的光,实验温度高达1400°K。他们的实验结果证实了斯忒藩——玻尔兹曼定律和位移定律。维恩利用统计热力学的规律如麦克斯韦分布等,进一步导出了基尔霍夫预言的分布函数I:

$$I = \frac{C_1}{\lambda^5} e^{-\frac{c}{\lambda T}} \qquad (15.1)$$

卢梅尔和库尔鲍姆(F. Kurlbaum,1857—1927)又把测量温度扩展到1600°K,证实了维恩公式描述的分布是正确的。但是1899年卢梅尔和普林斯海姆(E. Pringsheim,1859—1917)把测量范围扩展到波长为18微米的红外线部分,发现结果与维恩公式有偏差。1900年库尔鲍姆和鲁本斯(H. Rubens,1869—1922)发展了更精确的红外波段测量方法,对波长为24微米、36.1微米、51.2微米的红外线,使用六种黑体,从–188°C到1500°C的范围内进行了测量。测量结果与维恩的分布式有明显的偏差。看来维恩公式只适用于高温辐射，好不容易获得的辐射分布函数经不起实测的检验。

同时，上述有关辐射定律的理论证明中，不论是斯忒藩—玻尔兹曼定律也好，位移定律也好，还是维恩公式也好，都使用了统计热力学的基本规律，如麦克斯韦气体分子运动理论和热力学第二定律等。那么人们也有理由相信作为统计热力学基本规律的能量均分定律也应该适用于热辐射。把无数不同波长的辐射比照为气体分子，对某一波长 λ，设其辐射本领为 M_λ，那么根据经典热力学理论

$$M_\lambda = \frac{3}{2}kT \qquad (15.2)$$

又根据位移定律，$\lambda T = C_0, C_0$ 为常数，因此

$$M_\lambda = \frac{3C_o k}{2\lambda} \qquad (15.3)$$

又根据能量均分定律，总辐射本领应为各单色辐射本领之和，而发出辐射的各种波长是连续而且无限多的，所以

$$M = \int_0^o \frac{3C_o k}{2\lambda} d\lambda \qquad (15.4)$$

显然，上式的积分结果是波长极短处即紫外部分将趋向无穷大，这就是所谓的"紫外灾害"佯谬。一位叫琼斯的物理学家提出了一种"琼斯立方体"的思想实验形象地表达了这一佯谬。"紫外灾害"困扰了当时的物理学界多年，开尔文在 19 世纪末将之称为物理学"美丽晴朗天空"中的两朵"乌云"之一。

（二）普朗克的能量子

普朗克（Max Planc，1858—1947）出生于德国基尔，父亲是基尔大学立法学教授。他先后在慕尼黑大学和柏林大学学习，师从基尔霍夫和亥姆霍兹，1879 年获得博士学位。1880 年起任慕尼黑大学物理学讲师，1885 年受聘为基尔大学理论物理学副教授。1889 年基尔霍夫去世，普朗克回到柏林大学继任老师的职位，成为柏林大学教授，并一直在此职位工作到 1926 年退休。他在 1894 年成为普鲁士科学院院士。

1895 年，对热力学第二定律已经做了一番研究的普朗克把兴趣转移到热辐射研究上来了。他对他的老师基尔霍夫预言的函数产生了强烈的兴

趣,后来回忆说:"这个所谓的正态能量分布代表着某种绝对的东西。既然在我看来,对绝对的东西所作的探求是研究的最高形式,因此我就劲头十足地致力于解决这个问题了。"

普朗克所想的是在电磁理论的基础上弄清楚热辐射过程的本质。他设想了一个理想反射壁的空腔,里面存在许多振子(这种振子被普朗克叫做谐振子)。它们由于发射、吸收电磁波,相互之间进行能量交换,最终达到平衡,这时空腔内充满黑体辐射。1896 年普朗克指出谐振子的平均能量和辐射能量之间存在一般的关系,因此可以从考察谐振子出发来研究黑体辐射。1897 年起普朗克开始根据电磁理论为热力学第二定律奠定基础。

普朗克认为,充满辐射的空腔内的谐振子的行为,也需服从能量守恒定律,但它对空腔内辐射分布的改变是不可逆的,最终达到平衡状态。他认为这是整个自然界不可逆过程的基础。玻尔兹曼对此表示了反对,他认为谐振子的行为是可逆的。于是普朗克停止从电磁学进行正面论述,转而从热力学角度考虑。普朗克首先证明,一个频率为 v 的谐振子的能量 U 和单色的直线偏振光的强度 θ 之间有如下关系:

$$U = \frac{c^2}{v^2}\theta \qquad (15.5)$$

然后把

$$S = -\frac{U}{av} log \frac{U}{ebv} \qquad (15.6)$$

定义为谐振子的电磁熵。e 是自然对数的底,a 和 b 为两个普适常数。1899 年 5 月普朗克给出常数 b 为 6.885×10^{-27} 尔格·秒,现在用 h 表示;而 a 则等于 h/k,k 是斯忒藩—玻尔兹曼常数。普朗克后来写道:"运用辐射熵等式中的两个常数 a 和 b,我们能够建立起长度、质量、时间和温度等的单位,它们与特定的物体或物质无关,而且在任何时候,对于任何一种文明,甚至地球以外的和非人类的文明,都必定保持它的意义。因而这些常数可以称为'基本物理量度单位'。"显然这里普朗克已经充分认识到他所做的工作的重要意义了。

(15.6)式表明电磁熵是增大的,根据其达到极大的条件,可以得到:

$$-\frac{1}{av} log \frac{U}{bv} = \frac{1}{\vartheta} \qquad (15.7)$$

ϑ 是达到平衡状态时的参量。由上式又可得到：

$$U = bve^{-\frac{av}{\vartheta}} \quad (15.8)$$

$$\Theta = \frac{bv^3}{c^2} e^{-\frac{av}{\vartheta}} \quad (15.9)$$

那么(15.6)式定义的电磁熵与热力学上的熵有什么关系呢？普朗克从(15.9)式出发求出辐射能密度 u 和上 s，导出：

$$\frac{\partial s}{\partial u} = \frac{1}{\vartheta} \quad (15.10)$$

而根据热力学

$$\frac{\partial s}{\partial u} = \frac{1}{T} \quad (15.11)$$

因此，普朗克认为 ϑ 就是绝对温度，而电磁熵 S 可以看做是热力学熵。然后把(15.9)的频率 ν 用波长 λ 代替，普朗克导出了维恩公式：

$$E_\lambda = \frac{2c^2 b}{\lambda^5} e^{-\frac{ac}{\lambda\vartheta}} \quad (15.12)$$

由此普朗克对维恩公式信心大增。而 1899 年卢梅尔等人的测量结果表明维恩公式有偏差，1900 年 3 月普朗克开始重新探讨维恩公式。他考虑 n 个谐振子的情况，假定 n 个谐振子的总熵只依赖于总能量 Un，得到：

$$\frac{\partial^2 S}{\partial U^2} = -\frac{a}{U} \quad a > 0 \quad (15.13)$$

由(15.13)式可以导出(15.6)式的电磁熵定义，从而也能够导出维恩公式，所以普朗克认为维恩公式被进一步证明了。

但是 1900 年鲁本斯和库尔鲍姆的测量结果与维恩公式有更大的偏差，他们预先把测量结果口头告诉了普朗克，并在 1900 年 10 月的柏林物理会议上公布。普朗克在会上作了一个补充讲演，提出把(15.13)式稍加改动，变为：

$$\frac{\partial^2 S}{\partial U^2} = -\frac{a}{U(\beta + U)} \quad (15.14)$$

那么利用(15.11)式和维恩位移定律，可由(15.14)式得到含有两个常数的辐射函数：

$$E = \frac{c_1 \lambda^{-5}}{e^{\frac{c_2}{\lambda T}} - 1} \qquad (15.15)$$

这个公式非常完满地解释了各个波段辐射的实测结果。这个新的分布公式毫无疑问应该代替维恩公式,但是,按照普朗克自己的话来说:"现在留下一个最关键性的理论问题,就是为这定律找出一个恰当的解释。"他还说:"为了给予这表达式一个物理意义,我们必须以超越电动力学范围的一个崭新方法来考虑熵的本质。……这个新的辐射公式竟然能证明是绝对精确的,但是如果把它仅仅看做是一个侥幸揣测出来的内插公式,那么它的价值也只是有限的。由于这个缘故,从它于(1900年)10月19日被提出之日起,我即致力于找出这个等式的真正物理意义。这个问题使我直接去考虑熵和几率之间的关系,也就是说,把我引到了玻尔兹曼的思想。"

普朗克原先很反感玻尔兹曼给出的热力学第二定律的几率解释,但是为了解释他的辐射公式,他采取了他称之为"孤注一掷"的举动:"一个理论上的解释必须得给出,不管以任何代价。"所以他采纳了熵的几率解释。按照玻尔兹曼的观点,任意物理系统任一状态的熵 S 与该状态出现的几率 W 的对数成正比。据此,普朗克写出了

$$S = k \ln W \qquad (15.16)$$

这也是由普朗克第一个明确写出的熵与几率的关系式。

然后普朗克考虑 P 个能量元 ε 在 N 个谐振子间的可能分配,根据组合法则,某种状态出现的几率 W 为:

$$W = \frac{(N + P - 1)!}{(N - 1)! P!} \qquad (15.17)$$

由于 P 和 N 是很大的数目,可以略去式中的1,同时使用斯特令近似 $N! = \left(\frac{N}{e}\right)^N$,(15.17)式变为:

$$W = \frac{(N + P)^{N+P}}{N^N P^P} \qquad (15.18)$$

把(15.18)式代入(15.16)式,并且系统的总熵 S 等于单个振子的熵 s 乘以 N,而总能量 U 等于 $P\varepsilon$,不难得到单个振子的熵 s 的表达式:

$$s = k \left[\left(\frac{U}{\varepsilon} + 1\right) \ln \left(\frac{U}{\varepsilon} + 1\right) - \frac{U}{\varepsilon} \ln \frac{U}{\varepsilon} \right] \qquad (15.19)$$

而由(15.14)式和维恩位移定律可以导出振子熵的表达式：

$$s = \frac{b}{a}\left[\left(\frac{U}{bv} + 1\right)ln\left(\frac{U}{bv} + 1\right) - \frac{U}{bv}ln\frac{U}{bv}\right] \qquad (15.20)$$

比较(15.19)式和(15.20)式，普朗克以 h 命名常数 b，则必然有：

$$\varepsilon = hv \qquad (15.21)$$

ε 是分离的、不连续的，这就是著名的能量子假说的获得。把(15.21)代入(15.19)，最终可求得普朗克的黑体辐射能量分布公式：

$$u = \frac{8\pi h v^3}{c^3} \cdot \frac{1}{e^{\frac{hv}{kT}} - 1} \qquad (15.22)$$

1900 年 12 月 14 日普朗克在德国物理学会的会议上发表了上述能量子假说。第二年 1 月他撰写并发表了对能量子的详细推导。这样热辐射乃至光和其他种类的电磁辐射不再被看成是连续的波列，它们实际上是由一个个的能量包组成。每个能量包的能量与辐射频率成正比。比率系数 h 后来称为普朗克常数，它是宇宙的基本常数之一。普朗克从能量子假说出发获得一个精确的热辐射能量分布公式，照此公式，大部分能量分布在平均波长上，要求太高的短波振动只能得到很少能量，从而消除了"紫外灾害"悖谬。

经典物理学一向认为能量是连续的，普朗克冲破了传统观念的束缚，提出了能量分立性的思想，这是物理学领域基本概念的重大变革。但由于这个理论与经典理论是如此格格不入，当时物理学界对它的反应极为冷淡。普朗克本人对它也不是全信，认为它只不过是一种数学游戏，因此没有试图去给出几率 W 的物理意义。爱因斯坦在第一届索尔维物理学会议上所作的《辐射理论和量子》报告中指出："普朗克先生运用玻尔兹曼等式的方式在我看来在这一点上是令人费解的：他引进状态的几率 W 而竟没有给这个量下个物理定义。如果我们接受他的这种做法，那么玻尔兹曼等式就简直没有一点物理意义了。"

当时的局面是，人们承认普朗克得到与实验相符的黑体辐射公式，却不接受他的量子假说。普朗克本人在量子化思想上也不时采取倒退的立场。1905 年爱因斯坦提出光量子假说解释了光电效应的实验规律，是对普朗克量子理论的一大支持——尽管普朗克本人反对。后来玻尔在原子结构的研究中采用量子化的假说也获得了显著的成功。经过爱因斯坦、玻尔等人的努力，量子论最终得到了人们的认可。1918 年，普朗克作为量子理论的开拓者获得了诺贝尔物理学奖。1926 年他出任柏林威廉皇家科学促进会主席,同年成为英国皇家学会会员。

普朗克还因为他的高尚品德受到人们尊敬。纳粹统治德国时期,普朗克留在了自己的祖国,公开反对政府的某些政策,尤其反对政府对犹太人的迫害。1944 年,他的一个儿子被控告参与谋杀希特勒的未遂事件。1947 年10 月 3 日,普朗克在哥廷根逝世。

(三) 光量子:爱因斯坦也插手进来

1905 年爱因斯坦在德国《物理学年鉴》上发表《一个关于光的产生和转化的启发性观点》,在该文前言中他指出:"一个有重量的物体的能量,可以用所有原子和电子的能量的总和来表示。有重量物体的能量,不能分成任意多个任意小的部分。而根据光的麦克斯韦理论(或者更普遍地根据光的任何一个波动理论),从一个点光源发出的一束光线的能量,是连续分布在一个不断扩大的体积里的。""用连续空间函数进行工作的光的波动理论,在描述光学现象时,曾显得非常合适,或许完全没有用另一种理论来代替的必要。但是必须看到,一切观察都和时间的平均值有关,而不是与瞬时值有关的……用连续空间函数进行工作的光的理论,当应用于光的产生和转化现象时,会导致与经验相矛盾的结果。"

这里爱因斯坦所说的导致矛盾的"经验"就包括了光电效应。光电效应是在此之前物理学家在实验室里发现的一种奇怪现象:照射到金属表面上的光(特别是紫外光)能使金属带正电荷。发现电子以后,人们证明了这个效应是由于有电子从被照射的表面发射出来。从光电效应的实验研究中可以得出两条规律:(1)对于给定的入射光频率,发射出的电子能量不变,但电子数目与光强成正比。(2)对某一种金属材料,存在一种临界频率:当入射光频率没有达到这个临界频率时,金属表面不会有电子发射出来;在入射光超过临界频率时,电子的能量与所用频率跟临界频率之差成正比。这两条实验结果与经典电磁理论的预言完全不符合。

爱因斯坦认为:"事实上在我看来,对于'黑体辐射'、光致发光、用紫外线产生阴极射线,以及其他一些有关光的产生和转化的现象所得到的各种观察,如用光的能量在空间中不是连续分布的这种假说来说明,似乎还更容易理解。"因此他假定:"从一点发出的一束光线,在传播中其能量不是连续分布在越来越大的空间之中,而是由数目有限的、局限在空间各点的能量子所组成。它们能够运动,但不能再分小而只能整个地被吸收或产生出来。"

在上述假定下,爱因斯坦给出光电效应中发射出的电子能量由公式 $E = h\nu - W$ 决定。W 是与金属有关的功函数,$h\nu$ 是入射光量子的能量,是能量交换的最小单位。当一个光量子击中金属表面并与其中一个电子发生作用时,它把全部能量都传给了电子。如果 $h\nu < W$,电子从光量子那里得不到足够的能量穿出金属表面,因而不会发生光电效应;而当 $h\nu > W$ 时,就开始发射电子,而且电子能量随 ν 线性增加。

这样,爱因斯坦一下子就解释了光电效应的神秘现象,并有力地支持了普朗克关于辐射量子的观念。1921 年的诺贝尔物理学奖授予爱因斯坦,就是为了表彰他在光电效应方面的杰出贡献。

尽管爱因斯坦发展了普朗克的能量子假说,但是普朗克并不同意爱因斯坦的光量子假说,甚至直到 1909 年还在反对这一假说。而爱因斯坦本人在量子论这片池塘里投下"一块石头"后也转身他去。后来他更多地考虑用广义相对论来探索宇宙的本质,对量子力学方面的新进展拒不接受。

二　原子世界

(一)打开原子的大门

从宏观上,人们试图认识宇宙的本质。从微观上,人们则一直试图认清构成这个宇宙的物质的本质。公元前 440 年,古希腊哲学家德谟克利特提出万物由一种不可分割的微粒——原子构成的观点。原子,希腊文原意是"不可分的"。德谟克利特认为物体不可能无限地被分割成越来越小的部分,而必然存在着终极的粒子,他把这种终极粒子叫做原子。这个观念被 19 世纪初英国化学家道尔顿(John Dalton,1766—1844)采纳,他为之提供了可靠的实验根据。他定量地考虑原子问题,编制了第一个原子量表。

19 世纪末,物理学家注意到一种阴极射线现象。J. 汤姆逊(Joseph Thomson,1856—1940)在 1897 年证实阴极射线在电场中偏转,从而断定阴极射线是一种带电粒子。他进而测定了阴极射线粒子的荷质比,发现这种粒子的质量只有氢原子质量的一个很小的分数值(现知值为 1/1837)。汤姆逊就这样打开了亚原子的大门。后来洛伦兹把这种阴极射线粒子叫做电子。汤姆逊被认为是电子的发现者,并因此获得 1906 年诺贝尔物理学奖。此后他的七个助手先后获得诺贝尔奖。

德国物理学家伦琴(W. K. Roentgen, 1845—1923)也在做阴极射线的实验,1895 年 11 月 10 日他偶然发现了阴极射线管里射出一种新的射线,它能轻易穿透一些如纸张之类不透明的物质而使底片曝光。伦琴把它叫做 X 射线。现在已经知道,X 射线就是一种高能辐射。

伦琴发现的 X 射线引起法国物理学家贝克勒尔(A. H. Becquerel, 1852—1908)的兴趣。因为伦琴是通过荧光材料所发出的荧光而发现 X 射线的,所以贝克勒尔想知道是否有荧光材料放出 X 射线。1896 年 2 月,他把感光片包在黑纸里放到太阳下,再把荧光物质的晶体压在上面。他的设想是:太阳光照射晶体产生荧光,如果荧光中有 X 射线,那么它就能穿透黑纸使底片曝光。果然,底片冲洗出来后,上面有了阴影。这证明有放射线穿透了黑纸,贝克勒尔断定荧光确实放出 X 射线。接下来连续数日阴天,无法到太阳底下做实验。贝克勒尔只好把包好的底片放进抽屉,上面还是压着那块荧光物质的晶体。由于接连几天没有太阳,无所事事之下,贝克勒尔决定把抽屉里的底片先洗出来看看,也许晶体里残存的荧光能使底片出现微弱的阴影。可是结果大出所料,底片上有很多的阴影。显然,这阴影与太阳无关、与荧光无关,而与晶体本身有关。贝克勒尔用的晶体是一种铀的化合物——硫酸双氧铀钾,这样他便发现了铀的放射性——居里夫人在 1898 年把这种现象命名为放射性。

伦琴发现的 X 射线和贝克勒耳发现的铀的放射性激发了居里夫人(Marie Curie, 1867—1934)对放射线的研究兴趣。在对铀矿物放射性的研究中,她发现某些铀矿物的放射性特别强,并断定这额外的放射性是由未知的放射性元素造成的。为了寻找这种未知元素,她的丈夫居里(Pierre Curie, 1859—1906)也加入到她的工作中来。1898 年 7 月居里夫妇从铀矿中分离出一小点新元素的粉末,这种新元素被命名为钋,放射性比铀强数百倍,但还不足于说明一些铀矿石强烈的放射现象。1898 年 12 月居里夫妇检测出了放射性更强的物质,并把它命名为镭。1902 年他们经过了无数次的结晶处理,终于成功地制出十分之一克的镭。居里夫人因对放射线的研究获得 1903 年的诺贝尔物理学奖,1911 年又因发现两种新元素而获得诺贝尔化学奖。

(二) 卢瑟福的核式原子模型

作为汤姆逊的学生,卢瑟福(Ernest Rutherford,1871—1937)却不喜欢汤姆逊的原子模型。他决定用一种新的粒子当做炮弹来轰击原子,以探索原子的内部结构。这时居里夫人等放射物理学家们已经从放射性研究中掌握了 α、β、γ 三种射线。卢瑟福知道 α 粒子其实就是从不稳定的原子发射出来的具有极高能量的带正电的氦离子束。α 粒子在与原子带点部分发生相互作用时,会偏离原来的路径,由此产生的 α 粒子散射,可以揭示原子内部电荷分布的情况。卢瑟福让 α 粒子流射到不同的金属薄片上,并对穿过薄片后向不同方向散射的 α 粒子的数目进行计数。

根据计数结果,卢瑟福发现 α 粒子穿过金属薄片后的散射是相当显著的。虽然多数粒子保持原来的运动方向,但有不少粒子偏转了很大角度,有的甚至被撞回来了。这个结果与汤姆逊原子模型预言的结果完全不符。按照汤姆逊的原子模型,原子的质量和电荷几乎是均匀地分布在整个原子中,这样入射粒子的电荷与原子内部的电荷之间的相互作用绝不会强到能使 α 粒子离开其原来的运动方向发生大角度的偏折,更不用说能把它撞回去了。

唯一可能的解释是原子的中心含有一个很小的核,这个核带有正电并且拥有原子的所有质子,所以也几乎拥有原子的所有质量。为了判断这一假设是否能解释观测到的散射结果,需要根据力学定律导出一个公式,来计算 α 粒子在离排斥中心不同的距离处通过时偏折的大小。像许多其他实验室中的天才一样,卢瑟福也不精于数学。据说,这个公式是由一位年轻的数学家福勒帮他导出的——后来福勒成了卢瑟福的女婿。根据这个公式,粒子偏离原来运动方向的角度为 θ 的 α 粒子数与 $sin^4\dfrac{\theta}{2}$ 成反比。这个结论与观测到的散射曲线非常相符。

1911 年,卢瑟福根据 α 粒子散射实验,发表了原子的核式结构模型:原子有一个小而重的带电的核,在它周围是一群在库仑吸力作用下绕核转动的电子。后来卢瑟福的学生盖革和马斯登确定了原子核的正电荷等于该元素在门捷列夫元素周期表中的原子序数。卢瑟福原子模型是对德谟克利特原子观——即认为原子是不可分割的无特征球体的观点的彻底取代。

(三)玻尔的量子化原子模型

玻尔(Niels Bohr,1885—1962)出生于哥本哈根,1903 年入哥本哈根大学,主修物理学,1911 年获得博士学位,随后到了英国剑桥 J. 汤姆逊主持的卡文迪什实验室,几个月后转到曼彻斯特,在卢瑟福指导下进行研究。1913 年玻尔任曼彻斯特大学物理学助教,1916 年任哥本哈根大学物理学教授,1917 年当选为丹麦皇家科学院院士。1920 年玻尔创建了哥本哈根理论物理研究所,任所长,该研究所成为日后闻名于世的哥本哈根学派的大本营。1939 年玻尔始任丹麦皇家科学院院长。第二次世界大战开始,丹麦被德国占领。1943 年玻尔为躲避纳粹的迫害,逃往瑞典。1944 年玻尔在美国参加了和原子弹有关的理论研究。1947 年丹麦政府为了表彰玻尔的功绩,封他为"骑象勋爵"。1952 年玻尔倡议建立欧洲原子核研究中心(CERN),并且自任主席。1955 年他参加创建北欧理论原子物理学研究所,担任管委会主任。同年丹麦成立原子能委员会,玻尔被任命为主席。

汤姆逊最初提出原子模型时一个重要的目标就是想通过探索原子结构来说明元素周期率,说明原子的化学性质。玻尔为实现这个目标跨进了一大步。玻尔觉察到卢瑟福关于原子结构的结论隐藏着深刻的含义,根据卢瑟福的原子模型,玻尔认为可以把原子分成两个部分:一般物质的化学性质取决于周围的电子群;质量和放射性依赖于原子的中心部分。他首次把原子的中心部分命名为原子核。

人们通过对 X 射线激发的实验研究,相信原子结构也是由作用量子支配的。玻尔通过对 α 射线吸收的研究,进一步增加了在原子结构中引入作用量子的自信心。玻尔把原子内的电子看做一个谐振子,发现其频率和射线的吸收之间存在着一定的关系。在此基础上玻尔要求出一些轻原子的核外电子的稳定配位,并推测简单分子的稳定结构。

1912 年上半年,玻尔着力进行了这方面的研究,并完成了大致轮廓。他把正核周围 n 个电子等间隔排列的环设想为一个旋转系统。只要 $n \leqslant 7$,原子就是稳定的;当 $n > 7$ 时,可以认为能形成多重环。需要指出的是,这里所谓稳定、不稳定,都是经典力学的概念。玻尔用他的理论对氢、氦、锂、铍的化学性质进行了说明,又考察了几个双原子分子的结构、稳定性和结合能,对氢气分子和氯化氢分子而言,结果大体与实验值符合。玻尔还推测了水分子和甲烷分子的性状，并断言 HH_e、He_2 这样的分子是不可能形成的。

玻尔的上述理论还存在一定的缺陷，作用量子如何在原子内部发生作用还不是很清楚。1913 年 2 月初玻尔向他的朋友、光谱学家汉森（H. M. Hansen）介绍自己的原子结构理论时，汉森问他，能否用它说明光谱。玻尔回答说，因为光谱这样复杂的东西想必不会成为弄清楚原子结构的关键，所以不想用它说明光谱。于是汉森以氢原子光谱的巴耳末公式为例，反驳说，光谱未必是复杂的。

1885 年德国一位教师巴耳末（J. J. Balmer，1825—1898）在实验室内测得氢光谱的四条谱线的频率，发现这四个频率数据可用下式表示：

$$v = N\left(\frac{1}{4} - \frac{1}{n^2}\right) \qquad (15.23)$$

这里 n 是比 3 大的整数。巴耳末公布这个公式之后，哈京斯（W. Huggins，1824—1910）测量了氢的紫外部分谱线，也符合该公式。

看到巴耳末公式之后，玻尔觉得找到了解决问题的钥匙。经过一段紧张而顺利的工作，在 1913 年 4 月初完成的论文《论原子和分子的组成》中，玻尔提出了他的原子结构模型。他写道："绕转频率 ω 和轨道主轴 $2a$ 取决于为了把电子移动到离原子核无限远处所必须传递给系统的那个能量 W 。"玻尔给出：

$$\omega = \frac{\sqrt{2}}{\pi} \frac{W^{3/2}}{eE\sqrt{m}}, \quad 2a = \frac{eE}{\omega} \qquad (15.24)$$

其中 e 为电子电荷，m 为电子质量，E 为原子核电荷。玻尔又假设电子失去的动能以频率 v 的光量子放出：$W = nhv$，n 是正整数。玻尔又进一步作出重要的假设：放出辐射的频率等于电子最后落在轨道上的转动频率 ω 的二分之一，即：

$$w = nh\frac{\omega}{2} \qquad (15.25)$$

由（15.24）式和（15.25）式可以求出电子的三个轨道常数：平均动能、转动频率和直径

$$W = \frac{2\pi^2 me^2 E^2}{n^2 h^2}, \omega = \frac{4\pi^2 me^2 E^2}{n^3 h^3}, 2a = \frac{n^2 h^2}{2\pi eEm} \qquad (15.26)$$

这样，由于 n 不同，在核周围被俘获的电子所落入的轨道可以是各种各样

的。玻尔假定,在这些确定的轨道上,系统不辐射能量,能量辐射仅仅发生在电子被俘获的过程中或者电子从某一配位向其他配位跃迁之时。因此,当氢原子系统从 $n = i$ 的状态过渡到 $n = j$ 的状态时,发射的能量为:

$$W_j - W_i = \frac{2\pi^2 m e^4}{h^2}(\frac{1}{j^2} - \frac{1}{i^2}) \qquad (15.27)$$

根据光量子假说,发射的能量又可以写成 $h\nu$,那么

$$\nu = \frac{2\pi^2 m e^4}{h^3}(\frac{1}{j^2} - \frac{1}{i^2}) \qquad (15.28)$$

对于巴耳末系,意味着电子从其余轨道跃迁到 $j = 2$ 的轨道上形成的谱线系;后来发现 $j = 3$ 形成帕邢系,为氢原子的远红外谱系;$j = 1$ 形成喇曼系,为氢原子的远紫外谱系。这些结果有力地证实了玻尔的电子跃迁理论和氢原子的量子化结构模型。

自普朗克和爱因斯坦先后提出量子论的思想起,玻尔是明确地把量子假说应用于原子模型并取得辉煌成就的第一位科学家。玻尔的理论较快地被学术界接受。1913 年 9 月召开的英国科学促进会年会上,人们迅速地承认了它的价值。在这次大会的物理学部会议上,量子论成为中心话题。金斯(J. H. Jeans)在所作的总结报告中断言,作用量子假设的采用是不可避免的,他还称赞玻尔的理论"对线光谱的规律作了最巧妙、最有启发性、最有说服力的解释"。后来索末菲(A. J. Sommerfeld,1868—1951)于 1915 年把玻尔的圆形量子轨道推广到量子化的椭圆轨道,并引入相对论质量变化的概念,说明了越来越多的观测事实。

但是玻尔理论在达到顶点之后,所包含的矛盾也开始暴露出来。玻尔的氢原子模型过于简单,无法解释谱线的精细结构,对比氢复杂的元素,玻尔也没有能够给出满意的原子模型。

三 量子力学

以玻尔理论为主干的前期量子论(1900—1925)固然在原子能级等方面取得了许多成果,但是也遗留了几个大的疑难。一些理论诚然能很好地说明现象,但理论成立的根据是不充分的。因此量子论面临严重障碍而处于停滞状态。这时一批年轻的物理学家认识到经典的物理思想已经难以为

继,他们在早期量子论的基础上采用一种全新的思路建立起了一种新的力学——量子力学。

(一) 海森伯的矩阵力学和测不准原理

海森伯(Werner Heisenberg,1901—1976)1901 年 12 月 5 日生于德国维尔茨堡,1920 年进慕尼黑大学攻读物理学,师从索末菲、维恩等著名物理学家。1922 年到 1923 年底海森伯到哥廷根大学在玻恩、夫兰克和希尔伯特指导下攻读物理学,1923 年获得慕尼黑大学博士学位。接着到哥廷根大学做玻恩助手,第二年获得在该校授课资格。1924 年到 1925 年受洛克菲勒基金会资助在哥本哈根与玻尔一起工作,1926 年被任命为哥本哈根大学物理学讲师,1927 年被任命为莱比锡大学理论物理学教授。1929 年到美国、日本和印度讲学,1941 年被任命为柏林大学物理学教授和威廉皇家物理研究所所长。二战结束时被美军俘虏送去英国,1946 年回德国重整哥廷根大学物理研究所,1948 年该所改名为马克斯·普朗克物理研究所。1955 年海森伯筹划将马克斯·普朗克物理研究所迁往慕尼黑,其本人作为研究所所长一同迁居慕尼黑。1958 年受聘为慕尼黑大学物理学教授,马克斯·普朗克物理研究所改名为马克斯·普朗克物理及天体物理研究所。

海森伯在玻恩(Max Born,1882—1970)指导下从事氢原子谱线强度的研究。在研究中他意识到,不能总是能够确定某时刻电子在空间的位置,也不能在它的轨道上跟踪它,因此不能认为玻尔假设的类行星轨道真的存在。他认为需要一种全新的理论,在该理论中力学量,如位置、速度等,不应该用普通的数来表示,而要用叫做"矩阵"的数学体系表示。海森伯按照矩阵方程建立了他的新理论,1925 年写成了奠定量子力学基础的《关于运动学和力学关系的量子论》一文,时年 23 岁。

玻恩和约尔丹(P. Jordan,1902—1980)看到海森伯论文的初稿时,也一起加以研究,他们提出海森伯的量子条件可用矩阵规则写成:

$$pq - qp = \frac{h}{2\pi i}I$$

这里 p、q 都是矩阵,p 是动量,q 是空间坐标。海森伯本人以及他人用他的量子力学研究了原子和分子的光谱特性,得到的结果与实验一致。泡利(Wolfgang Pauli,1900—1958)很快成功地把这种力学应用到了氢原子上。

海森伯用他的理论去处理两个相同原子所组成的分子时,发现氢分子应当以两种不同的方式存在,这两种方式彼此有确定的比例。这就是氢的同素异形体的理论预言,后来被实验证实。

1927 年,海森伯从量子力学的数学形式中得出了著名的测不准原理,该原理揭示:要确定运动粒子的位置和动量时必定有不确定度,两种不确定度的乘积不小于普朗克常数除以 2π,即 $\triangle p \cdot \triangle q \geq \dfrac{h}{2\pi}$。

测不准原理和玻恩的波函数几率解释一起,奠定了量子力学诠释的物理学基础。玻尔后来又进一步提出量子力学的互补思想:对于两个可观测量,如果在测量其中的一个量时妨碍了同时对另一个量进行测量的精度,那么这两个量是互补的。除了动量和坐标是一对互补量外,能量和时间也是一对互补量。

1929 年,海森伯又与泡利一起为量子场论打下基础。1932 年,由于在建立量子力学中作出的重大贡献,他获得了该年度的诺贝尔物理学奖。

(二)德布罗意的物质波

在哥本哈根的玻尔和哥廷根的玻恩周围各自聚集了一批朝气蓬勃的物理学家展开量子力学中的矩阵力学研究的同时,另外一条与此不同的研究路线是沿着爱因斯坦关于辐射本性的讨论深入展开,并且跟哥本哈根和哥廷根学派不同的是,这条研究路线带着很强的个人色彩。其中一个著名的人物就是德布罗意。

德布罗意(Louis de Broglie,1892—1987)出生在法国一个贵族家庭,中学毕业后进入巴黎大学攻读历史学,1910 年获得历史学硕士学位。在他哥哥 X 射线物理学家莫里斯·德布罗意(Maurice de Broglie,1875—1960)的影响下,他对物理学产生了浓厚的兴趣,特别是在阅读了第一届索尔维会议的学术报告和论文后,便下决心去弄清楚普朗克提出的能量子的本质。1913 年德布罗意获得科学硕士学位,随即第一次世界大战打断了他的研究。大战结束后,他在朗之万的指导下攻读博士学位。

1924 年德布罗意以《量子论的研究》获巴黎大学博士学位,在论文中他首次提出了"物质波"概念。1926 年起他在巴黎大学任教,1932 年任巴黎大学理学院理论物理学教授,1933 年被选为法国科学院院士,1942 年起任该院常任秘书。1945 年以后被任命为法国原子能高等委员会顾问,对原子能的和平发展以及加强科学和工业的联系深感兴趣。作为法国科学院的终身秘书,德布罗意强烈要求该机构考虑热核爆炸的有害后果。1962 年退休。

19 世纪的物理学对宇宙的看法曾经是这样的:宇宙可划分为两个较小的世界,一个是光、波的世界,另一个是物质的微粒(原子和电子)的世界,这两个世界的相互作用决定着可感知的宇宙现象。爱因斯坦提出光量子假说之后,光似乎又显示出一种粒子性。德布罗意非常欣赏爱因斯坦的光量子假说,但是他又认为爱因斯坦的光量子理论也有其不彻底性。他希望光的粒子观点和波动观点统一起来,即在光的理论中同时引进粒子概念和周期性概念,以进一步揭示"量子"的真正含义。

德布罗意在博士论文中写道:"考虑到频率和能量的概念之间存在着一个总的关系,在本文中我们认为存在着一个其性质有待进一步说明的周期性现象,它与每个孤立能量块相联系,与静止质量的关系则遵从普朗克—爱因斯坦方程。这种相对论理论将所有质点的匀速运动与某种波的传播联系了起来,而这种波的位相在空间的运动比光速要快。"他假设所有具有动量 p 和能量 E 的物质客体,如电子等,都具有波动性,其频率 ν 和波长 λ 分别由下面两式给出:

$$v = \frac{E}{h}$$

$$\lambda = \frac{h}{p}$$

这样德布罗意引入了物质波的概念,指出物质不仅是粒子,也是波。德布罗意认为物质粒子的运动伴随着某种引导波,这些波伴随粒子一起在空间传播。在玻尔的原子模型中,电子的轨道应该满足:轨道的长度包含着整数个这种引导波。第一轨道包含一个波,第二轨道包含两个波,等等。德布罗意希望用他的理论实现物质和光共有的波动性和粒子性的统一。

德布罗意的新理论,开始时并没有受到物理学界的重视。因为他的思想是如此新颖、大胆,以至于普郎克、洛伦兹这些人都很难相信它的正确性。即使他的导师朗之万,也只认为他的想法有很大的独创性,但过分大胆、几近荒谬。不过朗之万还是把德布罗意的论文副本寄给了爱因斯坦,请他提出意见。爱因斯坦立即意识到德布罗意思想的深远意义，并且想到在他自己关于理想气体的新涨落公式中出现的波干涉项可能正是起源于德布罗意波，所以他热情地复信给朗之万，称赞德布罗意"已揭开了巨大帷幕的一角"。爱因斯坦还立即在自己的研究中吸收了德布罗意的新理论，在 1924 年和 1925 年发表的论文中他特别提到了德布罗意把一个粒子系统归结为一个波场的这篇"非常值得注意"的论文。正是由于爱因斯坦的推荐，德布罗意的工作才引起了物理学界的广泛重视，特别是对薛定谔产生了积极的影响，使之创立了波动力学。

1927 年美国物理学家戴维森和革末以及英国物理学家汤姆逊通过电子衍射实验，各自证实了电子确实具有波动性。德布罗意的大胆假设得到了实验证实，这样，就并不存在一个光、波的世界和另一个物质的微粒的世界，而只有一个单一的统一的宇宙。德布罗意的工作获得普遍赞赏，并使他获得了 1929 年诺贝尔物理学奖。诺贝尔物理学奖委员会主席奥西恩在颁奖致辞中称赞德布罗意实践了"敢于在没有得到任何已知事实支持的情况下，断言物质不仅具有微粒性，并且还具有波动性"这样一种大胆假设的纯理论科学研究方法。

（三）薛定谔的波动力学

薛定谔（Erwin Schrödinger，1887—1961）出生于维也纳，1906 年进维也纳大学物理系，1910 年获博士学位，毕业后在维也纳大学第二物理研究所工作，后转到德国斯图加特工学院和布雷斯劳大学教书。1927 年，薛定谔接替普朗克到柏林大学担任理论物理学教授，并成为普鲁士科学院院士。1933 年，他愤于纳粹政权对杰出科学家的迫害，弃职移居英国牛津，在马格达伦学院任访问教授。1936 年冬他回到奥地利格拉茨，德国吞并奥地利后，于 1938 年 9 月在友人的帮助下又流亡到英国牛津，次年 10 月转到爱尔兰。爱尔兰为薛定谔建立了一个高级研究所，他在此从事了 17 年的研究工作，1956 年 70 岁时返回维也纳大学物理研究所。

薛定谔通过爱因斯坦的论文了解到德布罗意的理论，1925 年底他用德布罗意波代替空腔内的分子，通过枚举其振动方式的方法，导出了爱因斯坦的理想气体方程式。6 周之后，他完成了关于波动力学的最初论文。薛定谔理论的特征在于不明显地提出整数性要求的新量子化方法，他从经典物

理学的哈密顿—雅可比方程式出发,采用经典的变分原理代替量子条件,建立了波动力学。最后他导出一般化的波动力学方程:

$$\nabla^2 \Psi(x,y,z) + \frac{8\pi^2}{h^2}[E - U(x,y,z)]\Psi(x,y,z) = 0$$

这里 ∇^2 是拉普拉斯算符,E 是系统的能量,U 是系统的势函数。

薛定谔理论指出,电子并不是在环绕原子核公转,而仅仅是在核周围形成的一种"驻波",所以位于某特定轨道上的电子并没有加速运动,因而也就不会辐射能量。海森堡的矩阵量子力学需要繁难的数学,而薛定谔的波动方程在数学上与经典的波动力学没有什么不同,所以很快被人们接受。

1926 年,薛定谔证明自己的波动力学与海森伯、玻恩和约尔丹所建立的矩阵力学在数学上是等价的。没过多久,狄拉克(Paul Dirac,1902—1984)把相对论引进了薛定谔方程,得到现在叫做狄拉克方程的波动方程。相对论和量子力学在此之前彼此不同、彼此独立,狄拉克首次把两种理论很成功地统一起来了。1933 年薛定谔与狄拉克因建立新的原子理论而共同获得该年度诺贝尔物理学奖。

薛定谔还长期探索了统一场论、宇宙论等问题。他每年在都柏林主持"夏季讲座",与各国同行讨论交流。其《生命是什么》(1948),用热力学、量子力学、化学理论解释生命现象的本质,引进了负熵、遗传密码、量子跃迁式突变等概念,成为今天蓬勃发展的分子生物学的先驱。

围绕量子力学的解释,当时在哲学上出现了异常混乱的局面。特别是海森堡提出测不准原理之后,不少人大声疾呼:因果律面临被推翻的危机。根据经典力学,如果已给出了质量在某一时刻的位置和速度,则以后任何时刻的状态就可以绝对地确定下来。但在量子力学中,认为其状态是"不确定"的,它只承认概率上的必然性。

但是,正当一些物理学家和哲学家纠缠于量子力学的哲学解释时,量子力学作为支配微观领域的理论取得了长足的发展,不仅巧妙地解决了原子结构问题,而且在化学键、金属导电性和强磁性等有关物质和化学性质的各个领域内都取得了重要成果。

思考题

1. 普朗克为什么要引入能量子的概念？他对待能量子的态度怎样？

2. 爱因斯坦在量子论早期作出了什么样的贡献？

3. 玻尔的原子模型的要点是什么？

4. 量子力学的奠定者有哪几位？分别作出了什么贡献？

5. 什么是量子力学的测不准原理？

阅读书目

1. 〔德〕A. 赫尔曼:《量子论初期史》,周昌忠译,商务印书馆,1980 年。

2. 〔日〕广重彻:《物理学史》,李醒民译,求实出版社,1988 年。

3. 〔美〕J. 梅拉、H. 雷琴堡:《量子理论的历史发展》第一卷第一分册《普朗克、爱因斯坦、玻尔和索末菲的量子理论:它的奠立及其困难的兴起,1900—1925 年》,戈革译,科学出版社,1990 年。

附录一

关于科学的三大误导

　　在我们的日常生活和工作中,很多文科学者对科学非常崇拜,而真正搞科学前沿研究的人,他们是知道科学有局限性的,他们也知道,平常对公众构造出来的科学图像,比方说科学是非常精密的,它是纯粹客观的,等等,那只是教科书构造出来的。那些在前沿做得比较深入的、成就比较高的科学家,他们完全知道自己在实验室里是怎么回事,所以他们也知道绝对的精确也是不存在的,还有很多所谓的客观的东西,其实也没有我们想象的那样客观。结果就会产生这样的现象:我下面要讲的某些观点,有时反而在前沿的科学家那里是容易被接受的。

　　文人面对科学有时会有自卑心理,因为他们自己确实对数字之类的东西感到厌倦,看到公式也感到厌倦。当年霍金写《时间简史》,他的出版商对他说:"书中每放一个公式,你的书销量就减半。"——连 $E = mc^2$ 这样的公式也不例外。但是在第二版的《时间简史》里,霍金把这句话删掉了,因为他的《时间简史》实在太畅销了,他现在往里面放公式也不会减半(尽管如此他还是推出了《时间简史》的普及版)。但是对于其他人来说,霍金出版商的话基本上是对的。

　　这是一方面的情形,另一方面,长期的教育也让我们对科学非常崇拜,结果就会出现下面的情形——这是真实的事情,理工科的和文科的教授在学校的会议上吵起来的时候,那个理工科的教授盛气凌人地说:你有什么了不起啊,你写的论文我都能看懂,我的论文你能看懂吗?文科教授一想,是啊,他的论文里有那么多公式,我看不懂啊。理工科教授觉得,你那点文学历史什么的我也能看懂。实际上,这种傲慢是没有道理的,要是弄一段古文,文科教授也同样能让理工科教授看不懂。

有一位很有名的中国科学院院士，他经常攻击中国传统文化。有一天他在他住的小区里拦住了另一位著名学者，说某某啊，你说，《周易》它是不是伪科学？是不是糟粕？它阻碍我们科学的发展嘛。那位学者和这个院士都是同一个学校出身的，他回答说：我们的校训"厚德载物，自强不息"就是从《易经》里来的，你看怎么样啊？这位学者很机智，他当然不赞成这位院士惯常的唯科学主义观点，但他巧妙地利用了两人正好是同一母校，又用母校的校训回击院士，使得院士不知说什么好。

所以，实际上学文的和学理工的本来都有一些让对方看不懂的东西，那么为什么学理工的就可以这么傲慢，而学文科的就经常要自卑呢？这种自卑本来是没有必要的。

但是，这种自卑确实是有原因的，我们从小受的教育里有三大误导。这些误导有的人不会直接地赤裸裸地说出来，但在他们思想深处确实是这么想的。我自己是学天体物理专业出身，很长时间里，这三大误导在我身上都有，但是研究了一段科学史之后，就发现不是那么一回事了。

第一个误导：科学等于正确

很多人都会想当然地认为，科学当然等于正确啊。在我们平常的语境里，我们称赞某个东西的时候，经常说这个东西"很科学"，在这样的语境中，科学当然被假定就等于正确。

但是只要稍微思考一下，我们就知道科学不等于正确。

因为科学是在不断发展进步的，进步的时候肯定就把前面的东西否定掉了，前面那些被否定掉的东西，今天就被认为不正确。比如，我们以前认为地球在当中，太阳围着地球转，后来我们知道是地球绕着太阳转，再往后我们又知道太阳也不是宇宙的中心，我们还知道地球绕日运行也不是圆周运动而是一个椭圆，再后来我们又知道椭圆也不是精确的椭圆，它还有很多摄动，如此等等。由于科学还在发展，所以你也不能保证今天的科学结论就是对客观世界的终极描述，任何一个有理性的人都知道这不是终级描述。以后科学还要再发展，未来的结论中我们今天的认识又不对了，或者退化为一个特例——比如牛顿力学退化为相对论效应非常小的情况下的特例等等。旧的结论总是被新的结论取代，那么那些被取代的东西，它们是不是还算科学呢？

当初我提出"科学不等于正确"的时候，遭到了很多人的反驳。其中一种反驳的路径是，要求把被今天的科学结论取代了的部分从科学中拿出去，所以说托勒密的天文学现在就不是科学，因为它不正确。但是如果遵循这种路径，那么哥白尼也不正确，也不是科学，牛顿也不正确，也不是科学。为了保证自己逻辑自洽，一旦宣称托勒密不是科学，你就必然宣称哥白尼、牛顿、开普勒、伽利略等等都不是科学——只要有一点今天认为不正确的东西，它就不是科学。那么科学还剩得下什么？就剩下爱因斯坦勉强站在那里。但是谁知道呢，说不定哪天又有一个新发现，爱因斯坦又不正确了，那么他又会被从科学殿堂里踢出去了。

要是这样的话，科学就将不再拥有它自身的历史，只存在于当下这一瞬，此前一秒钟的都不是科学，这样的话就整个否定了科学自身的历史。所以这个路径是走不通的。

我们当然要承认以前的东西是科学，判断一个东西是不是科学，主要不是看它的结论正确与否，而是看它所采用的方法，和它在当时所能得到的验证。用一个通俗的比方，就好比是做作业：老师布置了10道作业，你做错了3道，做对了7道，你把作业交上去，老师得承认你完成了作业，不能说你只完成了70%的作业，还有3道题目不是作业。做错了的题目还是作业，被我们放弃了的理论和结论仍然是科学，这个道理是一样的，它们的科学资格不能被剥夺。

那么下面这个说法就也能够成立："正确对于科学既不充分也非必要。"这个说法是北大刘华杰教授想出来的，就是说有一些不正确的东西它是科学，还有一些肯定正确的东西它不是科学。这很容易举例，比方说今天晚上可能下雨也可能不下，这样的话就是肯定正确的，但没有人会承认这是科学，所以很多正确的废话都不是科学。

我们还要看一下哥白尼学说胜利的例子。这个例子说明：某一种理论被我们接受，并不一定是因为它正确。

我们以前被灌输的一个图像是这样的：科学是对客观世界的反映，一旦客观世界的规律被我们掌握，我们就能描述这个世界，甚至还能够改造它；科学的胜利就是因为它正确，它向我们展现一个又一个正确的事例，最后我们就接受它。

但是实际上我们考察科学史的例子就能看到，在很多情况下，科学不是因为它正确才胜利的。哥白尼的事例是许多科学哲学家都分析过的——当年库恩等人都在哥白尼身上花了很大工夫，拉卡托斯也是这样，因为这个例子很丰富，从中可以看出很多东西来。

　　哥白尼提出他的日心学说，为什么很长时间欧洲的科学家都不接受呢？这是因为他的学说有一个致命弱点——人们观测不出恒星的周年视差。而从日心学说的逻辑上说，恒星周年视差一定是存在的。哥白尼的辩解是它太小，我们观测不到。这个辩解是正确的，因为在那个时代还没有望远镜，观测仪器确实观测不到。后来是直到1838年，贝塞尔才第一次观测到了一颗恒星（天鹅座61）的周年视差。因为那时候望远镜都已经造得很大了，才终于观测到了。

　　按照我们以前关于正确的图像，显然哥白尼学说要到1838年才能够被学者们接受，因为在此之前他的理论有一个致命的检验始终不能证实，我们就没有理由相信这个学说。然而事实上哥白尼学说很早就胜利了，比如开普勒、伽利略都很早就接受了哥白尼学说。为什么他们会接受它呢？当这个学说还没有呈现出我们今天意义上的所谓"正确"的结果来时，为什么它已经胜利了呢？

　　现在库恩等人考证，这是因为新柏拉图主义。哥白尼也好，开普勒也好，这些人都信奉哲学上的新柏拉图主义——在这种哲学学说里，太阳被认为是宇宙中至高无上的东西。因此他们出于这种哲学思潮的影响，不等哥白尼学说被证实为正确，就已经接受它了。

　　这个例子确实可以说明，科学和正确的关系远远不像我们想象的那么简单，一些东西也并不是因为它正确才被接受的。这个事实可以直接过渡到后来 SSK 理论中的社会建构学说，实际上伽利略等人接受哥白尼学说就是在进行社会建构——用他们的影响、他们的权威来替这个学说作担保：虽然还没有验证它，但我向你们担保它肯定正确。

第二个误导：科学技术能够解决一切问题

　　很多唯科学主义者辩解说，我什么时候说科学技术可以解决一切问题啊？我从来没这样说过啊。但是他其实是相信的，我们当中的很多人也相信这一点。我们最多退一步说，只要给我们足够长的时间，科学技术就能解决一切问题。我们承认今天还有一些科学还没有解决的问题，但是它明天可以解决；如果明天它没有解决，那么后天它可以解决；后天它还不能解决，也不要紧，它将来一定可以解决。这是一种信念，因为科学已经给我们带来了那么多的物质上的成就，以至于我们相信它可以解决一切问题——只要有足够的时间。

这个说法也可以换一种表述，说科学可以解释一切事情：只要给我足够长的时间，我就可以解释这个世界上的一切。这和可以解决一切问题实际上是一样的。

归根到底，这只是一个唯科学主义的信念。这个信念本来是不可能得到验证的，实际也从来没有被验证过。但是更严重的问题是，这个信念是有害的。

因为这个信念直接引导到某些荒谬的结论，比方说已经被我们抛弃了的计划经济，就是这个信念的直接产物。计划经济说，我们可以知道这个社会的全部需求，还能知道我们这个社会的全部供给，我们科学计算了需求和供给的关系，就能让这个社会的财富充分涌流，它既不浪费也不过剩又不短缺——以前搞计划经济的人的理论基础就是这样的。结果当然大家都知道了，计划经济给我们带来的是贫困，是落后。今天我们中国经济得到大发展，不是计划经济的结果，是抛弃了计划经济的结果。

阐述唯科学主义和计划经济关系的著作，最好的就是哈耶克的《科学的反革命——理性滥用之研究》。半个多世纪前，理性滥用还远没有今天这么严重，但那时他就有先见之明，而且对于唯科学主义会怎样导致计划经济，再进而导致政治上的专制集权等等，已经都根据苏联的材料非常准确地预言了。

第三个误导：科学是至高无上的知识体系

这第三个误导我相信很多人也是同意的。"科学是一个至高无上的知识体系"，我以前也是这样想的。因为这和科学能够解决一切问题的信念是类似的——它基本上是建立在一个归纳推理上：因为科学已经取得了很多很多的成就，所以我们根据归纳相信它可以取得更多的成就，以至于无穷多的成就。

科学哲学早已表明，归纳推理是一个在逻辑上无法得到证明的推理，尽管在日常生活中我们不得不使用它，但是我们知道它并不能提供一个完备的证明。因此，科学即使解决了很多很多的问题，在现有的阶段得分非常高，并不能保证它永远如此。况且这个得分的高低，涉及评分的标准，其他学说、其他知识体系的价值怎么评价，都是可以讨论的问题，并不是由谁宣布一个标准，大家就都会照着做。

那么，为什么相信科学是至高无上的知识体系呢？

除了类似于科学能解决一切问题这样的归纳推理之外，它还有一个道德上的问题。

因为我们以前还描绘了另外一个图景，我们把科学家描绘成道德高尚的人：他们只知道为人类奉献，自己都是生活清贫、克己奉公，身上集中着很多的美德。但是现在大家都知道，科学家也是人嘛，也有七情六欲，也有利益诉求。

为了维护上述图像，又有人宣称：科学共同体即使有问题，公众也没有资格质疑，因为你们不懂，你们不专业，而我们是既专业又道德高尚的，所以即使我们犯了错误，我们自己可以纠正，用不着你们来插手，也用不着你们来插嘴——这样的想法以前是很流行的，它也属于那种没有直接说出来过，但是被许多人默认的。

（一）公众是否有权质疑科学？

说到公众质疑科学的问题，有一个很好的例子。

好多年前，现在的上市公司宝钢股份当年刚刚建设的时候，有一位著名越剧演员袁雪芬，在两会上提出质疑，说宝钢这个项目的建设合不合理？有没有必要？结果媒体上就出现了很多嘲笑的声音，说一个越剧演员，她根本不懂钢铁的冶炼、矿石的运输、电力的需求等等，她整个都不专业啊，凭什么来质疑宝钢建设是不是合理？现在重新来评价这件事情，我们认为袁雪芬一点都不可笑，即使她不懂，也可以质疑。

为什么不懂也可以质疑？因为你有这个权利。

因为今天的科学是用纳税人的钱供奉的，你是纳税人之一，因此你有这个权利，即使你不懂，你以一个外行的思路去质疑，也许很可笑，但是人们不应该嘲笑你,而科学家则有义务向你解释。所以今天我们说,宝钢工程的决策者有义务向袁雪芬解释,我们设计这样一个企业是合理的,来说服袁雪芬,使她的疑惑冰释。当然我们今天看到,宝钢是一个相当成功的企业,可以说当年的决策是对的,但是袁雪芬当时要质疑,她也是对的,因为她有这个权利。作为"两会"的民意代表,她还有义务。

当科学没有用纳税人的钱,纯粹是科学家个人业余爱好的时候,可以拒绝人们的质疑,那时科学家没有义务来回答这种质疑。比如爱因斯坦研究相对论的时候,纯粹是他的业余活动。按今天的标准,他甚至就像一个"民科",他只不过是个小职员,业余有兴趣,那时没有拿过任何纳税人的钱。等后来他到普林斯顿,被美国供养的时候,那他就拿了纳税人的钱了。先前他纯粹是个人爱好,一个纯粹个人的行为,当然可以拒绝别人的质疑,也没有义务去回答——当然你有兴趣回答也很好,但是你可以不回答。但是,现在科学都是拿纳税人的钱供养的,所以科学共同体有义务回答公众的质疑。

(二) 科学带来的问题,只能靠科学解决吗?

"科学带来的问题,只能靠科学来解决",这也是很常见的一句话。那些环保人士指出,科学技术的发展和应用带来了环境的破坏,或者带来了很多其他的问题——比如互联网带来了心灵的疏离,电脑游戏带来了年轻人的病态,等等。但是科学主义的解释是:就算我承认这些东西是我带来的,这也只能以我进一步发展来解决,你甭想通过指出这些问题来向我泼什么脏水。

"好的归科学,坏的归魔鬼",这个表达是北京师范大学田松教授想出来的。日常生活中,我们就是这样做的。因为我们已经把科学想象成一个至高无上的知识体系,所以每当看到科学带来的成就,或者我们看到某一个事情有好的结果,或者说它到现在为止呈现为好的结果的时候,如果它自己宣称它是因为科学而得到的,那么我们立刻把它记在科学的功劳簿上,说这是科学本身给我们带来的福祉;而如果有哪件事情上科学技术带来了不好的结果(比如三聚氰胺带来的毒奶粉),我们立即把它分离出去,说这是某些坏人滥用了它的结果,科学技术本身是没有害处的。

所以"好的归科学,坏的归魔鬼"这种思路,确保了科学技术本身在任何情况下都不会受到质疑。

在这个基础上,当科学技术带来了问题,它就可以说:只有进一步让我发展才能解决。这听起来似乎也很合理,而且在很多情况下也不得不如此,我们被迫接受这种局面。但我们必须认识到,这个论证是有问题的。

有一个比较世俗化的比喻,这就和某些人的炒股类似:一个炒股的人做一单输掉了,他说我还要接着做,我要反败为胜;做一单赢了,他说我还要接着做,我要再接再厉。于是不管他做输还是做赢,总是成为他做下一单的理由。同样的,不管科学技术给我们带来了好的东西还是坏的东西,总是能成为让它进一步发展的理由。

我们应该想想,这样的局面是不是有问题?

比如,我们在电视上天天都能看到广告,什么减肥、补脑、美容等等,所有这些广告,都要强调它是"科学"的,但公众通常不会参与对这些产品的科学性验证,事实上你也不可能去参与。实际上它们只是利用了公众对科学的迷信和崇拜,目的是完成资本的增殖。又如,关于各种各样的疾病的定义,很多都受到跨国大药品公司的影响,它们通过媒体把某种东西说成病,使得大家买更多的药品,这些实际上都是在利用科学来敛财。

科学技术现在已走向了产业化,它实际上也已变成了一个利益共同体。

这个利益共同体可以利用大家对科学技术的迷信,为它自己谋利益。最典型的例子就是要上大工程的时候。你在媒体上看到听到的,都是赞成的言论。政府的决策者想听听各方面意见时,即使让环保人士也发表意见,但是最后他会觉得工程技术共同体的言论权重更大,因为"专业"啊。

实际上这就像西方学者所追问的:科学有没有无限的犯错权?这个共同体做了决策,得了大单,过了几年,结果根本没有他们最初承诺的那么好,这时这个共同体会承担责任吗? 不会,因为科学技术带来的问题只能靠进一步发展科学来解决。它站在一个稳赚不赔的立场上,总是有道理的,可以无限制地犯错误。如果我们都长期接受这种逻辑的话,后果可能不堪设想。

(三) 客观的科学与客观的历史

我们以前都相信有一个客观的科学,因为有一个客观的外部世界嘛,这个世界的规律被科学揭示出来。规律早就存在,它是不以人的意志为转移的,它在外面存在着,只是被我们发现了而已,所以它本身的客观性是完全不能质疑的。

但是这几十年流行的 SSK——科学知识社会学，就是要强调这些知识有很多都是社会建构的。"社会建构"用我们中国人最直白的话说，就是"少数人在小房间里商量出来的"，它不是真的那么客观的东西；那个纯粹客观的东西它有没有是可以存疑的，即使我们承认它有，是不是能知道它也是有问题的。我们其实只能在经验的意义上，说我们可以知道这个东西。

历史的客观性与此类似，而且更容易理解。任何一个历史的事件，我们今天靠什么来知道呢？无非是靠留下来的文献，或地下发掘的文物，或某些当事人留下的访谈——所谓的口述历史，这些东西没有一个是完备的，很多事情实际上都是由后人建构的。当然，谁的建构相对更合理，这还是可以比较的。

古代中国人在这个问题上倒是比较宽容，我们古人并不强调历史的真实性，强调的是用历史来教化后人，所以适度的建构是完全允许的。历史上一些著名的事例，比如"在齐太史简，在晋董狐笔"，其实恰恰是将"教化"置于至高无上地位的例子（篇幅所限只能另文讨论了）。

实际上，说客观的科学，它在某种程度上和客观的历史是类似的，它们都只是一个信念。这个信念是没办法验证的。我们可以保留这样一个信念，但是应该知道它只是一个信念而已。

（四）我们应有的态度

20 世纪 50 年代，C. P. 斯诺作过两个著名的演讲。斯诺自己原来是学理工科的，后来又在文科混，所以他觉得他文理都知道。他有一个演讲是《两种文化》，中译本有好几个了。他那时候觉得科学技术的地位还不够高，因为学文科的那些人还有某种知识上的优越感，所以他要给科学技术争名位。到了今天，情况完全变了，钟摆早就摆到另一端了，如果 C. P. 斯诺活在今天的话，他就要作另一个演讲了，他要倒过来给文科争名位了，因为如今在世界范围内，人文学科都受到了很强的排挤。

实际上文和理之间，斯诺的诉求还是对的，这两者要交融，要多元和宽容，谁也不是至高至善的，大家有平等的地位。

那么这个多元和宽容，意味着什么呢？

宽容可以是这样：即使我自己相信科学，我也可以宽容别人对科学的不相信。科学到目前为止仍然是一个非常好的工具。所以我们肯定在很多事情上用科学来解决,但是那些科学不能解决的问题,还是要求诸别的东西。

所谓宽容,是说你自己可以有自己的立场,但是你不把这个立场强加于人;宽容就是要宽容和自己信念冲突的东西。这和你坚持自己的立场,和你自己恪守某些道德原则,并不是必然冲突的。

2007 年有一个《关于科学理念的宣言》,是中国科学院和中国科学院院部主席团联名在报纸上公开发表的。这个历史文献的重要性,很可能还没有被充分估计和阐述,所以值得在这里特别提出。

这个文献里特别提到"避免把科学知识凌驾于其他知识之上"——这个提法是国内以前从来没有过的。因为我们以前都认为科学是最好的、至高无上的知识体系,所以它理应凌驾在别的知识体系之上。但是现在《宣言》明确地否定了这一点。

另外,《宣言》强调,要从社会伦理和法律层面规范科学行为,这就离开了我们以前把科学想象为一个至善至美事物的图像。我们以前认为科学是绝对美好的,一个绝对美好的东西,根本不需要什么东西去规范它,它也不存在被滥用的问题。绝对美好的东西只会带来越来越多美好的后果。所有存在着滥用问题、需要规范的东西,肯定不是至善至美的东西。所以这种提法意味着对科学的全新认识。

《宣言》中甚至包含着这样的细节:要求科学家评估自己的研究对社会是不是有害,如果有害的话,要向有关部门通报,并且要主动停止自己的研究,这就等于承认科学研究是有禁区的。这也是以前从未得到公开认同的。

这个《关于科学理念的宣言》,是院士们集体通过的,所以它完全可以代表中国科学界的高层。这个文件表明:中国科学界高层对国际上的先进理念是大胆接受的。

(原载 2009 年 2 月 26 日《文汇报》,《新华文摘》2009 年第 9 期全文转载。)

附录二

关于"四大发明"的争议和思考

我们从小受的教育中，经常会提到"四大发明"，大家都很熟悉，也一直将它们当做中国的荣光。但另一方面，对四大发明的争议和批评也很多。这些批评有的非常夸张，情绪非常激烈。所以"四大发明"仍值得我们略加讨论。

"四大发明"的来历

最早出现在培根《新工具》里的，只有三大发明：火药、指南针、印刷术，没有造纸。培根说这三项发明改变了世界历史，但他并没说这三项发明是谁做出来的。他认为这些发明的来历是不清楚的。稍后马克思基本上承袭了培根的说法，也是说三大发明；马克思说火药把骑士的城堡炸得粉碎，指南针造成了地理大发现，印刷术变成新教的工具，最后成为改变这个世界的杠杆。但是马克思也没有把这三个发明归于中国。

从三大发明变成"四大发明"，最初是来华的耶稣会士艾约瑟（Joseph Edkins，1823—1905），他把造纸放了进去。最大的功劳则是李约瑟，他大力赞美和强调这"四大发明"是中国人作出的贡献。李约瑟长期研究中国科学史，不断称颂中国古代的科技成就，被视为"中国人民的伟大朋友"。"四大发明"通过李约瑟提倡之后，进入了我们的教科书。

关于"四大发明"的争议

争议中听上去最有颠覆性的一条是：今天全世界用的都是黄色炸药，而中国人所发明的火药是黑火药,这是完全不同的两个系列。那些反对"四大发明"中关于中国发明火药一项的人就揪住这一点不放。

虽然宋朝沈括在《梦溪笔谈》里记载了毕昇的活字印刷术,但是既无实物传世,也未能推广。批评"四大发明"的人就抓住这一点,说毕昇的活字即使是真的,也是不能商业化的,甚至怀疑它的真实性。

20 世纪 70 年代在中国陕西灞桥发现了一些"纸"——有些人坚持认为那是纸,于是所谓"灞桥纸"变成一个有争议的问题。最初的用意也许是要把我们造纸的年代往前提,但是实际上是自寻烦恼,现在有可能使得中国连原有的造纸术发明权也丢掉了。

另一个有争议的发明是指南针,这又和司南及水、旱罗盘联系在一起。提出争议的人质疑:中国古代到底是真的发明了指南针,还是只不过发现了地磁现象?另外关于水罗盘、旱罗盘的争议也相当多。有些人认为,旱罗盘是西方人发明的,水罗盘可能是中国人发明的,但是也有争议。这一系列争议的源头是司南。而司南有一个致命弱点,即只有古代记载,却至今没有人能用天然磁石将它复制出来。

我们应该承认,这些批评里有一部分是有道理的。但是许多争论都是情绪化的:要挺"四大发明",可以挺到极端;要批"四大发明",也可以批到极端。这两个极端,是从夜郎自大到虚无愤青。而我们现在要做的,则是心平气和地来考察这些争议。

中国人的火药发明权难以动摇

古代中国人发明的火药是用硫黄、硝石和碳按照一定配比混合成的黑火药。这从唐代一些炼丹文献里就可以看到,最初它很可能是炼丹家无意中发现的。这里最重要的一个年份是公元 1044 年,这一年北宋编纂了《武经总要》——类似当时北宋国家军队武器装备的标准教科书,书中出现了三个黑火药配方。这表明至少到公元 1044 年,火药已经成为北宋军队的一项标准装备。

企图动摇中国人在火药上的发明权有两条路径:一条是试图从西方古代文献中找到一些比北宋更早的火药记录;另一条是纠缠黑火药和黄色炸药的区别。

第一条路径上，争夺黑火药发明权的大致有这样四个候选者：希腊火、海之火、印度和培根。

这里我们先要区别燃烧剂和火药——燃烧剂在燃烧时需要外界供给氧气，而火药本质上是一种"自供氧燃烧"，即火药本身能够提供氧。在黑火药中，硝石就是用来提供氧的。上面四个候选者中的希腊火、海之火，确实有年代很早的记载，希腊人和拜占庭军队曾用它们焚烧敌舰，但它们都是燃烧剂，所以实际上没有资格与黑火药竞争。

第三个竞争者是印度，但是比较权威的观点认为，印度直到 13 世纪还没有火药，最早在印度出现的火药实际上是元朝军队遗落在那里的。所以印度作为争夺黑火药发明权的候选者是比较弱的一个。

最有趣的是 13 世纪的著名学者罗杰尔·培根（Roger Bacon，1214—1294）。一些西方人认为培根已经发明了黑火药，他们的依据是，据说在培根的著作里有一个用隐语写成的黑火药配方。西方有人把这个隐语通过调整字母顺序甚至添加字母的方式，"释读"成了一个黑火药配方。但是这种"释读"方法本身就站不住脚，况且即便培根真有这样一个黑火药配方，也在《武经总要》之后两百多年，所以培根仍然不能争夺黑火药的发明权。

既然可以确认黑火药是中国人发明的，那么我们再来解决黑火药和黄色炸药的问题。

今天全世界用的炸药都属于黄色炸药系统。黄色炸药来源于公元 1771 年发明的苦味酸，最初是作为染料的，后面发现这种黄色染料有很强的爆炸性质，1885 年法国第一次将它用于军事用途，装填在炮弹里作为炸药。

这样一来，问题就很清楚了：当年马克思说火药把骑士的城堡炸得粉碎，显然不是说 1885 年之后的事情，骑士的城堡被火药炸得粉碎，起码在 17 世纪就已经发生了。那是被什么炸碎的呢？当然是被中国人发明的黑火药炸碎的。

至于黑火药向西方的传播，恩格斯的论断比较可信。恩格斯对军事史有兴趣，他总结出火药西传路径：从中国到印度，再从印度到阿拉伯，然后从阿拉伯到欧洲。在这个过程中，欧洲骑士的城堡被黑火药炸得粉碎。因此中国人发明的黑火药确实改变了世界历史。

造纸问题

本来我们都知道东汉的宦官蔡伦发明了一种造纸的方法，其法简单经济，这一直是被作为定论的。许多西方学者也赞成这一定论。在这个定论里，包含了对纸的传统定义。

为何提出"灞桥纸"是自寻烦恼呢？因为将这些近似烂棉絮、最大只有巴掌大小而且没有书写证据的东西称为纸，实际上就降低了纸的技术标准，放宽了对纸的定义。此举带来的后果，则是中国在造纸上的发明优先权反而有可能丧失！

为什么呢？如果允许放宽对纸的定义，那如何对待埃及的纸莎草纸？纸莎草纸在公元前3000年就有了。而且今天在世界各大博物馆里藏了很多纸莎草纸的作品，上面有颜色鲜艳的图画和文字。如果执意要把灞桥发现的絮状物说成纸，那古埃及那些有大量图画文字在上面的、用植物纤维做成的纸莎草纸，能说它不是纸吗？而一承认埃及的纸莎草纸也是纸，那中国的造纸发明优先权就丧失了——纸莎草纸比蔡伦造纸早了3000年。

司南和指南针

中国关于指南针的历史文献记载都是相当晚的，但一讲司南，我们就把它的历史提前到先秦。许多人甚至在《韩非子》中找到了证据，认为战国时期就有司南了。

司南的标准图案（一个天然磁石做的汤匙）在小学课本里就有。但是迄今并未发现任何古代的司南实物，这个图案实际上是王振铎在20世纪40年代假想出来的。该图案后来上了1953年的纪念邮票，于是成为定论：中国人在战国时代发明了司南。

当年王振铎报告说他已经用天然磁石成功复制司南，但是这具司南从来没人见过，至今下落不明。现在博物馆中陈列的司南，通常都是合金制造的，并用电磁线圈对它充过磁，这样才能够指南。这样的陈列品不能称为复制。

怎么才能宣称成功复制一件古代的器物？这要同时满足两条基本原

则：第一是实现历史文献中所记载的功能；第二是不能使用当时不存在的技术。应用到司南问题上，司南必须用天然磁石制成，而且要能够指南；不能使用别的材料，更不能使用电磁线圈充磁之类的现代技术手段。

涉及司南的最早文献是《韩非子·有度》，但从上下文来看，其中所说的司南并不是指一个器具，而是类似于我们说的"规矩""法度"这样的意思。已经有人写论文详细分析了中国古代大量文献中出现的"司南"字样，其中有很大的比例并不是指能够指南的器具。

要证实先秦时代就有司南，只有两条路径：一是发现一个古代司南实物，而且这个实物是天然磁石的，并且能够指南；二是用天然磁石复制出一个真正能够指南的司南。既然目前还没有这样的实物和复制品，那么司南迄今仍然只是一个神话。

为什么有很多人愿意维持司南这个神话呢？因为司南这个神话和指南针的发明权有很大关系。有人认为中国人只不过发现了地磁现象，这和发明指南针还有距离；而如果我们战国时代就发明了司南，那就能保障我们在指南针上的发明优先权。

雕版印刷和活字印刷

培根和马克思说的三大发明里面有印刷术，印刷术包括雕版印刷和活字印刷。

雕版印刷比较简单，就是让刻工在一块木板上，把我们要的文字或图案雕出来。印刷的时候在这个木板上刷油墨，然后把它印到纸上。古代的雕版印刷都是这是这么印的。通常我们认为现藏大英博物馆的公元868年王玠印造《金刚经》是雕版印刷的最早的实物。当然这并不意味着中国人在公元868年才学会雕版印刷，应该在这之前就会了。

活字印刷就比较复杂了。宋代沈括《梦溪笔谈》里记载了毕昇用泥烧成活字，能够用来印刷。但这只是一个记载，既没有泥活字的实物传下来，也没有用这个泥活字印刷的东西传下来。这个记载是不是可信？说实话也不是百分之百可信，但是我个人觉得它有80%可信。《梦溪笔谈》虽然得到李约瑟的特别重视，其实也记载了很多在今天看来是神秘主义的东西。不过这个泥活字，从记载的内容来推测，还不像是那些神秘事物。

不过当时这个泥活字并没有得到推广，也没有关于毕昇用泥活字赚钱致富的记载。从毕昇往后 900 年，中国的绝大部分书籍仍然是用雕版印刷的。这说明泥活字没有能够在商业上取代雕版印刷。在泥活字之后又发明了木活字和金属活字，这两种活字都被尝试过。但是这些活字基本上都没有商业价值。

争夺中国人的印刷术发明权最厉害的是韩国。韩国人的做法分两步，第一步是争夺雕版印刷的发明权，如果这个被他们争夺到了，整个印刷术的发明权就是他们的了，他们就可以说"韩国发明了印刷术"，那"四大发明"中的一个就变成韩国的了。

1966 年在韩国一个庙里面发现了一卷《陀罗尼经咒》，这是一份汉字的雕版印刷品。它的年代比刚才我们说的王玠印造《金刚经》的公元 868 年要早。这个《陀罗尼经咒》印刷的年代，可以肯定是在公元 704—751 年之间。因为公元 704 年这个《陀罗尼经咒》才被译成汉文，而公元 751 年是韩国这个庙落成的年份，这个东西是在庙落成之前埋下的，所以可以确信是公元 751 年之前。于是韩国人在世界上造舆论，说他们发现的《陀罗尼经咒》比大英博物馆藏《金刚经》要早。

但是韩国人完全回避了一个非常致命的问题——这卷《陀罗尼经咒》是从哪里来的？由于在当时，日本和朝鲜半岛诸国都非常流行从中国进口佛经、书籍之类的东西，这些东西被当做珍贵的文化礼物。因此很多西方研究雕版印刷的专家都认为，这个《陀罗尼经咒》是在中国印刷了以后，送到朝鲜去的。因为当时这个庙落成的时候会需要这样的礼物，这个《陀罗尼经咒》就是从大唐运来的。

这个《陀罗尼经咒》上面有几个汉字，是武则天时代所用的特殊汉字。因此现代大部分中国学者和那些研究雕版印刷的西方学者认为，这卷《陀罗尼经咒》是在中国印刷了以后送到朝鲜去的。所以它的发现仍然不能动摇中国的雕版印刷发明权，相反还提早了中国雕版印刷术的实物年代。

当然这样的解释也不能说有百分之百的说服力，因为现在既没有这卷《陀罗尼经咒》来自中国的直接证据，也没有它是在朝鲜当地印刷的证据。所以学术界认为，韩国发现的这个《陀罗尼经咒》，并不能颠覆中国人在雕版印刷术上的发明权。但是他们确实也提出了一点点挑战，尽管这没有得到国际学术界的公认。

但是下面一件事情、韩国人的第二步，确实得分了。2001 年 6 月，联合国教科文组织认定，在韩国清州发现的《白云和尚抄录佛祖直指心体要节》（印刷于公元 1377 年）为"世界最古老的金属活字印刷品"。2005 年 9 月，由韩国政府资助，联合国教科文组织在清州为《白云和尚抄录佛祖直指心体要节》举行了大型纪念活动。联合国教科文组织承认朝鲜人在金属活字上具有世界第一的发明权。当然这并未动摇中国在印刷术上的发明权，但是韩国得到了金属活字上的优先权。因为朝鲜人确实非常热衷于铸造金属活字，他们用金属活字印了大量的书，所以在金属活字上可能他们是有优先权的。

现在的情形是，韩国人企图争夺中国的雕版印刷术发明权，不太成功但是也有一点小进展。在活字印刷上，他们要超过毕昇也做不到。但是在金属活字印刷上，他们占了先，联合国教科文组织确认他们比中国的金属活字印刷要早。

为什么毕昇所发明的泥活字，以及后来的木活字和铜活字都不能推广呢？直到现代西方的印刷术传入之后，中国的雕版印刷才废弃了。在这之前，为什么中国的雕版印刷仍然占据着最大的市场份额呢？在欧洲，古登堡在 15 世纪发明金属活字，很快被商业化推广了。而中国的活字印刷为什么这么难推广？这是因为中文和西文之间确实有着一些根本的差别，我这里只说两点：

第一点是前期投入。以英文为例，26 个字母，加上数字、标点符号等等，做一套只需要几十个不同字符（当然需要大量复本）。但汉字不是这样，在古代有几万个汉字，就是今天在简体字普及之后，常用汉字也有几千个。也就是说，造一套西文字成本很小；但是对于汉字来说，要造几万个不同汉字（同样需要大量复本），造一套字就非常昂贵。古代的活字都是官方或者是皇家来制造（朝鲜的金属活字也是如此），就是因为它需要很大的投入。

其次是对员工素质的要求。古代中文的活字印刷，排字工人必须是一个认识几万个汉字的人，但是西文的排版工人甚至可以是一个不识字的人，因为它一共只有几十个符号。所以在现代印刷术发明之前，汉字没有优势；现代印刷术发明之后很久，汉字仍然没有优势。只有到了电脑时代，汉字的春天才真正开始了。如今中文和西文相比，在排版、印刷方面的劣势已经完全消失。今天中文打字可以比西文打字更快。

重新思考"四大发明"

我们刚才看到了,中国人"四大发明"的发明权,虽然遇到一点点挑战,但基本上还是稳固的,对这四个伟大发明,我们仍然可以认为是中国人的骄傲。

但是在北京的中国科技馆新馆,现在陈列的"四大发明"不再是我们教科书上的那四个了,而是变成了丝绸、青铜、陶瓷、造纸印刷。为什么变成这四个了呢?主要原因可能是:一是要让这些发明的科技含量更高;二是让它的范围变大。这也许主要是着眼于防止别人来争夺我们的发明权。

比如丝绸,就很复杂,涉及养蚕、种桑、纺织、印染等等,将这一大批工艺技术都归在"丝绸"名下,当然范围就广了,科技含量就高了,不容易被人争夺了。青铜也是一样,涉及一系列冶金工艺,非常复杂。陶瓷在烧制的过程中,里面有很多化学和艺术方面的学问,也足够复杂。而将造纸和印刷合并,既把"灞桥纸"这类争议放到了一边,再加上笼统的"印刷",它既可以是活字印刷,也可以是雕版印刷,这样也能够确保中国的发明优先权。所以这"新四大发明"不太容易被别人争夺。

其实我们也可以考虑更多的"新四大发明"。如果我们考虑这样三个原则:一是对中国的文明,或者对中国人的生活,有过广泛影响的;二是尽量保证中国人的发明优先权;三是也应该有足够的科学技术含量(伟大的发明要有一定的技术含量,其实司南这样的东西只是天然磁石,科技含量就有点低了)。那么我们就可以有一系列"新四大发明",以前我曾提出过两组。

先看"新四大发明A组":丝绸、中医药、雕版印刷、十进制计数。

丝绸之所以入选,是因为这是古代中国人非常具有特征性的东西。

中医中药现在一直遭到一些人的打压,有的人甚至说中医是伪科学。实际上我们必须看到,几千年来,中华民族的健康就是靠中医中药来呵护的,应该承认中医对中国的贡献是非常大的。况且它直到今天仍然有活力,这比司南之类早已没用的东西强多了。

考虑到韩国人在金属活字印刷上已经占先,我们不如只提雕版印刷,这样可以确保中国的发明优先权。

　　十进制计数从数学上说意义是非常重大的,而中国人从一开始就采用这个计数法。

　　再看"新四大发明 B 组":陶瓷、珠算、纸币、阴阳合历。

　　陶瓷入选的理由类似 A 组中的丝绸。

　　虽然今天有了计算机,珠算基本上没有什么优越性了,但在计算机普及之前,珠算是非常有商业潜力的。

　　中国人在宋代就发明了纸币(交子),这说明中国人很有商业头脑。而且纸币的发明权在西方也没有什么争议。实际上这是中国人一个非常可以骄傲的发明,但是以前我们一直很少去讲。这可能和我们的某些观念有关,我们老是觉得钱这个东西是不好的,好像中国人发明了世界上最早的纸币并不光彩似的。

　　阴阳合历(农历)一直到今天还在我们的生活中使用。我们中国的农历和西方的历法完全不一样,现在用的公历是一种阳历,完全不考虑月相。中国古代的农历是一种阴阳合历,这在世界上是非常少见的。其他民族的历法,大部分要么用阴历,要么用阳历——要么根据月相,不考虑太阳运动;要么只考虑太阳运动,不考虑月相。中国古代的阴阳合历将这两者都兼顾起来,而且又能做到相当高的精度。

　　当然这"新四大发明"A 组、B 组,我认为既不必写进教科书,也不必要求博物馆如法陈列。这只是一个知识游戏,我们可以通过评选"新四大发明"来加深对中国传统文化和科技成就的认识,在游戏过程中也可以进一步讨论当选伟大发明的标准。

　　(在"复兴论坛"的演讲,原载 2011 年 9 月 11 日《解放日报》,《新华文摘》2011 年第 24 期全文转载。)

附录三

江晓原访谈:科学已经告别纯真年代

现阶段不应在中国推广转基因主粮

《瞭望东方周刊》:围绕转基因的争论近几年一直没有停歇。2010 年初,您曾参与发布了《关于暂缓推广转基因主粮的呼吁书》,而您新近主编的 ISIS 文库中也有一本《孟山都眼中的世界》,讲述的正是转基因的历史和争论,以及这种生物技术给全球各地带来的伤害。那么对于转基因技术,您的态度是怎样的?

江晓原:我认为转基因技术现在研究是没有问题的,但是至少目前绝对不应该推广转基因主粮。

一个理由是,这个技术现在有争议,我们现在还没有办法确切判断它对人和环境是否有害,并且我们现在也没有什么必要急着推广它。急着推广转基因技术的人,说服我们的理由之一就是说它是无害的。但是即使无害也不一定要急着推广啊!我们也没看见它有什么好处啊!(转基因技术)产量上现在看来没有什么大的提高,而在防治病虫害这一点上争议也很大,不仅可能带来其他方面的问题,而且新的中立研究表明,同样时间内,转基因作物在降低使用农药的幅度上还不如传统同类作物。

作为一个不研究转基因技术的人,对于这些细节都是不清楚的。我们能确定的一点,就是对于这项技术有争议。有争议的事情为什么还要急着推广它呢?为什么不可以缓一缓,先进一步研究呢?

在方舟子和崔永元对这一问题的争议中,方舟子说崔永元不是专家,不懂这个技术,所以没资格说话。这个逻辑就是只有专家才有资格说话。但只有专家才愿意推广转基因主粮啊，这就变成了只有愿意推广转基因主粮的人才有资格说话，别人都没资格说话。这是什么逻辑？转基因主粮是一件涉及公众和整个国家利益的事情，所以每个人对这件事都有发表意见的权利。即使不懂转基因技术，也有资格发表意见。

西方国家在解决这一问题上的基本原则是，科学家觉得做某件事情好，就应该去说服公众究竟好在哪儿，一直到取得公众的认同才可以做；如果公众不同意，那么就坚决不能做。比如美国当年的超级超导对撞机项目，都已经花了 20 多亿美元了，但因为公众意见很大，在美国国会的听证会上他们也不能说服民意代表，最后这个项目只好下马。科学家对此很愤怒，抱怨公众阻碍了他们的科学研究，可是这个项目所需的资金是来自纳税人，那就得说服纳税人同意。

《瞭望东方周刊》：那么现在西方国家说服公众推广转基因技术了吗？

江晓原：当然没有。例如西欧的大部分国家都禁止转基因作物的种植。我国农业部 2009 年就给转基因水稻"华恢 1 号"和"Bt 汕优 63"颁发了安全证书，这被认为是国际上的"创新"之举。转基因作物在别的国家普遍受到质疑，而他们的政府则采取了谨慎的态度。

美国前副总统戈尔在他的新书《未来——改变全球的六大驱动力》一书中说得就很清楚：孟山都公司控制着世界上 90% 的转基因种子的基因，所以，不管转基因作物到底有没有害，孟山都公司肯定是获利的。既然如此，为什么有些人要急着替孟山都公司在中国获利呢？很多人觉得这么做会损害中国的国家利益，如果这个判断没道理，推广转基因主粮的人应该正面回应嘛。他们应该正面回应自己同孟山都等公司到底有什么关系，应该正面回应这个技术中自主研发的比例到底占多少。为什么面对公众和媒体时，对于经济利益的问题总是讳莫如深呢？

事实上，在转基因主粮这个事情上，经济利益是很敏感的，但是他们讳莫如深。他们竭力把这个问题转化为一个科学问题——吃转基因食品对人有害没害。你如果同意转基因作物的推广是一个科学问题，话语权就到他那里去了。因为你又不懂，只有他懂啊！他告诉你没有害啊！作为不了解这个技术的公众，我们唯一能肯定的是，"转基因作物对人和环境到底是否有害"还存在争议，我们并不能完全相信这个技术是无害的。

还有一个理由是对安全问题的看法。这个也是容易让人有误解的。很多人以为安全是一个客观的东西。专家能告诉我们安全与否,我们因为不懂,只能选择相信。其实安全不是客观的,你自己觉得不安全,这本身就是不安全的因素之一。所以不可能由别人来宣布你安全与否,就像不能由别人来宣布你幸福与否一样。杯弓蛇影的故事讲的就是这个道理,你以为自己吃进一条蛇的时候,你的身心健康就受到伤害了,你就不安全了。所以北大刘华杰教授就说,人民群众觉得转基因食品是不安全的时候,它就是不安全的。

基于这些理由,在转基因主粮的问题上,我的主张是:现在不应该推广。

科学早已不纯真了

《瞭望东方周刊》:关于转基因问题的争论可以放在科学和商业资本结合的大背景下考察。那么,对于科学和商业资本的结合,您又是怎么看的?

江晓原:现在科学和资本的结合越来越紧密,这不是一个好现象。

《瞭望东方周刊》:为什么呢?

江晓原:因为这种结合完全终结了科学的纯真年代。当科学和资本结合在一起的时候,我们就应该重新回忆马克思当年所说的那句话:资本来到世间,从头到脚,每个毛孔都滴着血和肮脏的东西。这个话到了今天你又觉得有道理了。

科学和资本的结合其实也是我们自己要这样做的。我们向科学技术里要生产力,要经济效益,但是当它给了你经济效益的时候,它就不纯真了。现在有些人还在利用公众认识的错位,把已经和资本结合在一起的科学打扮成以前纯真的样子,并且要求人们还像以前那样热爱科学。但实际上,科学早已不纯真了,已经变得很积极地谋求自己的利益了。

我们现在知道了科学和资本的结合,就应该对科学技术抱有戒心。这样的戒心才能更好地保护我们的幸福。这个戒心就包括,每当科学争议出现的时候,我们就要关注它的利益维度。比如围绕转基因主粮推广出现争议时,我们为什么要听任某些人把事情简化为科学问题?为什么我们不能问一问这个背后的利益是怎么样的呢?比如核电的推广,我们为什么不问一问这个背后的利益又是怎么样的呢?你可以看到,凡是极力推广这些东西的人,都拒绝讲利益的事情,因为利益就在他们自己那里。但是公众有权知道这背后的利益格局。

一列欲望号特快列车

《瞭望东方周刊》：您把今天的科学形容为一列欲望号特快列车，这是为什么？

江晓原：我们以前对科学技术发展快是讴歌的，那时候我们自己科学技术落后，就老觉得发展最好要快。实际上，真的那么快了之后，你会发现它太快是有问题的。何况现在快了也没办法慢下来，谁也不能下车，车也不能减速，越开越快，也不知道会开向何处，这不是很危险吗？

《瞭望东方周刊》：这和戈尔在《未来》一书中说的"过度发展"是一个意思吗？

江晓原：完全是一样的，这个概念整个是配套的。戈尔批评的"过度发展"，就是煽起人的无穷无尽的欲望，然后把这种欲望当成社会发展的动力。在这种动力推动下的发展，肯定是很快就进入过度发展的阶段了。现在早就是过度发展了。

《瞭望东方周刊》：您提出了科学发展有一个临界点，这个临界点具体指什么？

江晓原：这个临界点可以从多种角度解读。一种解释是这样的：最初科学技术是按照我们的意愿为我们服务的，我们要它解决什么问题，它就照做。但是随后，它开始不听你的话了，你没叫它发展，它自己也要发展；你没有某方面的需求，它也要设法从你身上引诱、煽动出这个需求来。

《瞭望东方周刊》：这方面有没有具体的案例？

江晓原：最典型的就是互联网。互联网一日千里的发展到底是谁在推动的？其实就是资本。资本自身要增殖，是互联网巨头们的自身利益决定了他们要发展这个东西。互联网上新的诱惑层出不穷，这些诱惑很多本来都不是我们想要的。

《瞭望东方周刊》：关于临界点，还可以有什么样的解读？

江晓原：从科学和资本结合的角度也可以理解临界点。在科学的纯真年代，科学是不和资本结合的。科学不打算从它的知识中获利。比如牛顿没有从万有引力理论中获利，爱因斯坦也没有从相对论中获利。但是今天，每一个科学技术的成绩都迫切想要和专利挂钩。所以今天突飞猛进发展的技术都是能挣钱的技术，不挣钱的技术就没有人研究。所以这又是一种理解临界点的路径——现在科学技术是爱钱的，以前是不爱钱的。

《瞭望东方周刊》：越过了临界点的科学对人类未来的发展会产生什么样的影响？

江晓原：那是不可知的，非常危险。

《瞭望东方周刊》：危险在哪里？

江晓原：会失控。这就是我用欲望号快车来比喻现今科学技术的原因。它不停地加速，没办法减速，也没办法下车，开往何处是不知道的。我们以前只觉得科学是个好东西，要快点发展，不问它会发展到哪儿，会把我们带到哪儿。我们就相信它肯定会把我们带去天堂。但现在我们知道，它不一定能把我们带去天堂，万一是地狱呢？

《瞭望东方周刊》：就是已经超出了人类能控制的范围了。

江晓原：我们现在说要对科学有戒心，已经是一个很无力的表达了。实际上，很可能已经控制不住了。但即使是在这样的情况下，有戒心总比没戒心好吧。有戒心的人可能会少受点害吧！比如我现在就还用着老式的手机，不用智能手机，也远离移动互联网，这就是戒心的一种表现。起码可以少浪费我的时间，也不容易被误导。

科学政治学

《瞭望东方周刊》：随着社会的发展，科学与商业结合之外，与政治的关系也越来越密切。您曾经说过，全球变暖、台湾的"核四"争议等都是科学政治学的典型个案。那么能否请您解释一下科学政治学的含义？

江晓原：科学政治学包含了两层意思：一是科学和政治之间的相互作用；二是科学在运作过程中自身显示出来的政治。这两个"政治"并不完全相同。比如我们说办公室政治，说的就是办公室这样一个环境在运作中显示出来的政治色彩。实际上，这两个方面最后的根都可以追溯到经济上去，很多情况下，经济是目的，政治只是手段。

《瞭望东方周刊》：那您怎么看待科学和政治之间的关系呢？

江晓原：科学和政治的结合也和科学告别它的纯真年代相关，科学和政治或者和资本的结合都会导致不好的结果。

《瞭望东方周刊》：您觉得科学和政治以及和商业资本之间的结合会越来越紧密吗？

江晓原：现在的确是有这样的趋势。这也正是我们应该担忧的。为什么在发达国家，反科学主义的思潮越来越深入人心？那是因为他们比我们更早看到了这一点。科学技术发达到一定程度，它才会和商业资本结合。在很落后的地方，很落后的科学是不能和商业资本结合的，商业资本看不上它。所以，发达国家的公众比我们更早地看到了这一天，他们在这方面的认识也比我们提前一些。

《瞭望东方周刊》：他们有没有一些具体的行动？

江晓原：比如各种各样的环保行动，对各种项目上马的限制，甚至是让某种项目下马。这些都是具体的行动。环保运动最初正是从西方发达国家开始的。现在我们的科学也逐渐发展起来，西方看到的我们也看到了，他们经历过的我们也正在经历着。

科学主义与反科学主义

《瞭望东方周刊》：您刚才提到了反科学主义。事实上，关于科学主义和反科学主义的论争从十多年前一直延续至今，能否谈谈您对于这两个概念的理解？

江晓原：先解释一下什么是科学主义。知道了什么是科学主义，就知道了反科学主义，反科学主义就是反对这种"科学主义"，而不是反科学的主义。

科学主义有三个基本认知：一是认为科学等于正确；二是相信科学可以解决一切问题；三是认为科学是至高无上的知识体系。这三点是互相依赖的。如果一个人同意这三条，那么他就是一个科学主义者。反科学主义反对的正是这三条。

《瞭望东方周刊》：科学主义在中国的现状如何？

江晓原：多年来，我们一直不自觉地宣传着科学主义，或者叫唯科学主义。因为一开始我们老觉得自己科技落后，要追赶上去，所以，我们给科学的地位远远超过了西方发达国家给科学的地位。比如我们有科普机构，有

《科普法》,这在发达国家是没有的。我们从上而下设置了很多科普机构,别的学问为什么就没有这些普及的机构呢? 这是因为我们给了科学一个过高的地位。这样的地位肯定会滋生科学主义的思想。你给了它这样超乎一般的地位本身就意味着它高于别的知识体系。这也是为什么后来中国科学院和中国科学院院部主席团联名发表的《关于科学理念的宣言》中要明确指出,避免把科学技术凌驾于其他知识体系之上。

《瞭望东方周刊》:那您觉得我们现在对待科学的态度究竟应该是怎样的?

江晓原:只要正确认识到科学已经告别了它的纯真年代,我们就很容易获得对科学的正确态度——科学只是一个工具而已,而且这个工具也是能伤人的,所以要对它有戒心。就像一把切菜刀,好人拿它做菜,坏人拿它杀人。但是你得防范它可以用来杀人。

科学只是一个工具,我们现在不能不用,但它不应该是我们崇拜热爱的偶像。我们今天不应该再谈什么热爱科学了,就像我们不必热爱切菜刀一样。对一个你需要对它有戒心的东西,怎么能再热爱呢?

《瞭望东方周刊》:所以,您提倡的反科学主义,是说要在认识到科学正面作用的同时,也要反思它对人类社会发展所产生的一些不利影响?

江晓原:对。我们要认识到它对人类社会可能带来的危害和已经带来的危害。许多中国公众现在对于科学还停留在一个模糊的、过时的认识中,我们需要获得一个正确的认识。但是,科学共同体希望人们仍然把它当成纯真年代的它,其实它已经不是了。就像孩子已经开始学坏了,可是还在试图让他的父母相信他是个好孩子。

《瞭望东方周刊》:反科学主义思潮现在在中国的发展如何?

江晓原:基本还停留在学院里。比如北大有给研究生讲授的SSK(科学知识社会学)课程,几乎所有的关于科学知识社会学的经典著作都已经在国内翻译出版了。虽然作为一种学术研究,它还停留在学院层面,但是由于一些学者不断在公众媒体上发表有关论述,实际上公众也并非对这种思潮毫无了解。另外,很多公众从常识出发,同样可以达到合理的认知。我接触过的很多朋友,他们并不了解SSK是什么,但是他们对于一些具体问题的理解也是合情合理的,他们通过别的渠道让自己离开了科学主义希望他们停留的那个立场。比如很多反对推广转基因主粮的人士,并没有思考过什么科学知识社会学的问题,他们是从常识和良知出发这样做的。

核电的前景已经黯淡下来

《瞭望东方周刊》:福岛的核危机其实也给了人们某些警醒。核电以前一直被宣传为是安全、清洁、高效的能源,但是从切尔诺贝利到福岛,一系列重大核事故的发生,是否颠覆了人们原有的这种认知?

江晓原:正如戈尔在《未来》一书中明确指出的,核电的前景已经黯淡下来了。

核电的成本是无法估算的。戈尔在《未来》中说,在美国和欧洲都找不到一家公司愿意替你估算核电厂的成本,这就说明它根本不是经济的——因为它的成本包含了一些高风险因素。一旦核电厂出了问题,都是社会来埋单的。比如福岛一号机组的灾难发生后,日本社会为它支付了巨额的善后费用,甚至到现在还在为它埋单。这些都要算在核电的成本里面。这就和车险是一个道理。保险公司收多少车险,与行车记录有关,记录越不好,车险越贵。核电出过那么几次大的灾难,这个险得多高啊!

还有清洁,这对公众是个很大的误导。煤燃烧时会冒烟,你肉眼可以看见它污染环境,可是核反应所产生的核辐射、核废料的放射性,普通人是无法察觉的。核废料的问题,现在全世界没有一个核电厂有办法解决。从美国开始,大家都对这个问题因循苟且。这也是为什么德国等国大力提倡废止核电的重要理由之一。

所以,对核电这个问题,我的态度也和对转基因主粮问题类似,我觉得现在重要的不是推广,而是继续研究,如果科学家能研究出更安全的核电,特别是能研究出解决核废料的方法,那时再谈推广也不迟。

前段时间台湾的"核四"争议也说明,现在电不是不够用,(大力发展核电)这里面也有利益因素。

《瞭望东方周刊》:您觉得目前全球的能源危机靠科学能解决吗?

江晓原:我觉得仅仅靠现有的科学技术手段是肯定不能解决的。当然人们都寄希望于未来的科学技术。但科学技术的发展是不可知的,比如受控核聚变等技术成功了,能源问题当然也可能一朝解决。但这些目前看来都是狂想类型的,还远远不能变为现实。很多人担心的是,在传统能源耗尽后,新的替代能源还没有找到,这不就完了吗?

其实我们对待能源有两种不同的思路。一种是人类的欲望可以无限膨胀,只要不断用科学技术开发新的能源来满足这种欲望。在这条路上会越走越快,一个欲望被满足之后,会催生下一个欲望。另一种是从根本上解决问题,就是控制我们的欲望。如果我们能控制住,那么我们地球上的传统资源也许能支持更长的时间,这就给我们留下了更长时间来研究未来的能源。也许有一天传统能源还未枯竭的时候,新能源已经出现了,人类也有救了。如果现在不节制,仍然继续拼命用,只是幻想着也许有一天能解决,或者干脆饮鸩止渴,即使核电不安全也先上马,最后要么核电导致不可收拾的结局,要么就是资源用光,地球走向灭亡。这两种前景,在西方的科幻小说和电影里已经无数次想象过了。

《瞭望东方周刊》:所以正确对待能源危机的方案应该是既开源又节流?

江晓原:开源当然是指继续抓紧研究新能源,节流则不是简单地推广节电技术,重点是要约束我们的物欲。现在提倡的绿色环保,讲的就是这个。

人文当然高于科学

《瞭望东方周刊》:您很早就使用了"科学文化"这样的表述,为什么要用这样的表述?

江晓原:我们有一群朋友学术背景各不相同,有的是科学史,有的是科学哲学。我们从十多年前开始使用"科学文化"这样的词汇。因为这个词汇的包容性比较大,科学史、科学哲学、科学社会学都能包容进去,甚至科普、科学传播也可以包容进去。

我和刘兵一直在主编一种名叫《我们的科学文化》的丛刊,一年出两本。最初取的就是"科学文化"这个词汇的包容性。这个词在我们用了十年后,一些官方语境中也出现了。比如国家新闻出版总署找专家评审有关的图书项目,他们的分类里就会有"科学文化"这样一类。

《瞭望东方周刊》:能否谈谈科学和人文之间的关系?您的态度是怎样的?

江晓原:在我现在的观念里,人文当然是高于科学的。科学在我看来就是一个有点危险的工具，它当然要依靠人文来规范。一个人的人文素养是最重要的。有人采访我，问我推荐学龄前儿童看什么科学书籍，我说他们此时不需要看科学书籍，这个时候应该看的是能提升人文素养的东西。学习科学有什么可急的？从小学开始不就有科学教育吗？人文肯定应该高于科学，工具怎么能比人重要？你自己的修养最重要嘛！科学只是用来做事的，人文是用来做人的，做人比做事重要。路甬祥任中国科学院院长时，就曾在很多次演讲中提到，要用法律、伦理规范科学。

《瞭望东方周刊》：您觉得科学和人文之间现在产生了矛盾，根源究竟是什么？

江晓原：如果我们认识到科学只是工具，本来是不会产生什么矛盾的。冲突的产生是由于科学企图凌驾于人文之上。科学被赋予了不恰当的地位，这就使得某些人觉得科学是至高无上的。正是这样的科学主义观念导致了科学和人文之间的冲突。

《瞭望东方周刊》：要调和这种矛盾有什么可能的路径吗？

江晓原：可能的路径就是重新给科学定位——科学就是一个有危险性的工具，有了这个定位，这些问题就都解决了。

《瞭望东方周刊》：现在有"公众理解科学"的提法，这和传统的科普有什么区别？

江晓原："公众理解科学"是西方流行的提法。这是一种互动的关系，不是公众单向被灌输科学知识，和传统科普是不同的。现今公众在学校教育阶段早就完成了基本的科学教育，他们也不需要全面了解各种科学，比如你就不需要了解你的手机是怎么造出来的。所以科学和公众之间已经隔得很远了，因此单向向公众灌输科学知识已经没有什么意义了。

"公众理解科学"则包含了公众关注科学和自己的生活之间的现实联系。比如要上马化工项目，会影响人们居住的环境，人们就会去抗议。这就是"公众理解科学"中的一部分。当然，这里面也仍然包含了传统科普，只是它已经退化为"公众理解科学"的一部分了。"公众理解科学"中包含了传统科普的内容，也包含了以前所没有的内容。比如现在我们会谈核电的危害性，这就是以前传统科普里没有的。

《瞭望东方周刊》：所以，"公众理解科学"和您之前说的对科学的重新定位是有联系的，并且它有助于解决科学和人文之间的矛盾？

江晓原：对,是有帮助的。

科学与宗教

《瞭望东方周刊》：还想请您谈谈科学与宗教的关系。您在《科学史十五讲》中说到:科学和宗教信仰的关系,不是对立的关系,而是并行不悖的关系。您能否具体解释一下您的这种观点?

江晓原：从科学史的角度来看,科学和宗教的关系一直是并行不悖的。在有些情况下,宗教甚至帮助了科学。在中世纪,是谁保存了知识的种子?正是教会的修道院。科学和宗教之间其实并非你死我活的关系,这种关系是我们以前自己建构出来的,好像科学一直在受迫害,科学和宗教是不相容的。中科院《关于科学理念的宣言》中说到的"避免把科学知识凌驾于其他知识体系之上","其他知识体系"也未尝不可以包括宗教。

有个典型的例子很能说明问题。在中国教科书中,都说布鲁诺因宣传"日心说"被烧死,而西方学者几十年前早已研究证明,布鲁诺被烧死主要是因为他鼓吹宗教改革。但是我们一直把这个故事作为"宗教是科学的敌人"的典型案例。

《瞭望东方周刊》：那科学和宗教是怎样相互影响的呢?有没有具体的例证?

江晓原：比如中世纪的那些神学论证,无论是对思维的训练,还是直接的思想方法上,对科学都有借鉴和帮助作用。往往论证一个事物时所遵循的程序,当被用来讨论科学问题时也一样适用。

随着科学的发展,其实宗教也一直在修改他们对世界的看法。比如《天体运行论》曾经出现在他们的《禁书目录》上,不久不是也拿掉了吗?

《瞭望东方周刊》：您觉得科学最终会取代宗教吗?

江晓原：不可能。这两者的功能不同,是难以相互替代的。科学是人们处理物质世界时的工具,宗教用来安慰人的心灵。不过,什么都是可以发展的,这两者中的某一个如果发展到连另一方的功能也具备的时候,取代也未尝不可。但现在我们至少还看不到这样的趋势。人们的心理出了问题,一般不会在科学那里找答案吧?在西方,即使是一些科学主义者,也有很多人还是信宗教的。

科学与伪科学

《瞭望东方周刊》：从古至今，公众对于神秘事物与现象的兴趣一直不减。公众，甚至一些科技工作者都对风水、算命、气功、星座占卜、人体特异功能等人们通常所认为的伪科学表现出浓厚的兴趣，对此，您怎么看？科学、伪科学之间的界限何在？

江晓原：科学和伪科学之间的区分，从根本上说是不可能的。这正是科学哲学上说的划界问题，是没办法解决的。所以不可能为科学和伪科学的划分设立一套普适的判断依据。但是具体到某件事情上，哪个是科学，哪个是伪科学，有些是可以判断的。因为通常我们认为那些按照现有的科学理论和规范来操作的东西就是科学，反之则不是。但它不是也并不一定就是伪科学，当它没想把自己打扮成科学的时候，仍然不是伪科学。只有当那些东西照现在科学的规范来判断不是科学，但又要宣称自己是科学的时候，才能被称为"伪科学"。

《瞭望东方周刊》：能举一些具体的例子吗？

江晓原：比如中医。为什么有人要把中医称为伪科学呢？是因为有些中医觉得自己被说成不是科学很难受，极力将自己正名是"科学"。他们这么做的时候，就被人说成是"伪科学"了。如果中医理直气壮地宣称自己不是科学，谁会说你是伪的呢？这个世界上还有很多不是科学的东西存在嘛。艺术、宗教等等都不是科学，为什么我们不称它们是伪科学呢？

另外，我们对伪科学要有一个正确的态度。我主张对伪科学宽容。我认为伪科学只要不危害社会公众的利益，不危害他人的利益，就让它存在着好了，不必去打压它。有人把伪科学想象成科学的敌人，要对伪科学斩尽杀绝，这是不对的，对科学的发展也没好处。伪科学可以成为科学的温床。西方发达国家的科学比我们先进，其实他们对伪科学也比我们更宽容。如果利用伪科学犯了罪，也不用罪及伪科学本身；就像利用科学犯了罪，我们通常也不罪及科学本身。

《瞭望东方周刊》：那么伪科学的发展是否会对科学的发展有某些促进作用？

江晓原：这种促进作用在历史上是有过的。比如炼金术催生了化学，星占学对数理天文学的发展也有过促进作用。从这些例子里我们都能看到，伪科学和科学并非处于敌对阵营。

《瞭望东方周刊》：您刚才讲到了中医，您曾提出"对待中医要有新思路"，能否具体谈谈您的看法？

江晓原：我不是中医，也不懂中医，所以我对中医的看法纯粹是我从科学哲学和常识出发思考的结果。我觉得今天中医一个重要的宣传策略，应该是不要把自己打扮成科学，因为这样容易被别人说成是伪科学。其实中医自有一套看待世界的图像，与科学是不同的。中医的图像里有阴阳五行、经络穴位，这在科学那里没有。中医用一根针扎进某穴位就能对肉体产生影响，这在西医的理论中是很难解释的，但在中医确是行之有效的。

另外，我们在思考中医未来地位时，应该注意到，在西医进入中国之前，几千年来中国人的健康一直是由中医呵护的，这个呵护是很成功的，所以你得承认中医的有效性。另外，今天在医德日渐败坏的情况下，让西医有一个竞争对手，这不是符合反垄断的基本思想吗？让公众有另外一个选项，难道不好吗？

事实上，西医在西方人那里也不是科学，只是在进入中国时被我们说成是科学。在西方的学科分类里，科学、数学、医学三者经常是并列的，这就说明医学并未被看成科学的一部分。而且西医的历史更不堪问——和中医相比，西医在相当长的历史时期内是那样的低级、野蛮，只是最近一两百年才被弄成很"科学"的样子，动辄弄个很大的仪器检查人体；即使这样，西方人也没承认它是精密科学。

（原载《瞭望东方周刊》2013 年第 39 期）

综合索引

卡平斯基(Karpinski) 104

卡瓦列利(Bonaventura Cavalieri, 1598—
1647) 175, 176

卡瓦列利不可分量原理 175

卡文迪许 214, 215, 220

开尔文 249, 251, 253—255, 258, 282,
283, 294, 296

开普勒 8, 10, 12—15, 137, 139, 146—
155, 161, 162, 165—167, 174—176,
180, 181, 191, 290, 316, 317

开普勒的行星运动定律 149, 154

《考工记》92, 93

考克伯爵 195

柯蒂斯 292

科伦斯 271, 272

《科学的历程》51

《科学史及其与哲学和宗教的关系》
51, 170, 210

可解群 235

克尔白(Kaaba, 意为"天房") 106

克莱因 (1849—1925) 178, 190,
242, 246

克劳修斯 253—259, 294

克里克 273

克里斯蒂安·惠更斯 (1629—
1695) 182

克利斯蒂娜 161

孔子 57, 63, 72

库仑 211, 214—217, 304

库仑定律 215

L

拉格朗日 (Joseph-Louis Lagrange,
1736—1813) 180, 185, 187—189,
204, 230—232

拉卡伊利 203

拉马克 262, 264, 265

拉马克主义 268

拉齐兹(Rhazes 或 Abu Bakr Muhammud
ibn Zakaria, 865—925) 108, 109, 113

拉什得(Muhammad ibn Rushd, 1125—
1198) 107, 108

莱布尼兹 (Gottfried Wilhelm Leibniz,
1646—1716) 137, 164, 181—184,
186, 189, 239, 242

莱顿瓶 212, 213

赖尔 5, 263—266

兰伯特 (J. H. Lambert, 1728—
1777) 237

兰登(John Landen, 1719—1790) 186

《兰州大学学报》65

老子 58, 59

勒麦 276

勒让德 (A. Legendre, 1752—1833)
232, 237, 239

雷恩 166

雷尔多·科伦波 (Realdo Colombo,
1516—1559) 129

雷科得 (Robert Recorde, 1510—
1558) 136

雷梯库斯 144

棱镜实验 168

初版后记

《科学史十五讲》的写作，经历了好几个年头。

北京大学温儒敏教授和北京大学出版社，以超常的耐心，等待我们缓慢的写作。

我在电脑中找出和北大出版社高秀芹女士的往来函件，实在让我既惭愧又感激！例如2005年11月21日我给她的信中说：

> 高女士：
>
> 《科学史十五讲》迁延甚久，抱歉之至！实在是因为俗务太多，作者们又务求美善，所以进度较慢。现在终于已经完成大半，寒假结束时，我们将可奉上全书定稿。

次日收到她的回信：

> 江老师：
>
> 很高兴收到你的信，也很高兴你还惦记着，更高兴没多久就可以交稿了。
>
> 希望下一次早一点收到你的邮件，我们就可以读到你的稿子了。
>
> 祝秋天好。
>
> 高秀芹

可是结果呢？2006年的暑假都开始了，我们还未能交稿！

但是温教授和北大出版社依然耐心等待着我们。这是他们对我们的信任。

如今，这部稿子终于完成。在写这篇后记时，我真正体会到了所谓"如释重负"到底是怎样一种感觉！

本书由我和上海交通大学科学史系关增建教授、纪志刚教授、钮卫星教授四人共同完成，具体分工如下：

> 江晓原：导论、全书统稿
> 关增建：第一、二、三、九讲
> 纪志刚：第四、五、八、十一讲
> 钮卫星：第六、七、十、十二、十三、十四、十五讲

我的博士生吴慧小姐为全书统一了格式。

关增建、纪志刚、钮卫星三位教授，是我多年的亲密同事，长期在上海交通大学面向全校学生讲授科学史课程。他们学识渊博、经验丰富、备课认真，在同学中得到极好的评价，以至于上海交通大学有好几个学院将科学史课程定为他们本科生的必修课。《科学史十五讲》出自他们的手笔，对于尸位主编的我来说，实属极大荣幸。

当然，万一书中有什么错误——我相信是没有的——自然由我负责，欢迎各界读者不吝批评指正。

最后，我要特别感谢本书的责任编辑艾英小姐。我在看她校改过的清样时，才知道她是多么细致认真！没有她的辛勤工作，本书不可能以现在的面目呈现在读者面前。

江晓原

2006 年 7 月 28 日

于上海交通大学科学史系

第二版后记

  《科学史十五讲》是我和同事关增建教授、纪志刚教授、钮卫星教授合作的成果，初版于 2006 年，此后年年重印，逐渐被越来越多的大学用作科学史或通识课程的教材。

  编写这部教材的最初起因，是我和中国科学院自然科学史研究所前所长、中国科学技术史学会前理事长廖育群教授的一次闲谈。当时廖教授感叹，国内在科学史方面一直缺乏篇幅和深度都合适的通用教材，应该有人来编写一本。正巧不久之后北京大学出版社来向我约稿，希望我能为"十五讲"系列写一本《科学史十五讲》，我就答应了。

  与我合作的三位教授，都是国内科学史界非常优秀的成名人物。同时他们一直在上海交通大学讲授科学技术史的通识课程，极受欢迎（这个课程已是上海市精品课程，正在申报教育部精品课程），富有第一线的实际教学经验。所以有了他们的合作，这部教材就有了质量上的保证。它曾先后获得上海交通大学优秀教材一等奖（2009）和上海市普通高校优秀教材二等奖（2011），并被列入"十二五"普通高等教育本科国家级规划教材。

  此次修订，除了改正少数数据或年份方面的误记和误植，又增加了三个附录。这三个附录，对于帮助读者以正确的态度看待科学，以及深入理解近年通识课程中经常会遇到的一些问题，有相当的参考作用，这对于通识课程来说也是有益的。

江晓原

2016 年 4 月 2 日

于上海交通大学科学史与科学文化研究院